高压气藏开发技术与方法

夏 静 谭 健 刘鹏程 蒋漫旗 等编著

石油工业出版社

内 容 提 要

本书系统地论述了我国高压气藏开发技术与方法,围绕高压气藏的特殊性,详细地介绍了这一研究领域的最新科研成果,包括高压气藏开发机理、高压气藏动态储量、高压气藏开发规律、高压气藏水侵动态、高压气藏防水控水及稳产技术、高压气藏动态监测技术,并结合丰富的现场实际加以分析和应用,可操作性强,为读者全面掌握高压气藏开发技术及分析方法提供了较好的学习材料。

本书可供从事高压气藏开发的研究人员、现场工作人员以及有关院校师生学习、借鉴、参考。

图书在版编目(CIP)数据

高压气藏开发技术与方法/夏静等编著.—北京:石油工业出版社,2021.1
ISBN 978 – 7 – 5183 – 4467 – 3

Ⅰ.①高… Ⅱ.①夏… Ⅲ.①超高压–气藏–产能评价 Ⅳ.①P618.130.2

中国版本图书馆 CIP 数据核字(2020)第 265879 号

出版发行:石油工业出版社
（北京安定门外安华里 2 区 1 号楼　100011）
网　　址:www.petropub.com
编辑部:(010)64523537　图书营销中心:(010)64523633
经　销:全国新华书店
印　刷:北京中石油彩色印刷有限责任公司

2021 年 1 月第 1 版　2021 年 1 月第 1 次印刷
787×1092 毫米　开本:1/16　印张:14
字数:320 千字

定价:100.00 元
(如出现印装质量问题,我社图书营销中心负责调换)
版权所有,翻印必究

《高压气藏开发技术与方法》
编 写 组

夏　静　谭　健　刘鹏程　蒋漫旗
崔永平　朱忠谦　阳建平　方建龙
李保柱　肖香姣　焦玉卫　李　勇
王洪峰　郭　肖　张　晶　别爱芳

前 言

高压气藏与常压气藏有许多不同之处,最主要的不同点是在气藏开采过程中,由于地层压力的变化引起储层变形,这些变形导致储层岩石的孔隙度、渗透率、岩石压缩系数的变化,从而影响到气藏开发规律。

国外高压气藏的开发已经有几十年的历史,在开发过程中积累了一定的开发经验。一般来说国外高压气藏储量规模不超过50亿立方米,气藏类型多为封闭性气藏,没有水侵影响,储层断裂系统不发育,开发起来比较简单。塔里木克拉2、迪那2大型高压气藏的发现,打破了多年来超高压不可能形成大气藏的传统观念,加之有复杂的裂缝系统及活跃的边底水,开发机理、开发规律及现场安全保障非常复杂,因此关于这些方面的研究逐渐增多,经过"十一五"和"十二五"期间的不断探索,形成了系统的高压气藏开发技术与动态分析方法,使塔里木克拉2、迪那2等高压气藏得到有效开发。

本书是在调研大量国内外文献的基础上,结合课题组十多年来对国内高压气藏开发及调整研究成果编写而成。第1章在文献调研的基础上,对高压气藏的开发机理进行了系统总结。第2章为高压气藏动态储量的计算方法,建立了高压气藏物质平衡方程,并对高压气藏开发过程中驱动能量的变化进行了分析。第3章论述了高压气藏开发过程中压力与产能的变化规律。第4章和第5章为本书的核心部分,从理论、方法到现场应用,系统地论述了高压水侵气藏的水侵动态分析方法、水侵模式、水侵预警及如何防水控水,延长高压气藏的稳产期。第6章介绍了高压气藏现场动态监测的特殊设备、监测流程及安全风险分级评价。

本书在编写过程中得到了中国石油塔里木油田分公司勘探开发研究院的大力支持,在此表示衷心的感谢。

由于笔者水平有限,难免出现不当之处,敬请各位读者批评指正。

目　　录

第1章　高压气藏开发机理综述 …………………………………………………（1）
　1.1　高压气藏储层应力敏感性 ……………………………………………（1）
　1.2　模拟高压储层开发实验 …………………………………………………（13）
　1.3　高压气藏水侵机理 ………………………………………………………（35）

第2章　高压气藏动态储量 ………………………………………………………（50）
　2.1　高压气藏物质平衡方程的建立 …………………………………………（50）
　2.2　高压封闭气藏多项式物质平衡方程 ……………………………………（51）
　2.3　高压水侵气藏多项式物质平衡分析 ……………………………………（61）

第3章　高压气田开发规律 ………………………………………………………（74）
　3.1　高压气田压力变化规律 …………………………………………………（74）
　3.2　高压气田产能变化规律 …………………………………………………（95）

第4章　高压气藏水侵动态 ………………………………………………………（114）
　4.1　水侵动态分析方法 ………………………………………………………（114）
　4.2　单井水侵动态及模式 ……………………………………………………（120）
　4.3　气藏整体水侵分析 ………………………………………………………（142）

第5章　高压气藏防水控水及稳产技术 …………………………………………（145）
　5.1　生产预警体系 ……………………………………………………………（145）
　5.2　稳产风险因素分析 ………………………………………………………（151）
　5.3　合理开发技术界限 ………………………………………………………（155）
　5.4　防水控水对策 ……………………………………………………………（165）

第6章　高压气藏动态监测技术 …………………………………………………（169）
　6.1　国内外高压气井压力监测新技术 ………………………………………（169）
　6.2　高压气井压力系统监测方法 ……………………………………………（176）
　6.3　"三高"气井安全风险等级评价 …………………………………………（195）

参考文献 ……………………………………………………………………………（212）

第1章 高压气藏开发机理综述

高压有水气藏水侵问题是阻碍气藏高效开发的主要难题之一,气藏水侵不仅降低了气井的产能,而且降低了气藏的最终采收率。因此,研究高压有水气藏的发生水侵因素和水侵机理、确定水侵后渗流规律研究显得尤为重要。

1.1 高压气藏储层应力敏感性

因储层流体压力变化,致使储层岩石受到的有效应力发生变化,引起储层渗透率改变,这种现象称为应力敏感性。超高压气藏的应力敏感性在开发过程中不仅影响岩石的变形,对于高压气藏的动态储量计算也有影响。

1.1.1 储层岩石的应力敏感特征

储层的应力敏感性不仅表现在渗透率的变化上,其对岩石的孔隙度也存在着一定的影响,只是渗透率对应力的敏感性大于孔隙度对应力的敏感性。

1.1.1.1 储层岩石的渗透率应力敏感特征

在超高压气藏开采过程中,有效应力不断压缩岩石骨架,从而使得储集空间减小,造成渗透率不断降低,这种渗透率因应力变化而变化的现象称渗透率的应力敏感性。在渗透率不断降低的过程中,初期表现剧烈,后期则表现缓慢,且其对应力的敏感性大于孔隙度对应力的敏感性。这是因为初期储层岩石较后期更为不致密,岩石一般发生弹性变形,更易被压缩,造成渗透率初期下降剧烈,后期储层岩石被压实并发生流变,由于具有了延展性而形变不可逆,渗透率基本保持不变。

通过实验数据回归分析,可得到渗透率与有效应力的3种表达式:

$$K = K_i e^{-\alpha_k (p_i - p)} \tag{1.1}$$

$$K = K_i (p/p_i)^{\beta_k} \tag{1.2}$$

$$K = K_0 (p_u - p)^{-m} \tag{1.3}$$

式中 p, p_i, p_u ——目前地层压力、原始地层压力、上覆岩层压力,MPa;

K, K_i ——目前地层压力、原始地层压力下的渗透率,mD;

K_0 ——空气渗透率,mD;

α_k, β_k, m ——渗透率变化系数,MPa^{-1}。

1.1.1.2 储层岩石的孔隙度应力敏感特征

不同岩石的变形机理是不同的,对于砂岩,在应力不大时发生弹性变形,压实颗粒,一旦增加有效压力,便会引起矿物成分碎裂以及胶结物质流动,产生不可逆变形。对于石灰岩,不仅胶结物质在变形,而且岩石颗粒本身也变形,在有效压力很大时,石灰岩就会转变为塑性。所有这些变形,都将引起岩石孔隙体积的变化。一般情况下,孔隙度与有效压力的变化关系可用数学函数表达,如指数式:

$$\phi = \phi_i e^{-\beta_m(p_i-p)} \tag{1.4}$$

式中　ϕ,ϕ_i——目前地层压力、原始地层压力下的孔隙度;

　　　p,p_i——目前地层压力、原始地层压力,MPa;

　　　β_m——孔隙度变化系数,MPa^{-1}。

异常高压气藏开采过程中,岩石体积的动态变化非常显著,随着孔隙流体压力的降低,岩石骨架体积膨胀,从而使孔隙体积减小。

1.1.2　应力敏感对高压气藏开发的影响

国内对储层应力敏感性的广泛研究出现在20世纪80年代末,特别是在塔里木盆地克拉2超高压气田开展了大量的储层应力敏感性的实验和理论研究。

1.1.2.1　储层岩石压缩系数对气藏开发的影响

朱玉新等人(2001)通过对克拉2气田岩石覆压进行实验,得到不同渗透率区间岩石压缩系数与有效压力关系,数学表达式如下:

$$C_p = 21.809 \times 10^{-4} e^{-0.0396\Delta p_e}, K_s \geq 5mD \tag{1.5}$$

$$C_p = 53.54 \times 10^{-4} e^{-0.061\Delta p_e}, 1mD \leq K_s < 5mD \tag{1.6}$$

$$C_p = 78.193 \times 10^{-4} e^{-0.064\Delta p_e}, K_s < 1mD \tag{1.7}$$

式中　C_p——岩石压缩系数,MPa^{-1};

　　　Δp_e——有效压差,MPa;

　　　K_s——渗透率,mD。

结果表明(图1.1),气藏岩石压缩系数随压力的变化很大,在原始条件下比压降末期高5~10倍以上,压降初期岩石压缩系数急剧下降,压降末期变化趋于平缓,因此在气藏开发初期储集层膨胀作用对开发的影响较大,采用变压缩系数会更符合实际生产动态。

朱玉新等人(2001)提出不考虑边底水侵入,克拉2气田的驱动能量完全由气体膨胀、地层及孔隙束缚水膨胀提供,采用原始条件下的高岩石压缩系数、压降末期的低岩石压缩系数以及随压力变化的变岩石压缩系数,分别计算出三种条件下对应于不同压力阶段的天然气采出程度(图1.2)。

并且得出异常高压气藏(美国路易斯安那州的NS2B气藏、Cajun气藏、Miocene气藏以及得克萨斯州的Anderson L气藏)的压力与累计产量关系图都呈现出斜率不同的两个直线段,与克拉2气田采用变岩石压缩系数的压降曲线形态相似。这一结果说明,采用变岩石压缩系数预测克拉2气田的开发动态,更接近于气藏实际开发时的情况。

高旺来等人(2002)通过研究克拉2气藏开采压力变化对物性参数影响的实验模拟得到有效覆压变化对物性参数的影响程度。

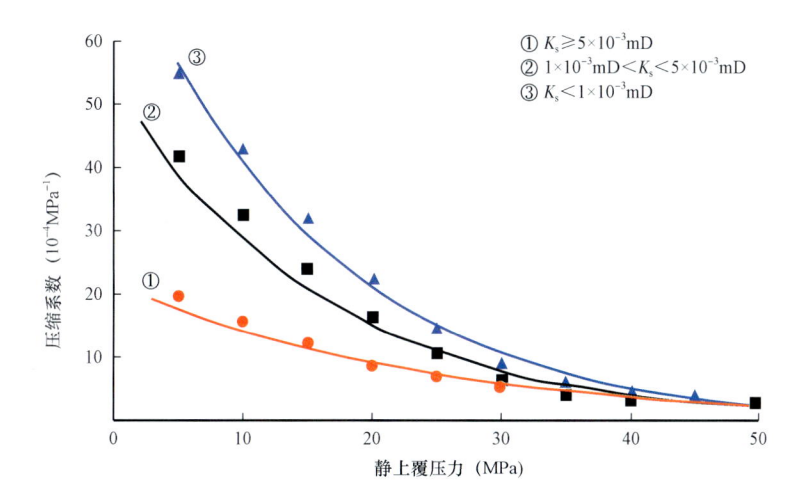

图 1.1 克拉 2 气田岩石压缩系数与上覆岩压的关系曲线

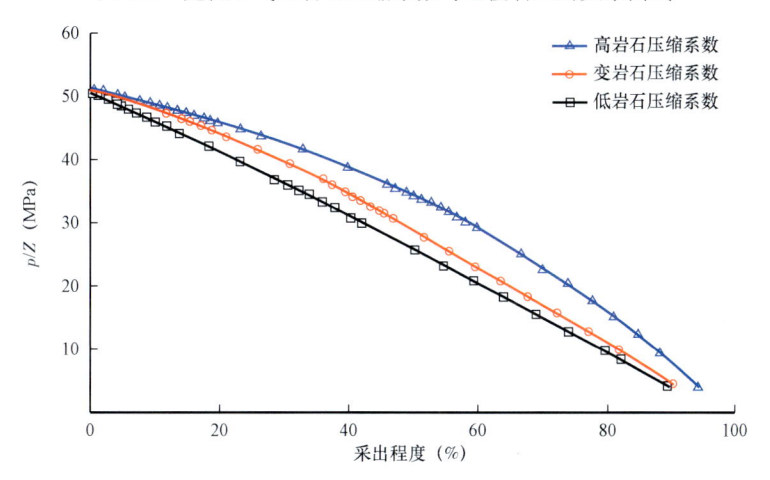

图 1.2 地层压力与采出程度关系曲线(不考虑边底水)

克拉 2 异常高压气藏开采过程中渗透率、孔隙度、孔隙压缩系数等物性参数都随开采压力变化而变化,但是在开采压力变化范围内,孔隙度、渗透率变化不大,而孔隙压缩系数随有效压力的变化较为敏感,所以在进行气藏生产动态预测时把储层孔隙压缩系数考虑为压力的函数。孔隙压缩系数对有效压力的变化较敏感,建议在进行生产动态计算时把孔隙压缩系数考虑为压力的函数。

对压缩系数与有效应力关系进行回归,回归关系式如下:

$$C_f = 28.487 \times 10^{-4} e^{-0.0403(p_{rock}-p)} \tag{1.8}$$

式中 C_f——孔隙压缩系数,$10^{-4} MPa^{-1}$;

p_{rock}——上覆岩石压力,MPa;

p——孔隙压力,MPa。

郑荣臣等人(2002)研究了异常高压气藏岩石压缩系数对开采特征的影响,得到如下结论。

(1)高压气藏在不同的压力开采区间内,岩石、地层水和天然气三者对总弹性能量相对贡献的大小是变化的。高压阶段以岩石的弹性能量为主,其对产能的贡献占50%以上。而常压阶段,以天然气的弹性能量为主,此时岩石压缩系数变化很小,可认为是常数。不论高压低压,地层水的压缩系数变化不大,计算中可看作常数或忽略。

(2)储层中黏土含量对岩石压缩系数的影响较大,对产能影响也较大,开采特征曲线上凸严重。因此,在高压气藏产能预测时最好采用实测的岩石压缩性数据,以提高预测精度。

杨胜来等人(2004)考虑岩石压缩系数随压力的变化,建立了封闭高压气藏压降曲线的数学模型,研究表明:气藏压力、岩石孔隙压缩系数是影响压降曲线形状的因素。气藏压力越高、岩石孔隙压缩系数越高,压降曲线越偏离直线(图1.3)。

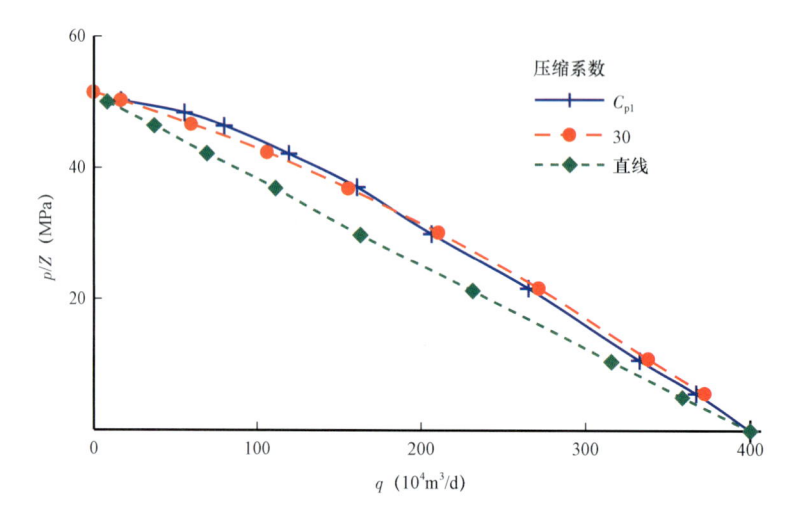

图1.3 压降曲线

其中的C_{p1}是根据拟合得到的经验公式计算结果。

高旺来(2007)对迪那2高压气藏岩石压缩系数应力敏感性进行了评价,通过实验建立了孔隙压缩系数与有效覆压关系模型,认为迪那2气藏孔隙压缩系数随地层压力变化较明显,初始地层覆压条件下测量得到孔隙压缩系数平均约是常规条件下的66.96%;当有效覆压从10MPa(接近原始地层有效覆压)增加到65MPa,孔隙压缩系数约是初始地层条件下测量结果的三分之一(29.86%,见图1.4)。

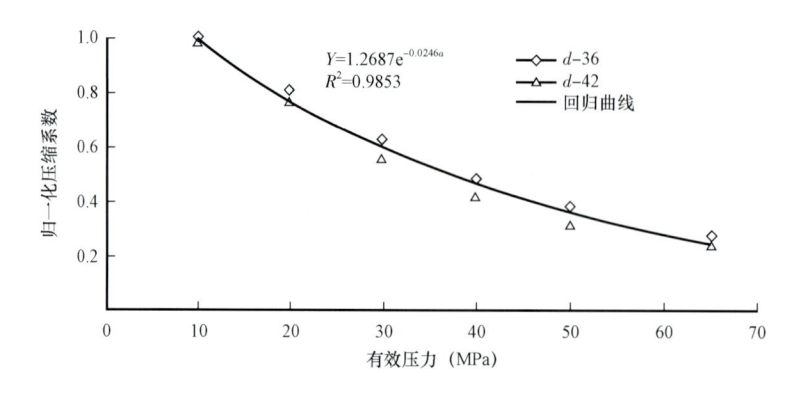

图1.4 归一化孔隙压缩系数与有效覆压关系

Hammerlindl 等人(1969—1981)指出异常高压气藏 p/Z 与 G_p 曲线向下弯曲是由于储层压实导致岩石的可压缩性改变而引起的,因此,建议采用变岩石压缩系数来预测气藏生产动态。

Fetkovitch 等人(1991—1996)指出异常高压气藏 p/Z 与 G_p 曲线向下弯曲只是异常高压气藏的特征,并不一定是岩石压缩性的改变引起的,所以在讨论储集层膨胀作为异常高压气藏驱动机制之一时,建议采用常岩石压缩系数来预测气藏生产动态。

Wei 等人(1996)发现 p/Z 与 G_p 曲线对岩石压缩性非常敏感。应用变岩石压缩系数,改进了 p/Z 与 G_p 绘制方法,研究结果表明,采用变岩石压缩系数更符合生产动态。

1.1.2.2 储层岩石的渗透率应力敏感效应对气藏产能的影响

杨胜来等人(2005)根据克拉2气藏的岩样,采用拟三轴应力岩心加持器测定不同有效覆压下孔隙度和渗透率,得到每块岩心的渗透率与有效覆压关系曲线,进行幂函数拟合,得到渗透率随着有效覆压的变化规律经验公式:

$$K = K_0 p_e^{-m} \tag{1.9}$$

$$m = 0.2338 K_0^{-0.4327} \tag{1.10}$$

式中 K——有效覆压下的渗透率,mD;

K_0——空气渗透率,mD;

p_e——有效覆压,MPa;

m——应力敏感性系数。

为此推导出考虑表皮因子,非达西流以及渗透率应力敏感性的稳态产能公式。结果表明:应力敏感性对产能有较大的影响,敏感性增强,则产能明显降低。考虑应力敏感性时,克拉201井无阻流量为无应力敏感时的78%(图1.5和图1.6)。

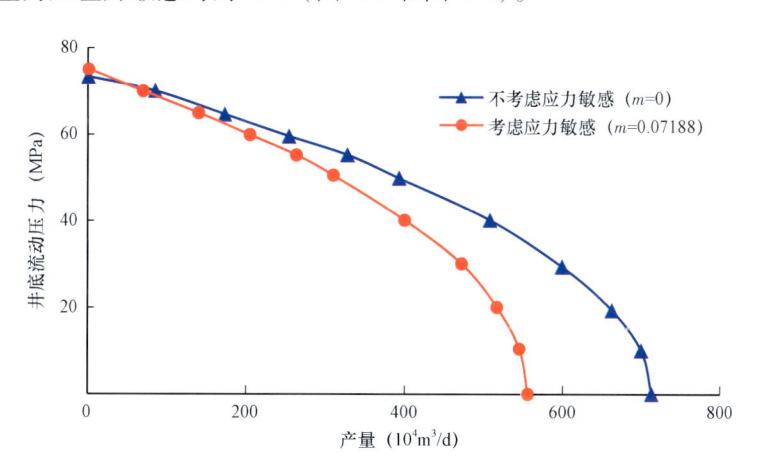

图 1.5 考虑应力敏感时产能曲线

Sun 等人(2007)研究了高压应力敏感气藏气体的供应能力取决于井所在的储层渗透率系数,通过室内岩心实验以及一些理论研究,进行了气井产能评估和生产预测。通过研究得出渗透率系数 γ 对气体供应能力和气藏生产动态有很大的影响,考虑渗透率系数 γ 时的无阻流量

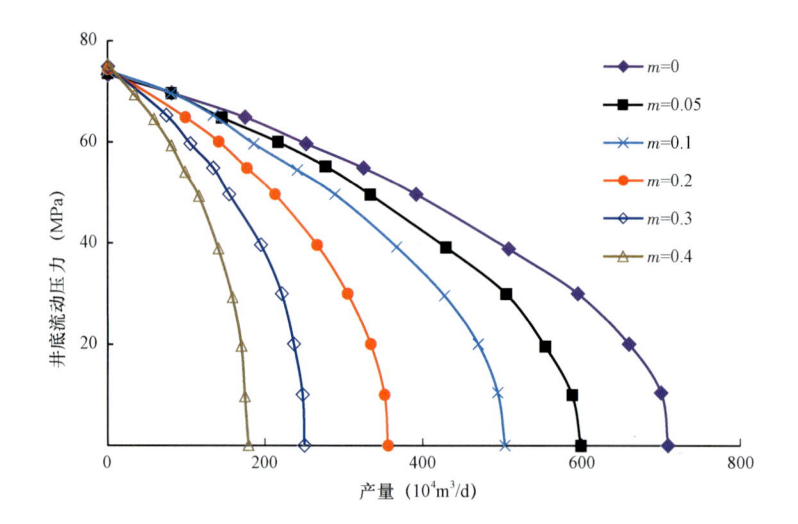

图1.6 渗透率应力敏感参数 m 对气井产能的影响关系图

q_{AOF} 是不考虑时的 86%。

罗炫等人(2008)利用实验建立了岩石渗透率与地层压力的关系,导出了磨溪气田嘉二气藏气井的产能方程,利用气井流入动态关系曲线,分析了应力敏感对气井产能的影响。推导出考虑应力敏感的气井产能方程,研究表明应力敏感会严重影响气井产能。

刘启国等人(2008)考虑渗透率变化对气井产能的影响,推导出了新的异常高压气井产能方程,计算并分析了渗透率应力敏感参数对气井产能的影响。采用储层渗透率应力敏感关系为指数式的气井稳定达西流动产能方程和考虑表皮因子以及高速非达西流动影响所得到的产能方程:

$$K = K_i e^{-\alpha_k(p_i-p)}$$

$$q_{sc} = \frac{\dfrac{2(\alpha_k p_i - 1)}{\alpha_k^2} - \dfrac{2(\alpha_k p_{wf} - 1)}{\alpha_k^2} e^{-\alpha_k(p_i-p_{wf})}}{\dfrac{1.2734 \times 10^{-3} \bar{\mu} \bar{Z} T}{K_i h} \left(\ln \dfrac{r_e}{r_w} + S + D q_{sc} \right)} \tag{1.11}$$

式中 p_{wf}——井底流动压力,MPa;

r_e——供给半径,m;

r_w——井半径,m;

r——半径,m;

$\bar{\mu}$——平均压力下的气体黏度,mPa·s;

$\bar{Z}$——平均压力下的气体偏差因子;

h——地层厚度,m;

T——地层温度,K;

q_{sc}——气体产量,$10^4 m^3/d$;

p,p_i——目前地层压力、原始地层压力,MPa;

K,K_i——目前地层压力、原始地层压力下的渗透率，mD；

d_k——渗透率变化系数，MPa^{-1}。

张旭等人(2009)通过对河坝飞仙关气藏进行室内岩心实验研究，结果表明：渗透率敏感性强、永久变形率较大，可恢复程度低，压差对渗透率影响大；结合河坝 H 井生产与试验发现，应力敏感对产能影响大。异常高压气藏的岩石变形降低了储层渗透率，改变了储层的渗透能力，致使气井产能降低，对异常高压气藏开发效果影响较大。

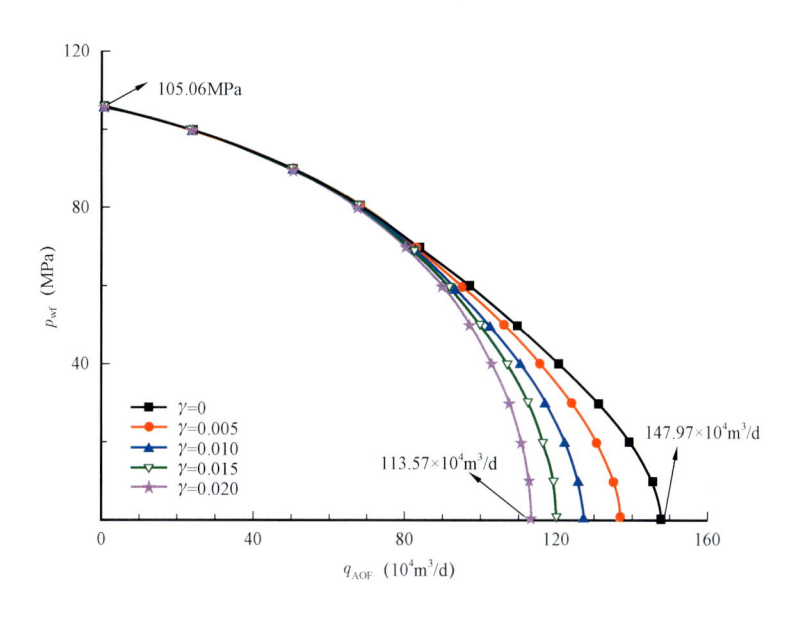

图 1.7 渗透率系数 γ 对气井无阻流量的影响关系图

郭晶晶等人(2010)针对异常高压气藏开发实践，利用气体稳定渗流理论，推导得到考虑异常高压气藏应力敏感性的产能方程，曲线如图 1.7 所示。渗透率随有效应力变化的指数关系式：$K = K_i e^{-\alpha_k(p_i-p)}$，其中渗透率应力敏感参数 α_k 对气井产能的影响如图 1.8 所示。考虑到地层伤害引起的表皮因子以及非达西流动效应，可求出考虑渗透率应力敏感性的稳态渗流产能公式：

$$q_{sc} = \frac{2\pi K_0 h T_{sc}}{\bar{\mu}\bar{Z}Tp_{sc}} \times \left[\frac{p_r - p_{wf}e^{-\alpha(p_r-p_{wf})}}{\alpha\left(\ln\frac{r_e}{r_w} + S + Dq_{sc}\right)} - \frac{1-e^{-\alpha(p_r-p_{wf})}}{\alpha^2\left(\ln\frac{r_e}{r_w} + S + Dq_{sc}\right)}\right] \quad (1.12)$$

同理推导出拟稳态渗流产能公式：

$$q_{sc} = \frac{2\pi K_0 h T_{sc}}{\bar{\mu}\bar{Z}Tp_{sc}} \times \left[\frac{p_r - p_{wf}e^{-\alpha(p_r-p_{wf})}}{\alpha\left(\ln\frac{0.472r_e}{r_w} + S + Dq_{sc}\right)} - \frac{1-e^{-\alpha(p_r-p_{wf})}}{\alpha^2\left(\ln\frac{0.472r_e}{r_w} + S + Dq_{sc}\right)}\right] \quad (1.13)$$

其中：$D = 2.192 \times 10^{-18}\frac{\beta\gamma_g K}{\bar{\mu}hr_w}$，$\beta = \frac{7.644 \times 10^{10}}{K^{1.5}}$，$\beta$ 为紊流系数，单位 m^{-1}。

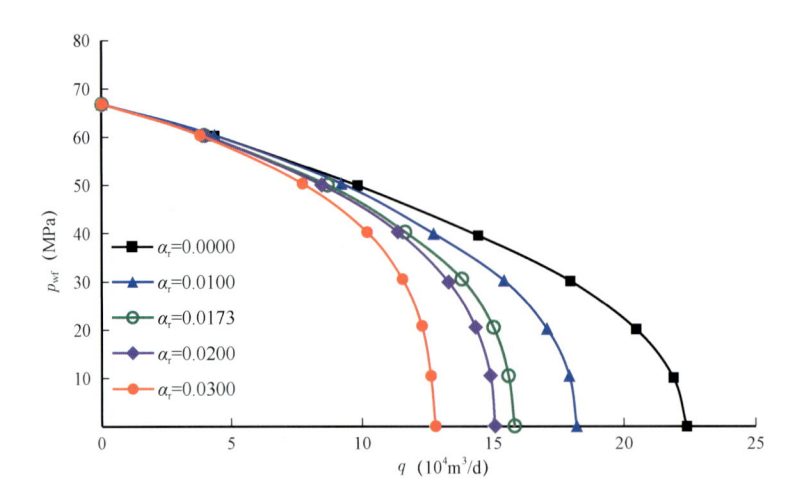

图 1.8　渗透率应力敏感参数 α_k 对气井产能的影响关系图

考虑渗透率应力敏感性条件计算的该井无阻流量约为不考虑渗透率应力敏感时所计算出的无阻流量的 70.43%，渗透率应力敏感性的存在对异常高压气藏的产能有较大的影响，随着敏感性的增强，产能明显降低，在不同的应力敏感系数条件下，气井产能降低程度不同。

1.1.2.3　应力敏感对高压气藏开发的影响

Jiang 等人(2002)对异常高压低渗透气藏的产能预测进行研究，表明：应力敏感会使储层渗透率降低，从而导致气井产量降低；在模拟异常高压低渗透率气藏时必须考虑应力敏感性，考虑应力敏感和不考虑应力敏感所得的结论可能相差 10%~40% 或更高(图 1.9)。

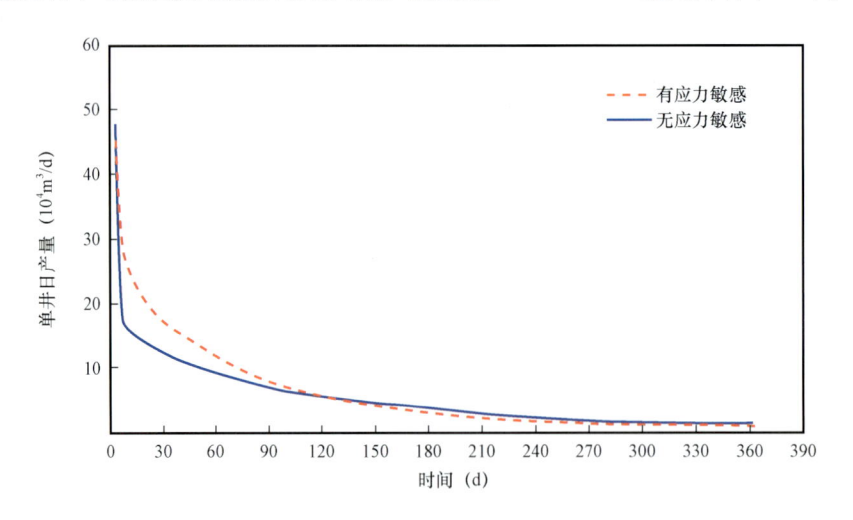

图 1.9　无应力敏感和有应力敏感对单井日产量的影响

宋文杰等人(2004)通过研究克拉 2 气田得到应力敏感对气藏开发的影响主要体现在：气藏衰竭式开采时，随着气体的不断采出，地层压力下降，有效压力增加，储层渗透率、孔隙度和孔隙压缩系数变小，使得产能降低，气、水分布发生变化和弹性能量减少；储层类型发生改变，在开采早期阶段处于高压状态下原为双重介质渗流的储层,在地层压力降低后可以变为单一孔隙介质储层,改变了储层渗流的基础;孔隙空间的缩小一方面释放岩石中的弹性能量,有利地驱动天然气的流动,另一方面使得岩石渗透率和连通性变差,流动阻力增大,从而导致气井产能降低,不利于气藏开发;各种孔隙流体启动顺序与地层压力的降低相辅相成,给气藏动态预测带来了困难(图1.10)。

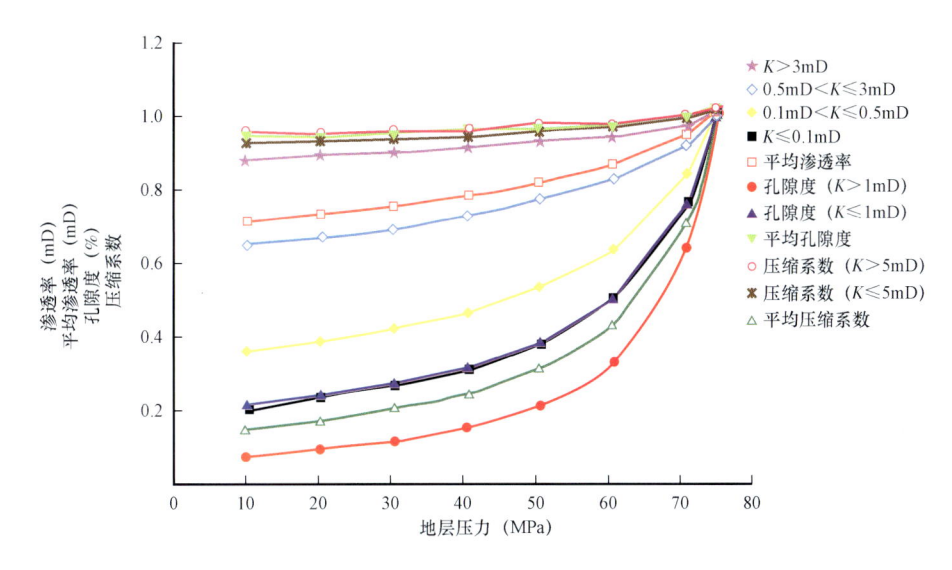

图1.10 克拉2气田白垩系巴什基奇克组储层物性参数与地层压力关系

谢兴礼(2005)对克拉2气田进行研究得出:岩石物性对应力的敏感性总体不大,其中以孔隙度最小,渗透率次之,压缩系数最大,岩石物性随地层压力下降而下降;在同一地层压降下,岩石物性下降幅度不是渗透率的连续函数,而是与渗透率分布范围有关,高渗透率范围,岩石物性下降幅度小,低渗透率范围,岩石物性下降幅度大;克拉2气田地层压降所造成的岩石变形,对气藏的气水分布、流动能力及产能影响不明显(图1.11至图1.13)。

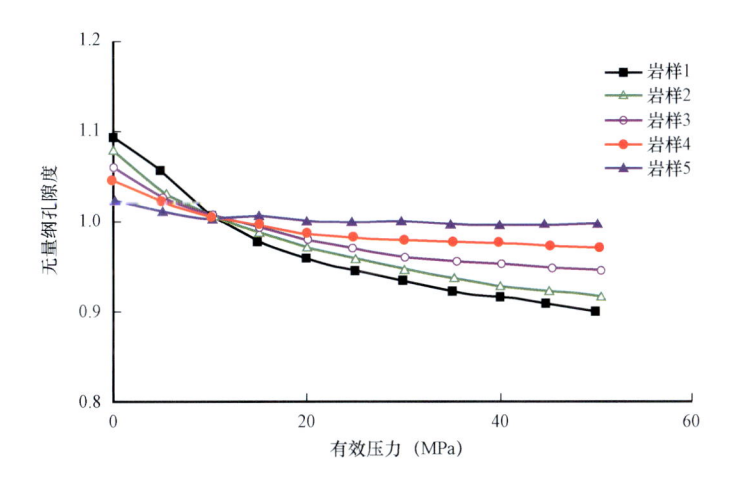

图1.11 无量纲孔隙度与有效压力的关系

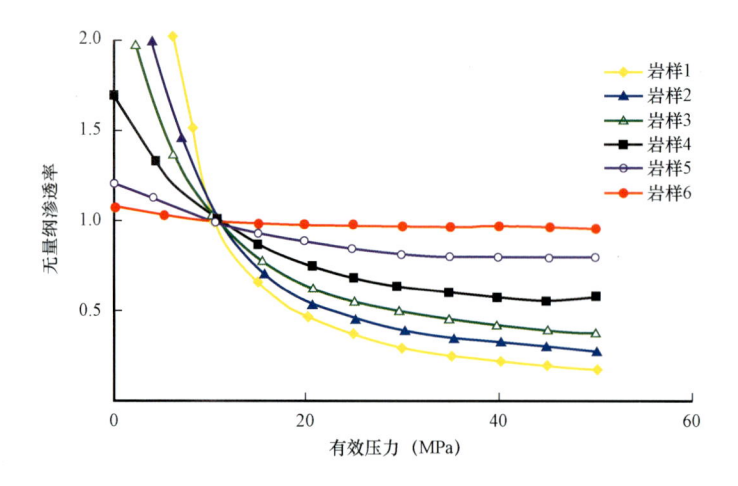

图1.12 无量纲渗透率与有效压力的关系

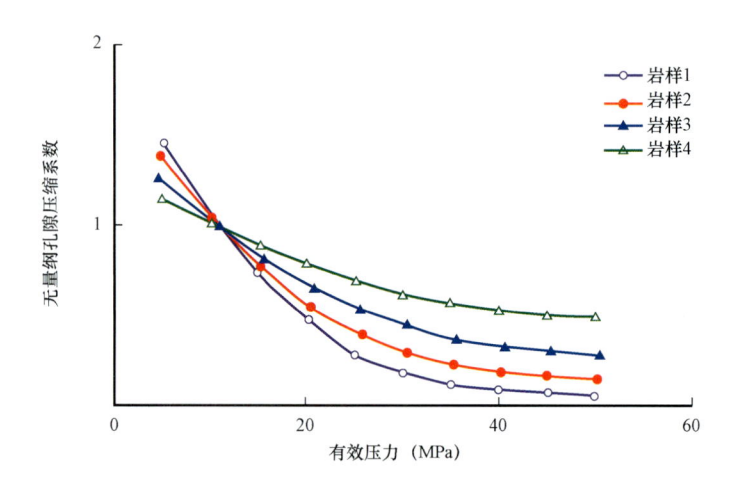

图1.13 无量纲孔隙压缩系数与有效压力的关系

Rosalind(2008)从理论上通过储层模拟和生产数据分析曲线,研究了渗透率应力敏感性对生产数据的影响,建立了微可压缩单孔单相渗流方程。研究结论表明:应力敏感性油气藏的能量损耗比非应力敏感性慢,渗透率会随着应力敏感性的增强而减小。

常志强等人(2009)研究了迪那2气田,试井解释表现出双重孔隙介质应力敏感性地层特征,应力敏感对试井解释和产能评价均存在较大影响,考虑应力敏感更能反映储层真实特征(图1.14)。

可以看出,应力敏感地层的压力与压力导数曲线的开口宽度要比相同参数的常规气藏宽。若采用常规试井软件解释,表皮系数解释结果可能异常。

向祖平等人(2009—2010)建立了考虑应力敏感性的三维气、水两相流数值模型,模拟结果表明:随着压力下降,储层渗透率越低,应力敏感就越强,导致气井所需生产压差就越大,使得气井对地层能量的利用率越低,故由应力敏感所导致气井产能的损失就越大;考虑基块应力敏感比不考虑应力敏感时的生产状况要差得多;应力敏感性对异常高压气井稳产能力具有显

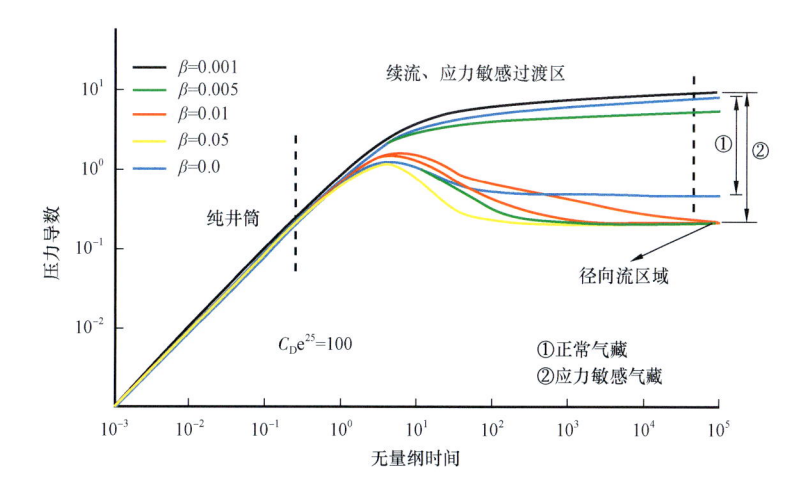

图1.14 无限大地层敏感试井曲线特征

著影响,可导致气井所需生产压差明显增大;在应力敏感情况下进行开采,气井对地层能量的利用率将会大大降低。此外,裂缝应力敏感性对气井产能也具有一定影响,并导致气井所需生产压差明显增大,但对气井的稳产能力影响较小。因此,应充分考虑裂缝应力敏感性的影响,更加准确的指导异常高压气藏的开发(表1.1)。

表1.1 不同渗透率储层应力敏感对产能影响的指标预测表

生产指标	$K \leq 0.04\text{mD}$			$0.04\text{mD} < K \leq 0.1\text{mD}$			$K > 0.1\text{mD}$		
	不考虑应力敏感	考虑基块应力敏感		不考虑应力敏感	考虑基块应力敏感		不考虑应力敏感	考虑基块应力敏感	
		等稳产期	等产量		等稳产期	等产量		等稳产期	等产量
配产产量($10^4\text{m}^3/\text{d}$)	1.000	0.482	1.000	1.500	1.045	1.500	2.000	1.710	2.000
储层渗透率(mD)	0.040	0.040	0.040	0.080	0.081	0.082	0.160	0.160	0.160
稳产期(mon)	47	47	6	71	71	16	92	92	64
稳产期末采出程度(%)	8.357	4.027	0.892	19.070	13.285	4.085	33.079	28.283	22.897
稳产期末地层压力(MPa)	2.646	2.399	2.658	2.866	2.699	2.861	3.048	2.958	3.056
稳产期末井底流压(MPa)	2.000	2.000	2.000	2.000	2.000	2.000	2.000	2.000	2.000
稳产期末生产压差(MPa)	0.646	0.399	0.658	0.866	0.699	0.861	1.048	0.958	1.056
稳产期末单位压降采气量($10^4\text{m}^3/\text{MPa}$)	83.064	39.449	8.873	192.051	132.467	41.124	336.825	286.423	233.260

Jiang等人(2004)通过对克拉2异常高压气田开发机理与特征进行研究,研究表明:由于克拉2的岩石性质较好,应力敏感对其开发只有很小的影响(图1.15)。

图1.15为克拉2气田在7in(178mm)油管条件下考虑和不考虑应力敏感性时的全气藏产能曲线对比,在气田投产初期合理生产压差(原始地层压力与井底流压之差)为4MPa时,单井平均产量为$350 \times 10^4\text{m}^3/\text{d}$,如果考虑岩石变形后计算出的单井平均产量则为$335 \times 10^4\text{m}^3/\text{d}$,岩石形变对产能的影响在5%以内。

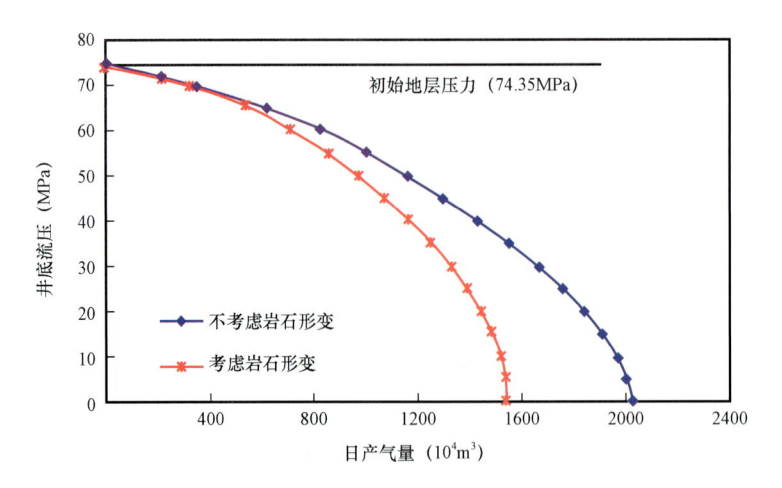

图 1.15 克拉 2 气田产能曲线对比

苏花卫等人(2011)研究了应力敏感对低渗透气藏产能的影响,得出无论是否考虑应力敏感,随着初始产能的增加,稳产期和稳产期采收率都会下降,只是考虑应力敏感比不考虑应力敏感时下降的幅度更大。并且考虑到应力敏感效应,气井的配产不宜过大,否则会影响稳产期采出程度(图 1.16)。

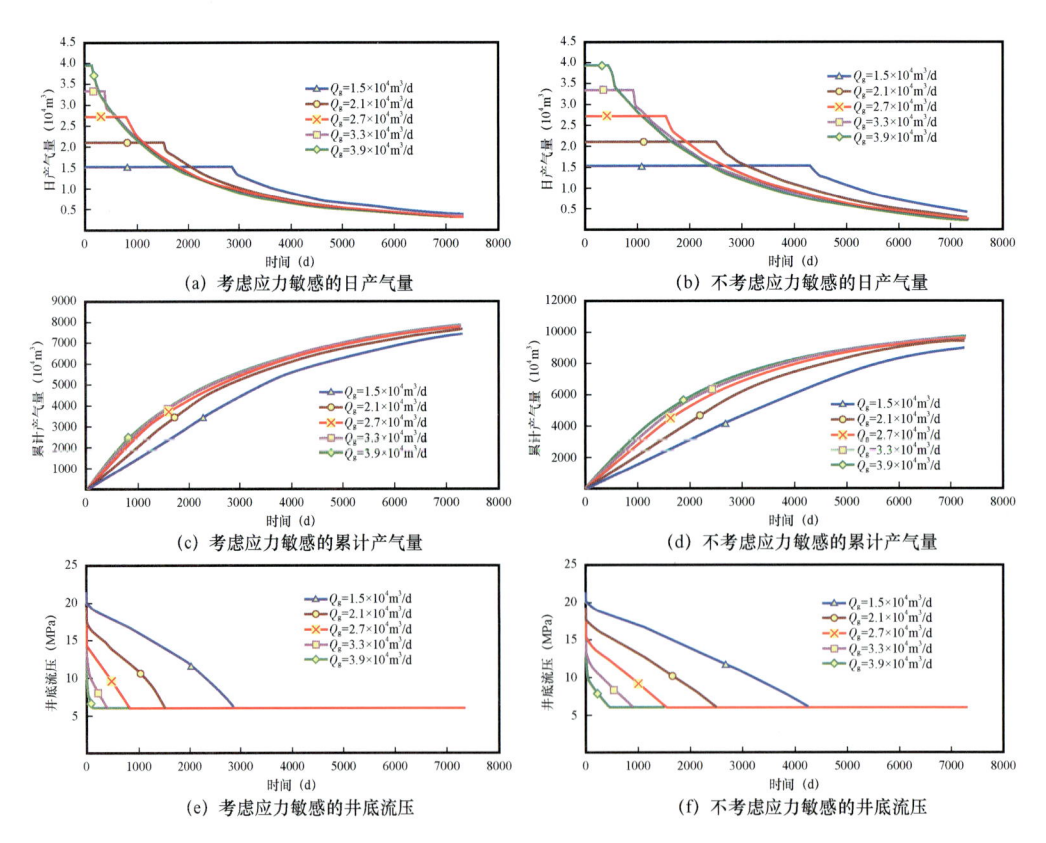

图 1.16 在不同产气水平下考虑应力敏感与不考虑应力敏感的日产气量、累计产气量、井底流压对比结果

蒋艳芳等人(2011)在前人的基础上研究了应力敏感对低渗透气藏水平井产能的影响,通过分析得出应力敏感系数越大,水平气井的产量越小,气井的无阻流量也越小(图1.17)。

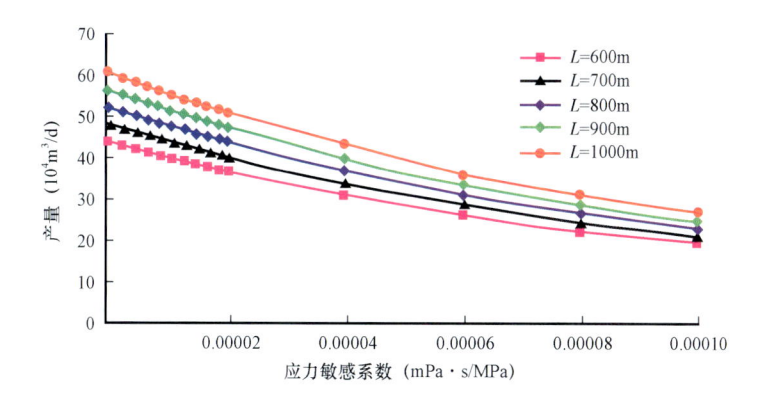

图1.17 应力敏感对低渗透气藏产量的影响

1.2 模拟高压储层开发实验

通过室内实验模拟地层条件,对高压有水气藏岩心进行应力敏感性测试,是认识储层岩石的应变对水侵机理研究的基础之一。

1.2.1 高压储层应力敏感性实验

1.2.1.1 方法概述

通常应力敏感性实验采用以下两种方法:变围压法和定围压变内压法。

定围压变内压包括三种方法:(1)降低出口孔隙压力,入口端保持地层压力,生产压差不断增大;(2)入口端达到地层压力后关闭,打开出口端直至压力降低到废弃压力;(3)初始入口端压力等于地层压力,出口和入口保持一定的压差,实验过程中出口和入口压力同步下降,直至废弃压力。

唐兴建(2007)采用两种方法:变围压和定围压测试应力敏感。通过实验得出:变围压恒内压测试与变内压恒围压测试,两种测试方法得到的岩心渗透率变化规律是一致的,但两种测试方法的测试结果存在一定差异,即变内压恒围压测试表现出的应力敏感更强。

郭平等人(2008)采用美国岩心公司高温高压流动实验仪,分别运用定围压变内压法和变围压法对岩心进行了六升六降多次应力敏感实验测试,得出变围压高温标准测试与变内压恒围压测试两种测试方法得到的岩心渗透率的变化规律是一致的。但两种测试方法的测试结果存在一定差异,即变内压恒围压测试表现出的应力敏感更弱,且两种方法的测试结果差异随升降压次数的增加具有加大的趋势,同时岩心渗透率越低,两种测试方法的测试结果差异越大。

1.2.1.2 不同实验设备及实验方法分析

(1)CMS–300覆压孔渗测试系统。

该设备特点：采用非稳态测量模块，同时考虑了气体的滑脱效应和紊流效应；自动化程度高，测量数据精确，可连续自动测量多个样品；能够同时测量多个参数随覆压变化规律。检测范围：孔隙体积0.02~25mL，渗透率0.001~15000mD，围压500~10000psi，样品尺寸：两种规格，分别为ϕ2.5cm和ϕ3.8cm，三轴向等值加压。

(2)岩石力学三轴应力测试系统。

该设备可以对岩心分别加载不同的轴向压力、周向压力、孔隙压力；可以用于模拟油气藏温度、应力和油气藏压力条件下岩石的力学行为。主要技术指标为：轴向载荷最大值1400kN；最大围压140MPa；最大孔隙压力100MPa；测试岩样尺寸为ϕ25mm×50mm、ϕ50mm×100mm；温度控制最大值200℃。

(3)常规岩心夹持器。

该设备测试方法为稳态测试，适用于不同规格岩样，径向加载围压，轴向压力不可测。其优点是装卸方便，价格便宜，能测很低的渗透率、气体滑脱效应和启动压力梯度效应。

(4)三轴岩心夹持器。

能三轴向加载围压，稳态法测试，易于改变实验流程进行不同方式的测试，可进行变围压或变孔隙压力的覆压物性测试，可以测试不同规格岩样。

以上四种不同的测试设备在岩样受力原理和岩心包裹套筒方面存在一定差异。在受力原理方面，除径向夹持器(常规岩心夹持器)对岩样加载的是径向围压，其余三种设备对岩样加载的都是三轴向等值围压。在岩心包裹套筒方面，CMS–300覆压孔渗测试系统、三轴岩心夹持器、常规岩心夹持器采用的是弹性良好的橡胶套筒，而岩石力学三轴应力测试系统采用的则是受热成型后较硬的热塑膜。

应用以上四种不同仪器设备、在变围压方式下共进行了71块岩样的覆压渗透率测试。对比研究得出以下结论。

除岩石力学三轴应力测试系统外，其余三种设备所测结果具有很好的可比性和一致性(图1.18)。分析认为，岩石力学三轴应力测试系统测试结果差别较大的原因在于低覆压下热塑膜的密封性不佳，可以采用在岩样表面涂覆油脂的方法来消除实验系统误差，但由于该系统围压稳定缓慢，测试时间很长，因而不建议采用。

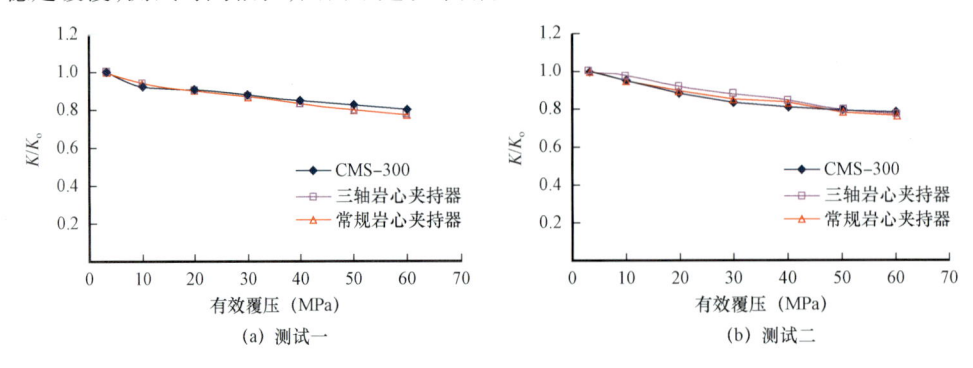

图1.18 不同设备覆压测试结果对比

CMS-300覆压孔渗测试系统能够同时获得渗透率、孔隙度以及岩石孔隙压缩系数随有效覆压的变化关系曲线,同时还具有自动化程度高、重复性好的特点,是进行岩样覆压物性测试的首选设备;三轴岩心夹持器价格便宜、使用方便,加载的围压范围与CMS-300覆压孔渗测试系统相同,三轴岩心夹持器优势在于能够测试全直径岩样,并且易于改变实验流程进行不同方式的测试;常规岩心夹持器的围压加载范围较低,一般用于常规渗透率测试。

1.2.1.3 应力敏感理论研究

通过室内岩石应力敏感性实验,对岩石的应力敏感性进行定量评价,得出岩石渗透率与有效应力之间的函数关系,确定影响岩石应力敏感性的主要因素。

(1)应力敏感评价方法分析。

应力敏感性评价是储层保护方案设计、油气井合理工作制度确定、产能评价与预测的重要依据,尤其是对于低渗透储层更显得意义重大。

① 应力敏感性评价标准。

国外对应力敏感方面的研究开展得比较早,F. O. Jones 和 W. W. Owens 在1980年提出了一种应力敏感系数,其表达式为:

$$S = \frac{1 - \left(\frac{K}{K_{1000}}\right)^{1/3}}{\lg \frac{p_k}{1000}} \tag{1.14}$$

式中 S——应力敏感系数,mPa·s/MPa;

K_{1000},K——围压为1000psi 和 p_k(psi)时测得的岩心渗透率,mD。

其评价标准为:$S = 0.1 \sim 0.2$ 时,应力敏感程度中等,$S = 0.3 \sim 0.6$ 时,应力敏感程度较强,$S > 0.7$,应力敏感程度很强。由于数据处理较麻烦,且表达式形式复杂,无法结合渗流微分方程进行积分得到产能公式,在我国没有得到推广。

国内的张琰对低渗透气藏的应力敏感性评价方法做了专门的研究,采用了渗透率损害率指标来评价应力敏感程度,其公式为:

$$R = \frac{K_1 - K_2}{K_1} \times 100\% \tag{1.15}$$

式中 R——岩样应力敏感损害率,%;

K_1,K_2——低压、高压下渗透率,mD。

其评价指标为:$R < 30\%$ 时,应力敏感程度为弱,$R = 30\% \sim 70\%$ 时,应力敏感程度为中等,$R > 70\%$ 时,应力敏感程度为强。

由于 R 是对应某一有效应力测点下的值,是一个静态数值,随岩样所受的最大有效应力值而变化,而不同的研究者在进行实验时对岩样施加的应力范围并不相同,因此这种方法不具有通用性。

② 国内现行评价应力敏感性的标准。

2002 年国内发布石油天然气行业标准《储层敏感性流动实验评价方法》(SY/T 5358—2002),对渗透率损害系数给出了明确的定义,其计算公式为:

$$D_{kp} = \frac{K_i - K_{i+1}}{K_i |p_{i+1} - p_i|} \tag{1.16}$$

式中 D_{kp}——渗透率损害系数,MPa^{-1};

K_i, K_{i+1}——第 $i, i+1$ 个有效应力下的岩样渗透率,mD;

p_i, p_{i+1}——第 $i, i+1$ 个有效应力,MPa。

该标准中把 D_{kp} 的最大值所对应的应力作为临界应力,但实际的储层所承受的有效应力远大于临界应力值的范围,使得临界应力没有实际的工程应用价值。

(2) 新的应力敏感系数定义。

国内外大量应力敏感实验分析得出,渗透率与有效覆压(K—σ_{eff})关系曲线以乘幂式的相关系数最高,绝大部分相关系数在 0.99 以上。在进行无量纲化处理后,得到渗透率—有效覆压关系式为以下乘幂形式:

$$\frac{K}{K_0} = a \left(\frac{\sigma_{eff}}{\sigma_{eff0}} \right)^{-b} \tag{1.17}$$

式中 K_0——初始有效覆压为 σ_{eff0} 时所测得的岩样渗透率,mD。

当 $\sigma_{eff} = \sigma_{eff0}$ 时,有 $K = K_0$,据此可得出式(1.17)中的 a 值为 1。在此基础上两边取对数,得:

$$\lg \frac{K}{K_0} = -b \lg \frac{\sigma_{eff}}{\sigma_{eff0}} \tag{1.18}$$

因此 $\frac{K}{K_0} - \frac{\sigma_{eff}}{\sigma_{eff0}}$ 在双对数坐标下是一条通过点(1,1)、斜率为 $-b$ 的直线。

在此,定义新的应力敏感系数为:

$$S_p = \frac{\lg \frac{K}{K_0}}{\lg \frac{\sigma_{eff}}{\sigma_{eff0}}} \tag{1.19}$$

因此可通过拟合 $\frac{K}{K_0} - \frac{\sigma_{eff}}{\sigma_{eff0}}$ 乘幂关系式来得到应力敏感系数 S_p,它是幂指数的负值,其定义形式简单,而且表达式与实验数据相关程度高(图 1.19)。采用这种应力敏感系数定义方式的优点是它具有唯一性,应力敏感系数的大小不受实验中所测数据点多少的影响,并且与实验中岩心所受的最大围压无关。

(3) 影响应力敏感性的主要因素。

影响储层应力敏感性的因素非常复杂,主要有有效覆压变化区间、裂缝(充填程度、连通性)、岩性、含水性、多轮次升降压、孔隙结构、时效性等因素。实验研究可得出以下六点结论。

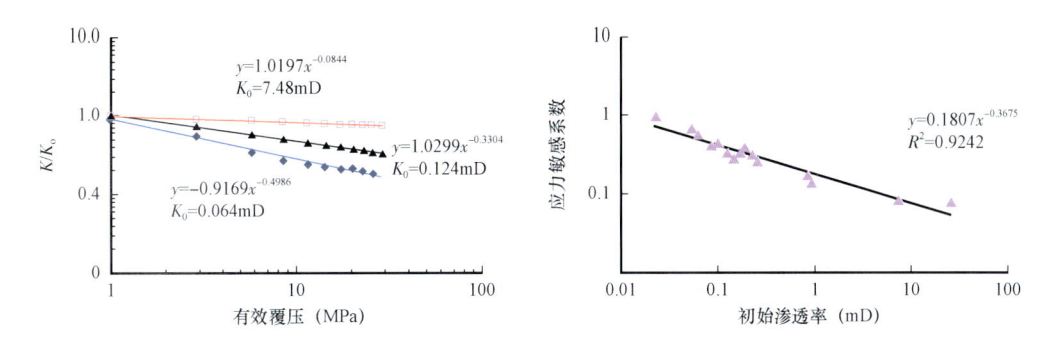

图1.19 迪那岩心渗透率与有效应力的关系式

① 当储层所受有效覆压变化区间不同时,即使所测岩样的无量纲渗透率随有效覆压变化曲线相同,在开发过程中因应力敏感造成的储层物性变化存在很大差别,因此不能仅凭岩样的覆压测试曲线静态地来评价岩石应力敏感性对产能的影响,必须结合储层的具体条件来考虑。

从图1.20看,当岩样渗透率相同时,在开发过程中,当储层所受有效覆压为80MPa时,迪那2储层的渗透率下降幅度约为35%,远大于大北1号储层的渗透率下降幅度(约8%),因而应力敏感性对两个气藏产能的影响也有较大差异。

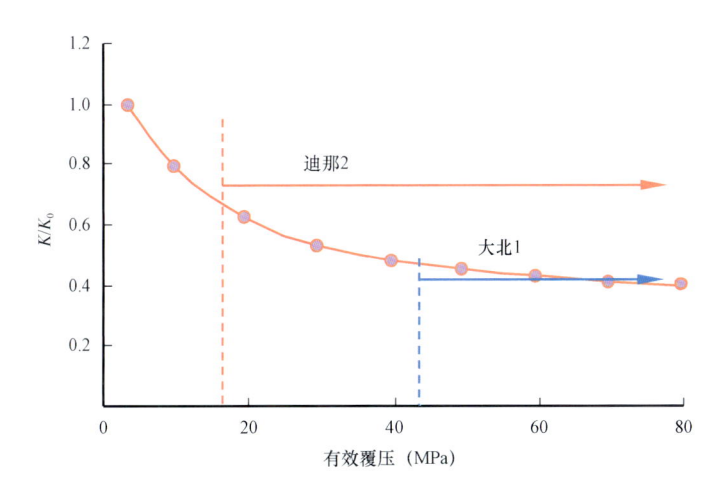

图1.20 不同有效覆压变化范围的影响

② 裂缝的充填及连通性对应力敏感影响很大。

裂缝岩心较基质存在较强的应力敏感性,其中孔隙度敏感性相对较弱,渗透率则由于受压后裂缝闭合其值迅速下降(图1.21)。在储层条件下时,实验过程中有效覆压从0MPa上升到10MPa的变化阶段在实际生产中不会经历,因此在实际储层中,渗透率的变化幅度不会像实验过程中这么剧烈。

裂缝的充填程度越高,岩样的渗透率越接近基质,随有效覆压的变化幅度越小(图1.22和图1.23);裂缝的连通性对渗透率影响显著(图1.24),特别是低渗岩心。裂缝即使有一小部分未连通性时,岩石渗透性也主要受基质控制;裂缝的连通性变好时,渗透率应力敏感性增强;裂缝连通性小于70%时,岩样的应力敏感性非常接近基质。

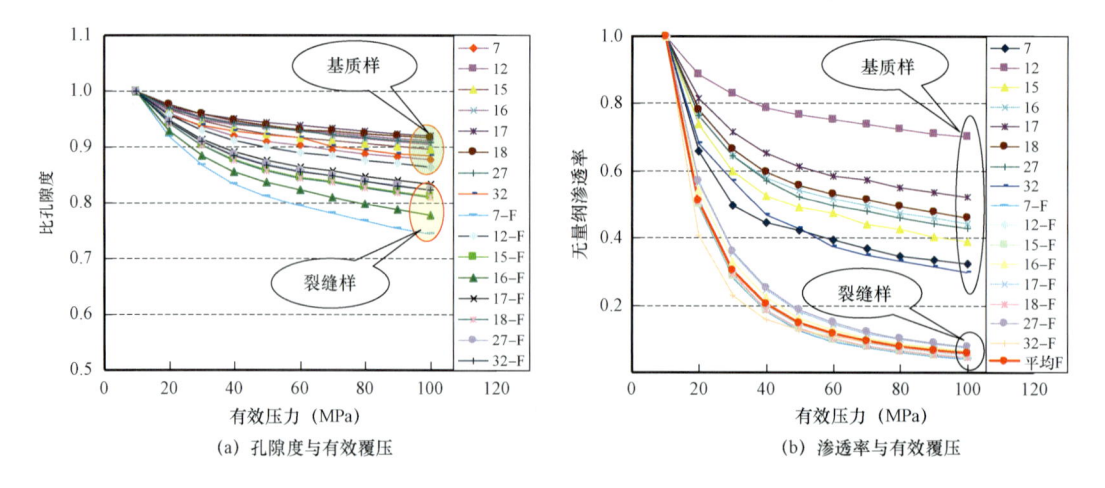

图 1.21　裂缝与基质岩心的孔隙度、渗透率与有效覆压关系曲线对比

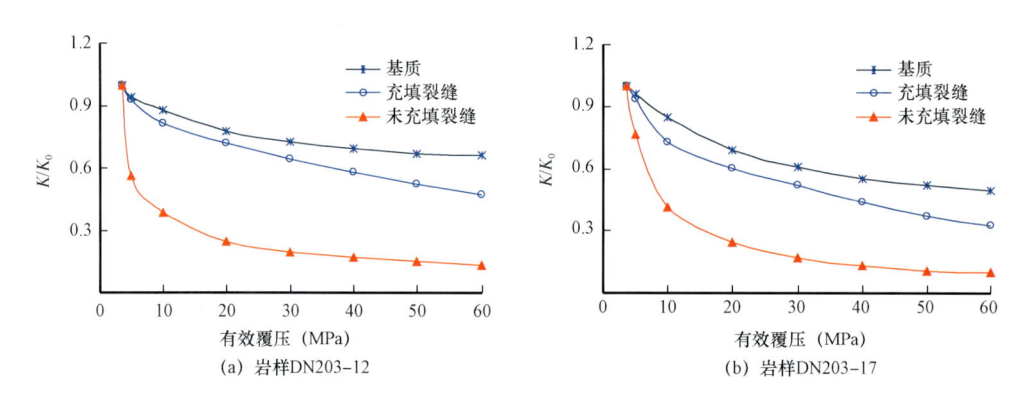

图 1.22　裂缝充填对岩石应力敏感性的影响

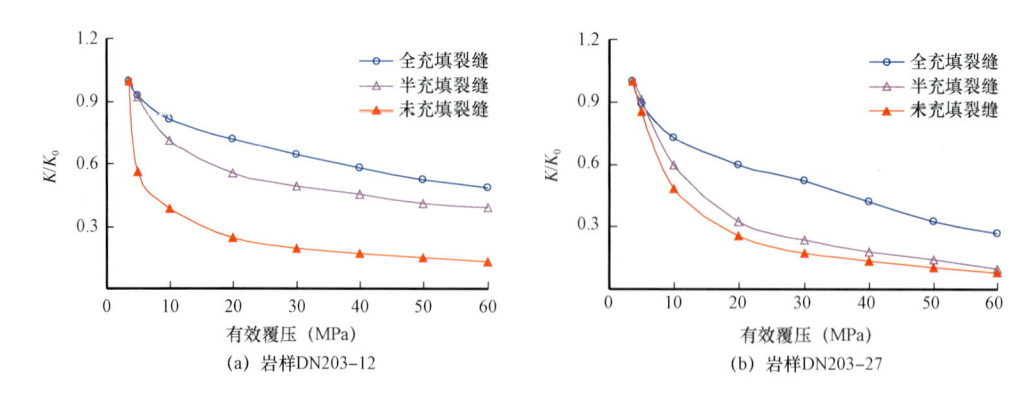

图 1.23　裂缝充填程度对岩石应力敏感性的影响

（3）束缚水的存在使岩心渗透率大幅降低，束缚水饱和度越大，岩心的渗透率应力敏感性越强，岩心渗透率越低，其影响程度越大（图 1.25）。

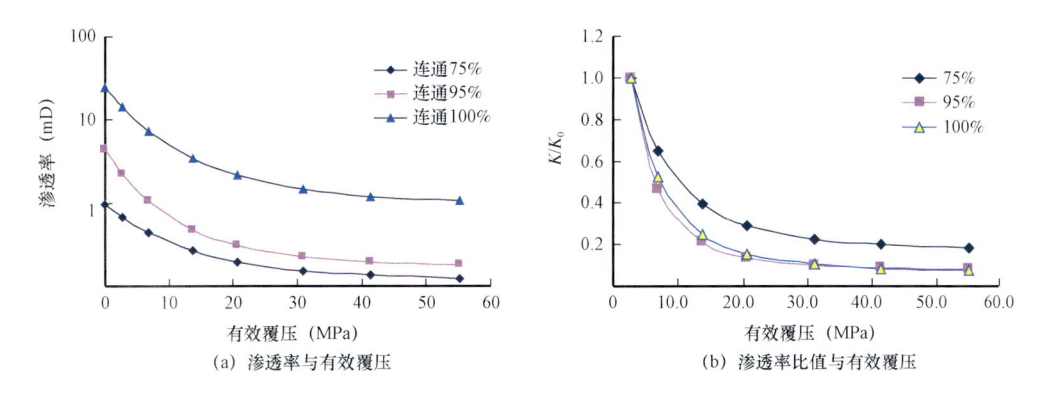

图1.24 裂缝连通性不同时渗透率与有效覆压关系图（天然岩样）

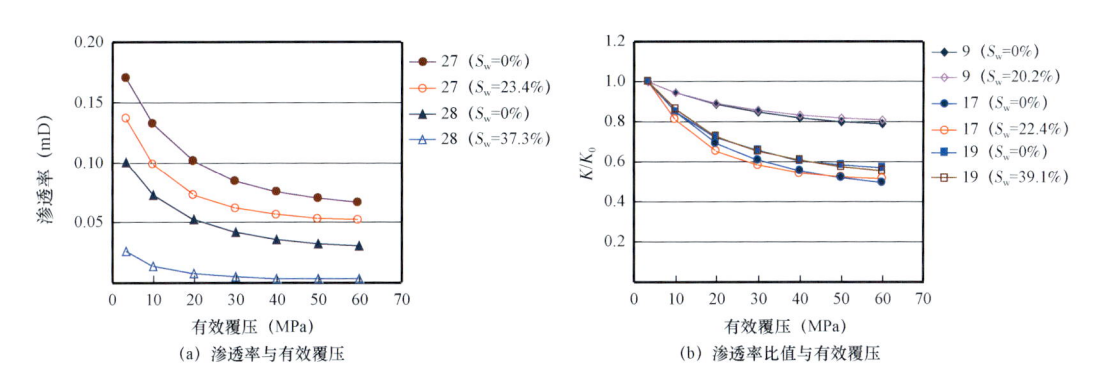

图1.25 不同干样与含水岩样的渗透率与有效覆压关系图

（4）岩样规格也具有一定的影响，对于均质性较好的砂岩储层，全直径样与柱塞样的应力敏感性一致；对于非均质性较强的砾岩及带裂缝储层，在取样许可的条件下，尽可能采用全直径样（图1.26）。

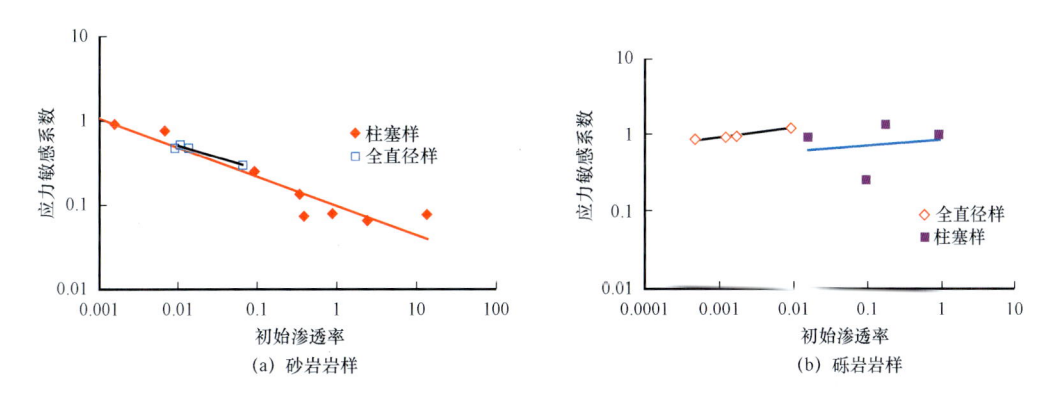

图1.26 砂岩、砾岩渗透率—应力敏感系数关系对比图

（5）岩性影响较大，粗砾岩与砂岩的应力敏感性规律有很大差别，其原因是粗砾岩的非均质性很强，其主要渗流通道是微裂缝，而非孔隙。

(6)反复加载对岩石孔渗具有一定影响,基质岩样压力释放后孔隙度和渗透率都不能恢复到初始值,说明存在部分塑性变形(图1.27)。裂缝岩样则每次加压后渗透率都有很大幅度的降低(图1.28)。因此对于裂缝性高压气藏,不建议采用反复开关井制度来进行生产。

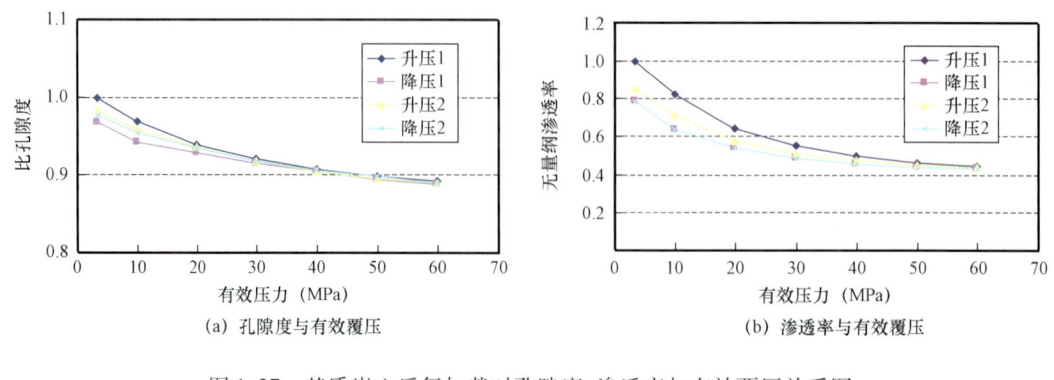

图1.27 基质岩心反复加载时孔隙度、渗透率与有效覆压关系图

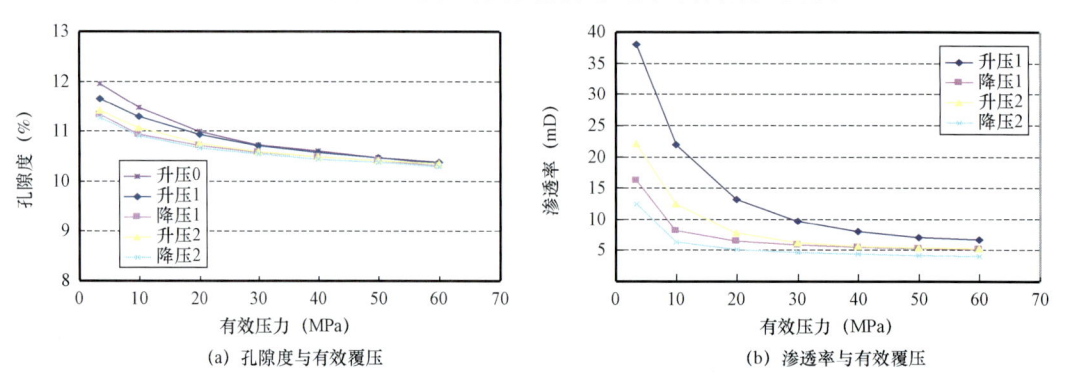

图1.28 裂缝岩心反复加载时孔隙度、渗透率与有效覆压关系图

1.2.2 地层条件气水相渗实验测试

地层条件气水相渗实验测试主要是研究水驱气、气驱水后相渗曲线的变化特征。此外,变压力气驱水相渗主要是研究对比不同压力条件下,气驱水相渗曲线变化特征。

1.2.2.1 实验目的及设备

测试岩心束缚水饱和度和原始含气饱和度条件下,高温高压(100℃、60MPa)水驱气相对渗透率曲线。高温高压全直径岩心气水相渗测试装置如图1.29所示,柱塞小岩心气水相渗测试装置如图1.30所示。

1.2.2.2 实验条件

全直径岩心:恒压驱替法;100℃,60MPa。

1.2.2.3 实验步骤

(1)将岩心装入夹持器,加温,采用定量饱和法建立起束缚水饱和度;
(2)利用天然气升压至60MPa,建立起原始含气饱和度;

(3)进出口端以恒定压力(60MPa)注入地层水驱替,出口端气水分离计量,直至不出气、注入端注入量与出口端出水量相同为止;

(4)实验结束,卸压,清洗岩心。

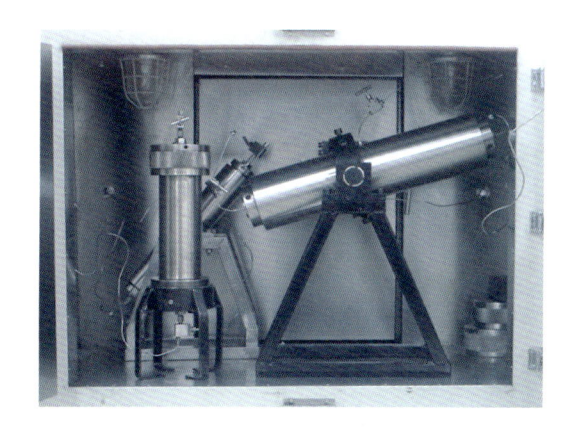

图1.29 高温高压全直径岩心气水相渗实验装置　　图1.30 高温高压柱塞小岩心气水相渗实验装置

1.2.2.4 实验结果

本次研究共开展了全直径气水相渗实验21组(表1.2),其中15组水驱气、4组水驱气后气驱水、2组水驱气后4组变压力(40MPa、20MPa)气水相渗曲线。

其中,水驱气相渗曲线主要是模拟气藏开发过程中,边底水入侵后气水两相流动特征;水驱气后气驱水相渗曲线主要是模拟地层水侵入后,天然气突破水锁气水两相流动特征;变压力气驱水相渗主要是对比不同压力条件下,气驱水相渗曲线变化特征。所选取的岩心及开展的实验项目见表1.2。

表1.2　全直径岩心高温高压相渗曲线测试项目表

序号	岩心编号	岩心长度(cm)	岩心直径(cm)	孔隙度(%)	渗透率(mD)	测试项目
1	2-16	9.91	14.72	15.02	0.456	水驱气
2	3-41	10.01	13.72	15.32	0.673	水驱气、气驱水
3	1-46	10.02	14.52	14.06	1.421	水驱气
4	3-27	9.64	14.63	14.60	2.834	水驱气
5	1-19	9.65	14.83	13.86	4.014	水驱气
6	3-2-1	9.91	10.87	14.11	5.854	水驱气
7	1-12	9.84	15.16	14.87	7.460	水驱气、气驱水
8	2-45	9.92	10.42	15.22	8.021	水驱气、2组变压力
9	2-40	10.00	10.96	14.25	9.477	水驱气
10	3-2	9.94	10.86	14.15	13.286	水驱气
11	2-42	9.92	9.66	14.68	15.368	水驱气、气驱水
12	2-36	9.93	11.58	14.35	16.432	水驱气、2组变压力

续表

序号	岩心编号	岩心长度(cm)	岩心直径(cm)	孔隙度(%)	渗透率(mD)	测试项目
13	2-37	9.97	10.65	13.95	20.895	水驱气
14	2-41	9.94	11.10	14.16	24.263	水驱气、气驱水
15	3-4	9.95	16.05	14.56	61.920	水驱气

(1)高温高压水驱气相渗实验(15组)。

15组高温高压水驱气相渗曲线测试结果见表1.3、图1.31至图1.45,结果表明:随岩心物性变好,束缚水饱和度降低,水驱气效率增大,两相共渗区变宽,束缚水饱和度处K_{rg}和残余气饱和度处K_{rw}相渗曲线端点值增大。

表1.3 15块全直径岩心高温高压水驱气相渗曲线测试结果

序号	岩心编号	长度(cm)	直径(cm)	孔隙度(%)	渗透率(mD)	束缚水饱和度S_{wc}(%)	残余气饱和度S_{gr}(%)	驱替效率(%)	气相相对渗透率$K_{rg}(S_{wc})$	水相相对渗透率$K_{rw}(S_{gr})$
1	2-16	9.91	14.72	15.02	0.456	53.27	29.80	36.23	0.2499	0.0626
2	3-41	10.01	13.72	15.32	0.673	52.95	29.66	36.95	0.2637	0.0725
3	1-46	10.02	14.52	14.06	1.421	51.86	29.18	39.38	0.3120	0.0953
4	3-27	9.64	14.63	14.6	2.834	49.87	29.44	41.27	0.3359	0.0903
5	1-19	9.65	14.83	13.86	4.014	48.27	29.16	43.64	0.3101	0.1061
6	3-2-1	9.91	10.87	14.11	5.854	45.88	28.33	47.66	0.3007	0.0996
7	1-12	9.84	15.16	14.87	7.46	43.91	30.89	44.93	0.3727	0.1261
8	2-45	9.92	10.42	15.22	8.021	43.25	29.56	47.92	0.3886	0.1467
9	2-40	10.00	10.96	14.25	9.477	41.58	29.20	50.02	0.3505	0.1232
10	3-2	9.94	10.86	14.15	13.286	37.64	31.80	49.01	0.3852	0.1265
11	2-42	9.92	9.66	14.68	15.368	35.73	34.47	46.36	0.4022	0.1394
12	2-36	9.93	11.58	14.35	16.432	34.83	34.33	47.33	0.3871	0.1551
13	2-37	9.97	10.65	13.95	20.895	31.53	33.53	51.03	0.4419	0.1935
14	2-41	9.94	11.10	14.16	24.263	29.57	33.72	52.12	0.4166	0.1725
15	3-4	9.95	16.05	14.56	61.92	28.75	33.71	52.69	0.4993	0.1941

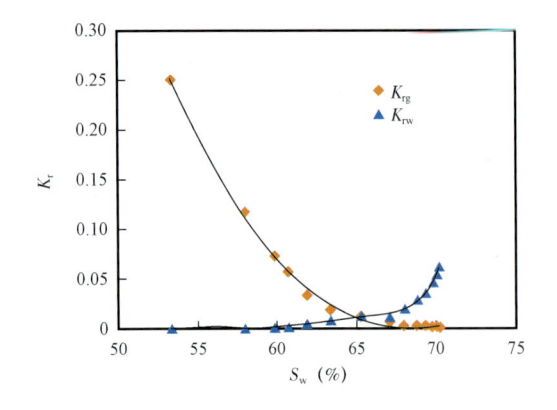

图1.31 2-16岩心水驱气相渗曲线测试结果

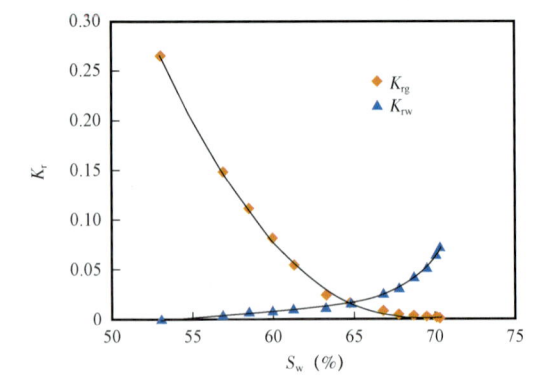

图1.32 3-41岩心水驱气相渗曲线测试结果

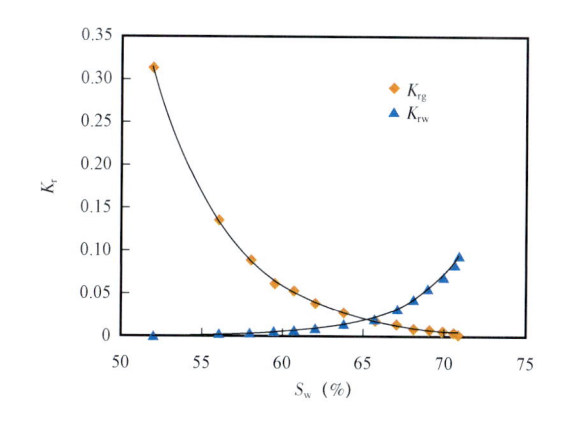

图 1.33　1-46 岩心水驱气相渗曲线测试结果 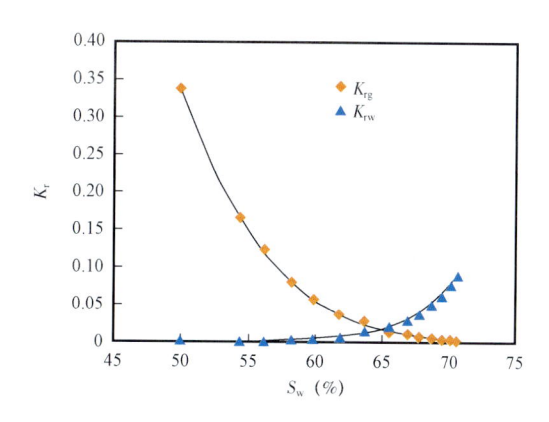　　图 1.34　3-27 岩心水驱气相渗曲线测试结果

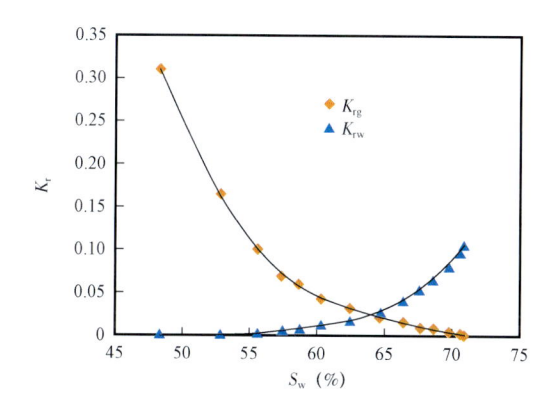

图 1.35　1-19 岩心水驱气相渗曲线测试结果 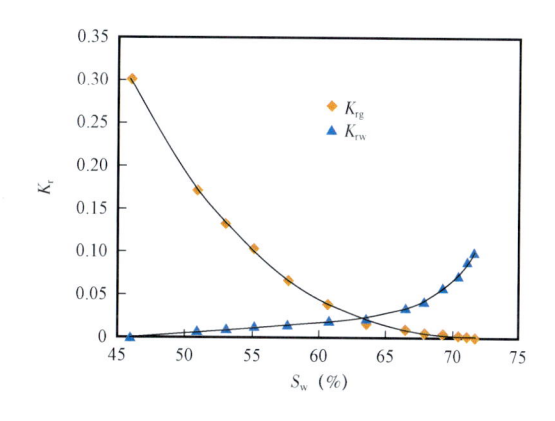　　图 1.36　3-2-1 岩心水驱气相渗曲线测试结果

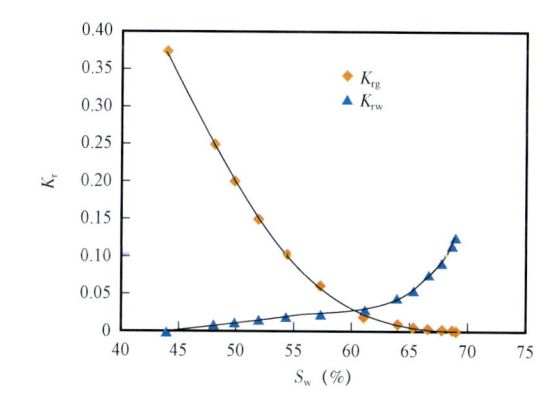

图 1.37　1-12 岩心水驱气相渗曲线测试结果 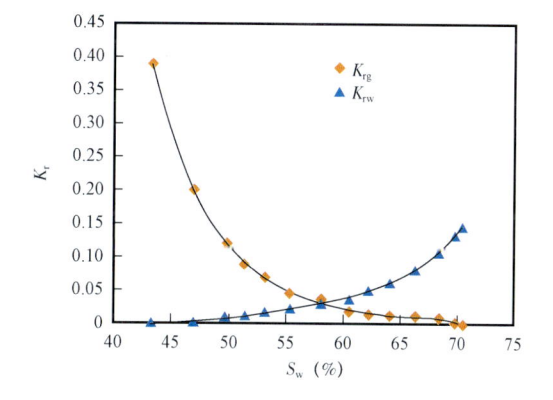　　图 1.38　2-45 岩心水驱气相渗曲线测试结果

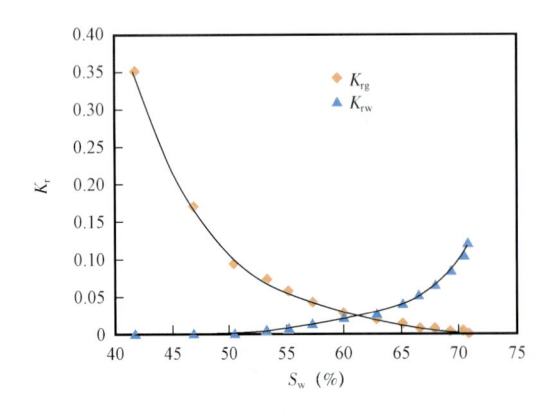

图 1.39　2-40 岩心水驱气相渗曲线测试结果

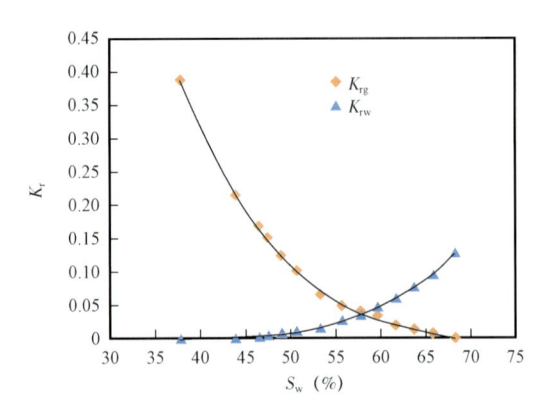

图 1.40　3-2 岩心水驱气相渗曲线测试结果

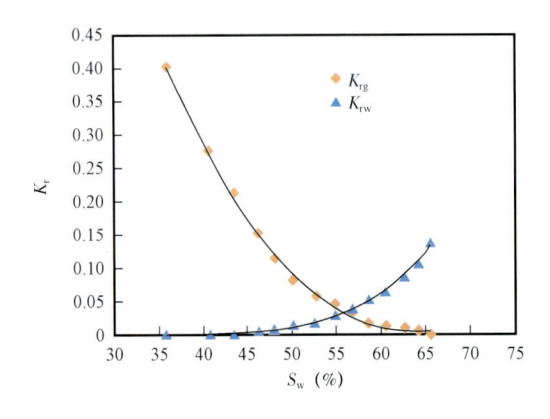

图 1.41　2-42 岩心水驱气相渗曲线测试结果

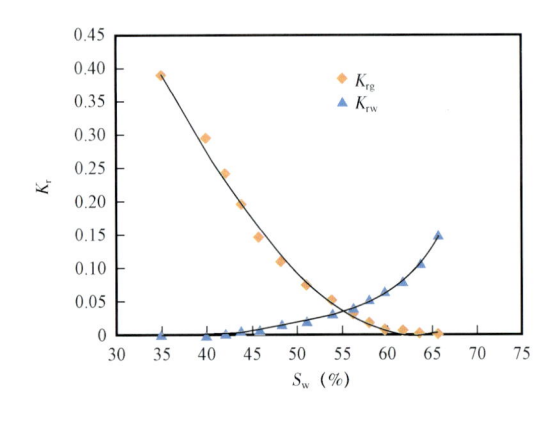

图 1.42　2-36 岩心水驱气相渗曲线测试结果

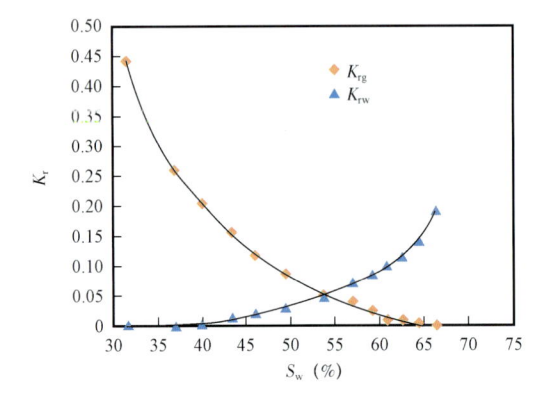

图 1.43　2-37 岩心水驱气相渗曲线测试结果

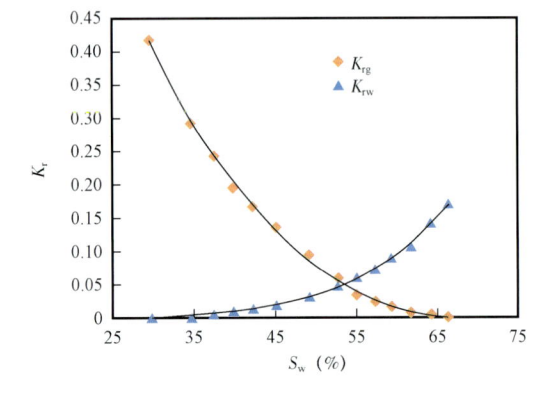

图 1.44　2-41 岩心水驱气相渗曲线测试结果

(2)高温高压水驱气后气驱水相渗实验(4组)。

4组水驱气后气驱水相渗曲线测试结果如图1.46至图1.49所示,水驱后气驱只能驱走岩心中少部分侵入水,气驱水效率较低;气水分布更为复杂,气体流动阻力增大,对应端点K_{rg}值更低。这说明对于这类储层气井产水时不能轻易采取关井憋压复产措施,容易导致气井气产量大大降低,甚至停喷。

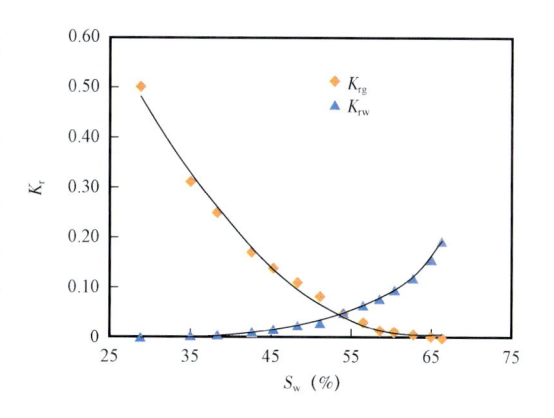

图1.45 3-4岩心水驱气相渗曲线测试结果

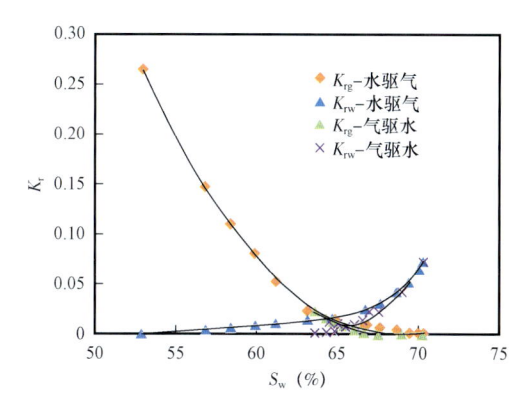

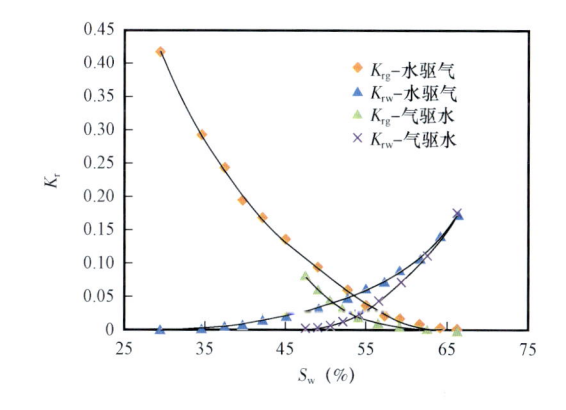

图1.46 3-41岩心水驱气后气驱水相渗曲线测试结果

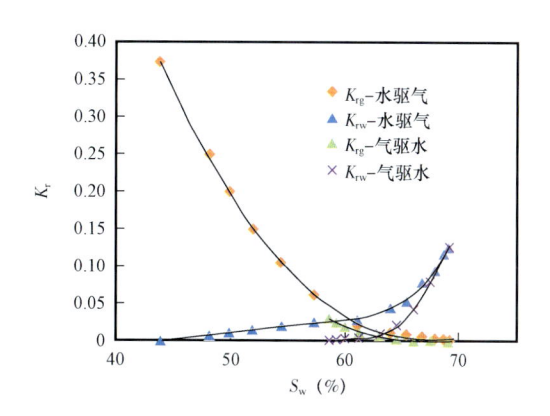

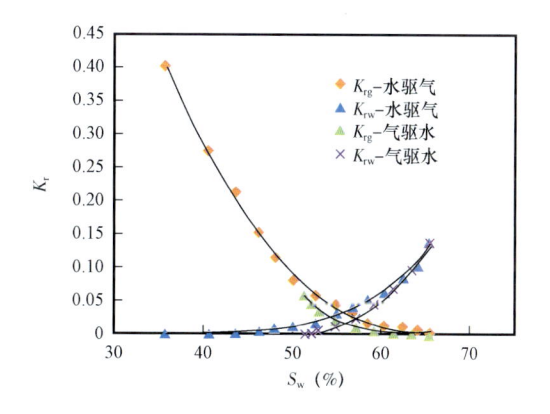

图1.47 1-42岩心水驱气后气驱水相渗曲线测试结果

图1.48 2-41岩心水驱气后气驱水相渗曲线测试结果

图1.49 2-42岩心水驱气后气驱水相渗曲线测试结果

(3)高温高压变压力水驱气相渗实验(2组水驱后4组变压力)

2块岩心(2-45、2-36号岩心)、4组变压力(40MPa、20MPa)气水相渗曲线测试结果表明：随着压力降低，两相共渗区范围变窄，水驱气效率降低，残余气饱和度增加，端点处 K_{rg} 和 K_{rw} 降低（图 1.50 至图 1.51）。

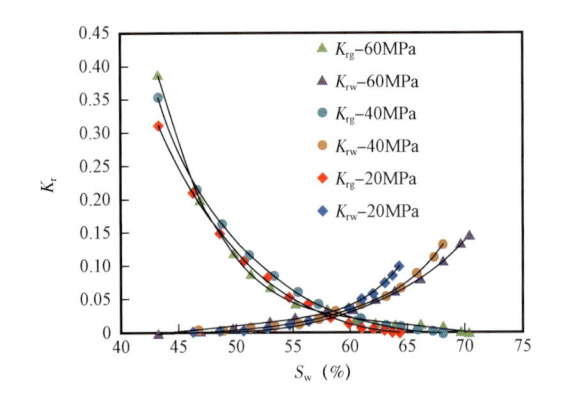

图 1.50 2-45 岩心变压力水驱气相渗曲线测试结果对比

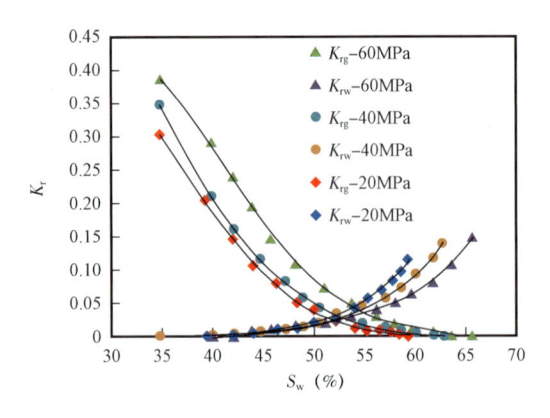

图 1.51 2-36 岩心变压力水驱气相渗曲线测试结果对比

(4)高温高压水驱气相渗归一化平均。

15 组水驱气相渗曲线根据物性差异归一化平均相渗特征结果见表 1.4，随着物性变好，两相流动区变宽，等渗点左移，端点处 K_{rg} 和 K_{rw} 增大（图 1.52 至图 1.57）。

表 1.4 15 组岩心水驱气相渗曲线归一化平均处理结果

渗透率范围(mD)	$S_{wc}(\%)$	$S_{gr}(\%)$	$S_{gi}-S_{gr}(\%)$	水驱气效率(%)	$K_{rg}(S_{wc})$	$K_{rw}(S_{gr})$
<1	53.11	29.73	17.16	36.60	0.2567	0.0673
1~10	46.24	29.39	24.37	45.33	0.3372	0.1110
10~20	36.05	33.51	30.44	47.60	0.3914	0.1391
≥20	29.93	33.65	36.42	51.98	0.4513	0.1864
15 组归一化平均	40.35	31.51	28.14	47.18	0.3517	0.1180

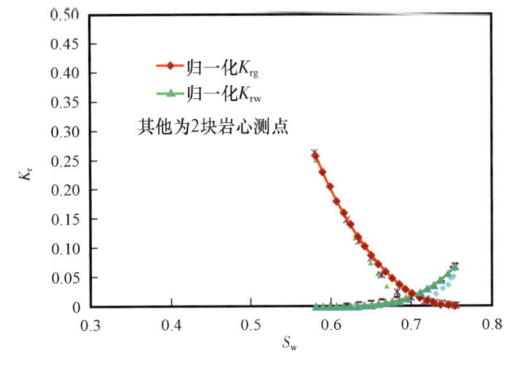

图 1.52 2 块岩心水驱气相渗曲线测试结果归一化(<1mD)

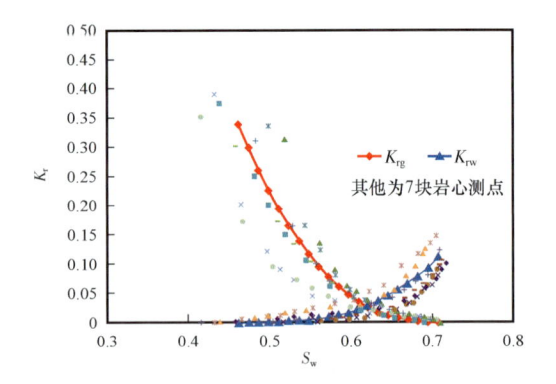

图 1.53 7 块岩心水驱气相渗曲线测试结果归一化(1~10mD)

图 1.54　3 块岩心水驱气相
渗曲线测试结果归一化(10~20mD)

图 1.55　3 块岩心水驱气相
渗曲线测试结果归一化(≥20mD)

图 1.56　15 块岩心水驱气相
渗曲线测试结果归一化(四组曲线对比)

图 1.57　15 块岩心水驱气相
渗曲线测试结果归一化(15 组归一化平均)

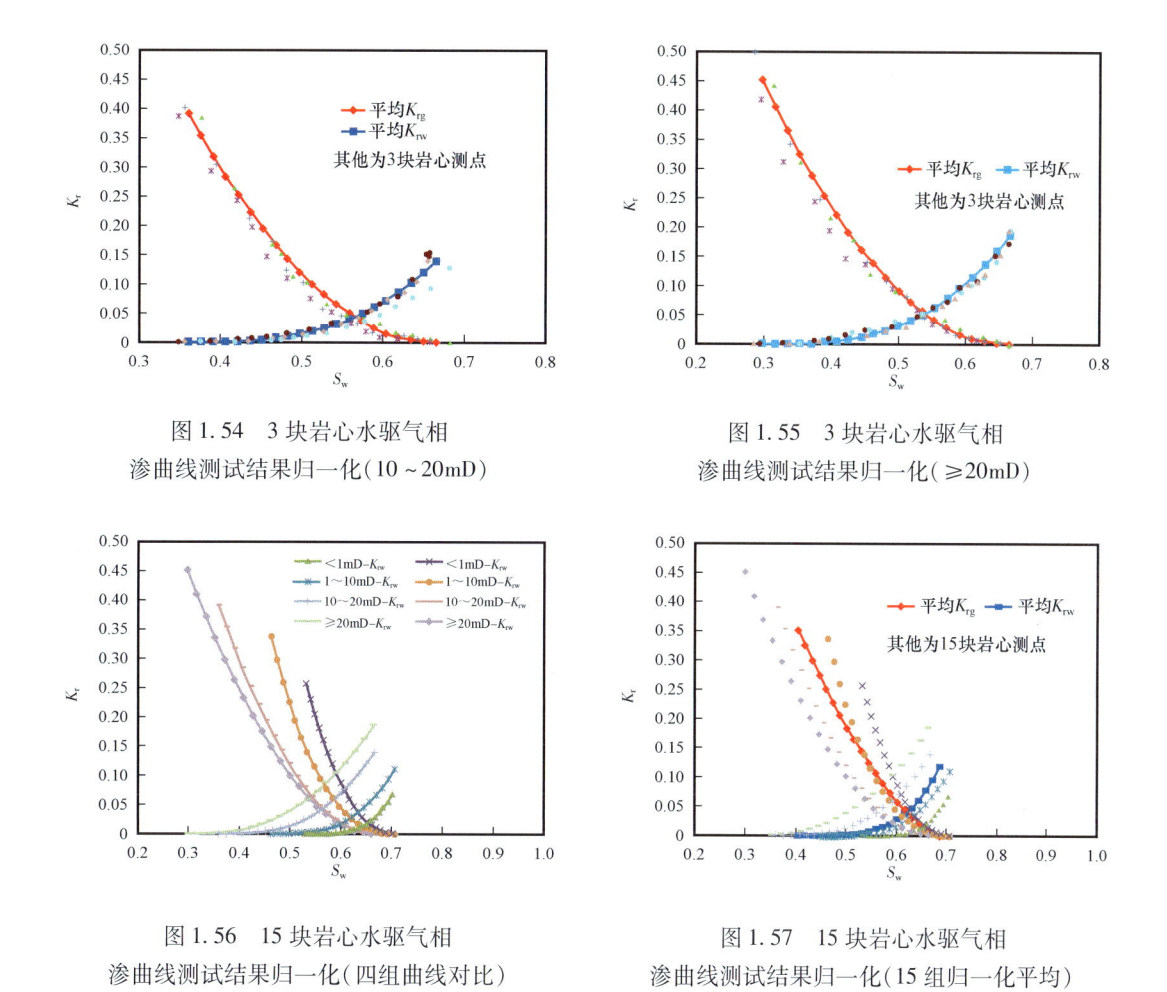

对储层应力敏感性进行量化评价主要是通过室内实验手段实现。目前,应力敏感性实验主要有两种方法,即不考虑储层原始有效应力和基于原地应力的评价实验。基于以上两种方法,国内外学者通过大量的室内实验,建立了渗透率、孔隙度与有效应力之间的函数关系。

1.2.3　地层条件水驱气效率实验测试

地层条件下水驱气效率实验测试是评价水驱气效率的主要手段,主要通过全直径岩心驱替实验和柱塞小岩心驱替实验评价。

1.2.3.1　实验目的及设备

测试岩心束缚水饱和度和原始含气饱和度条件下,不同驱替压差条件下水驱气效率。全直径岩心驱替装置、柱塞小岩心驱替装置如图 1.58 至图 1.59 所示。

1.2.3.2　实验条件

采用全直径岩心恒压驱替法;驱替温度 100℃,围压 60MPa,驱替压差 80psi、120psi、160psi,折合压力梯度约 6~14MPa/m。

1.2.3.3 实验步骤

(1)将岩心装入夹持器,加温,采用定量饱和法建立起束缚水饱和度;
(2)利用天然气升压至60MPa,建立起原始含气饱和度;
(3)进出口端恒定压差80psi注入地层水驱替,出口端气水分离计量,直至不出气、注入端注入量与出口端出水量相同为止;
(4)将压差分别提升至120psi、160psi,重复步骤(3);
(5)实验结束,卸压,清洗岩心,在束缚水饱和度确定的基础上开展水驱气效率实验测试。

图1.58 高温高压柱塞小岩心驱替实验装置　　图1.59 高温高压全直径岩心驱替实验装置

1.2.3.4 实验结果

全直径岩样水驱气效率实验测试结果表明:
(1)水驱气效率介于35%~58%之间,主要集中在45%~50%,随着岩心渗透率增加(物性变好),水驱气效率增加(表1.5);
(2)随着压差增大,可动用部分水封气,提高水驱气效率,但增幅不明显(图1.60至图1.64);
(3)水驱气效率不高,实际开发过程中要注意防止地层水突进。
拟合的水驱气公式见式(1.20):

$$y = 38.80x^{0.083} \tag{1.20}$$

式中　y——水驱气效率,%;
　　　x——岩心渗透率,mD。

表1.5 全直径岩心水驱气效率测试结果

序号	岩心编号	孔隙度（%）	渗透率（mD）	水驱气效率(%) 80psi	水驱气效率(%) 120psi	水驱气效率(%) 160psi	束缚水饱和度（%）
1	2-16	15.02	0.456	35.96	37.36	38.52	53.27
2	3-41	15.32	0.673	37.55	38.32	39.18	52.95
3	1-46	14.06	1.421	38.58	40.03	41.51	51.86
4	3-27	14.60	2.834	43.67	45.33	47.01	49.87

续表

序号	岩心编号	孔隙度（%）	渗透率（mD）	水驱气效率（%） 80psi	水驱气效率（%） 120psi	水驱气效率（%） 160psi	束缚水饱和度（%）
5	1-19	13.86	4.014	42.32	44.06	45.28	48.27
6	3-2-1	14.11	5.854	45.84	47.13	48.95	45.88
7	1-12	14.87	7.460	46.67	48.73	50.05	43.91
8	2-44	15.16	8.948	49.32	51.69	53.17	42.18
9	2-40	14.25	9.477	48.59	50.32	52.13	41.58
10	3-2	14.15	13.286	48.01	49.65	51.28	37.64
11	2-49	13.52	15.564	45.64	47.35	49.01	35.56
12	2-36	14.35	16.432	48.52	50.93	53.05	34.83
13	3-52	15.42	23.445	51.58	53.06	54.57	30.00
14	2-41	14.16	24.263	50.14	52.36	54.19	29.57
15	3-4	14.56	61.920	53.55	55.84	57.13	28.75

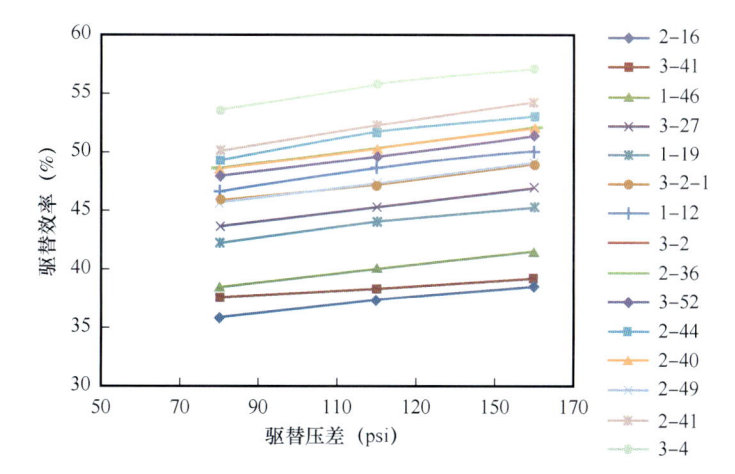

图1.60 气驱水效率测试结果

$y=38.80x^{0.083}$
$R^2=0.928$

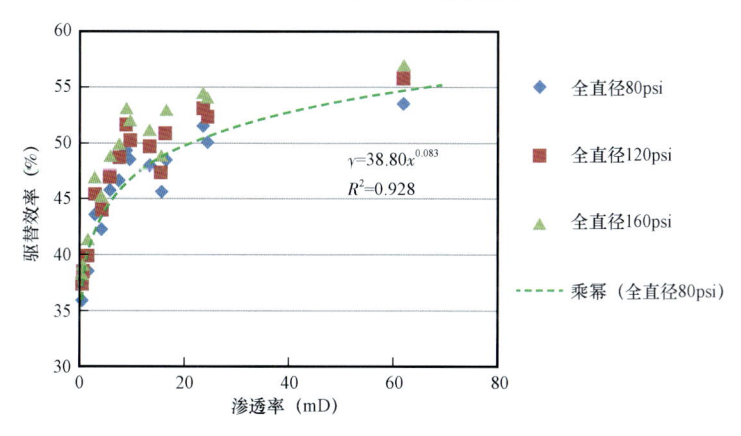

图1.61 气驱水效率测试结果拟合

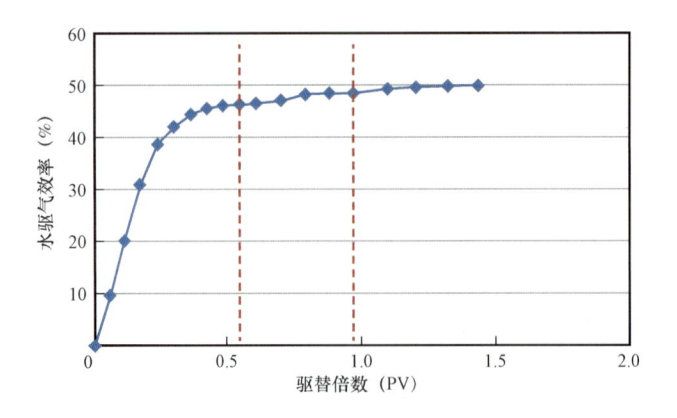

图 1.62　1-12 号岩心水驱气测试结果

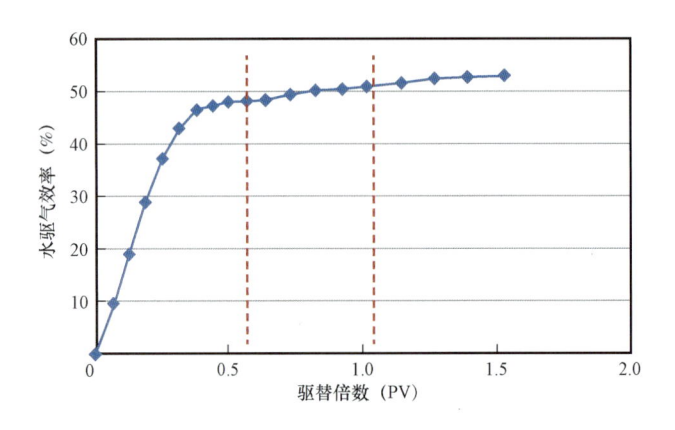

图 1.63　2-36 号岩心水驱气测试结果

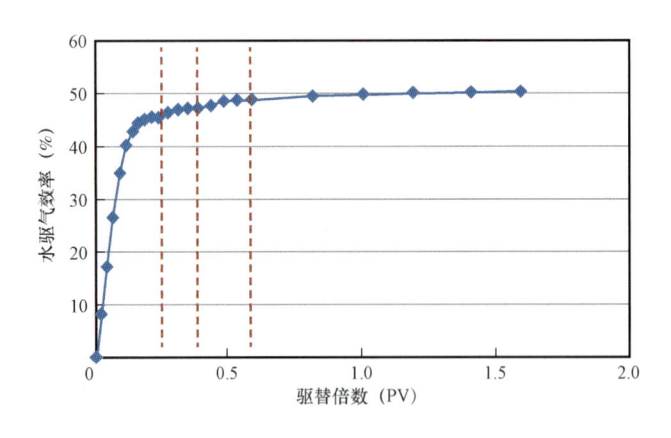

图 1.64　高倍水驱测试结果

1.2.4　地层水高压物性实验技术

1993 年，Gordon C 等人在实验温度 175℃、压力 70MPa 时，研究了酸性气藏中天然气含水量。刘建仪等人(2002)实验时采用 DBR-PVT 无汞仪测定，实验装置如图 1.65 所示。首先必须完成地层水样和地层凝析气样的配制,其方法是在地层温度和压力下按 SY/T 5543—92《凝析气藏流体取样配样和分析方法》标准在配样容器中将凝析气配制好,然后将井口取来的地层水转入该配样器,使温度压力达到稳定,同时让气水充分搅拌混合。要求凝析气和水都过量,配制好的样品应满足配样器下部的地层水完全饱和了凝析气,配样器上部的凝析气完全饱和了水蒸气。若使配样器出口朝下,可将饱和凝析气的地层水转入 PVT 仪,若使配样器出口朝上,可将饱和水蒸气的凝析气转入 PVT 仪。

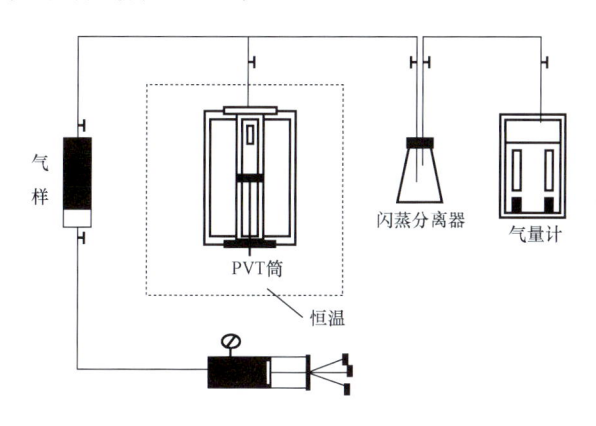

图 1.65 地层凝析气中含水量测定

实验步骤:

(1)将 PVT 筒及管线清洗净吹干,对仪器进行试温试压后抽空,同时准备地层水和凝析气样;

(2)将配制好的地层水样或凝析气样约 100mL 转到 PVT 筒中;

(3)恒温、恒压到实验所要求的值,搅拌稳定 5h,静置半小时,读取 PVT 筒中水样或气样体积;

(4)打开分离器和气量计阀门,缓慢打开 PVT 筒排出阀排水或气,同时进泵恒压保持压力,排出地层流体约 30mL,关闭排出阀,记录 PVT 筒中水或气样体积、排出水和气量,取气样分析组成;

(5)对不同压力、温度条件,重复步骤(2)~(5)测试。

该实验测试温度:99.7℃,129.4℃,168.3℃。

1.2.5 地层条件气水渗吸实验测试

地层条件下气水渗吸实验测试主要研究岩石物性与自发渗吸气驱水效率之间的关系。

1.2.5.1 实验目的及设备

测试岩心束缚水饱和度和原始含气饱和度条件下,气水渗吸水驱气效率。高温、高压气水渗吸驱替实验装置如图 1.66 至图 1.67 所示。

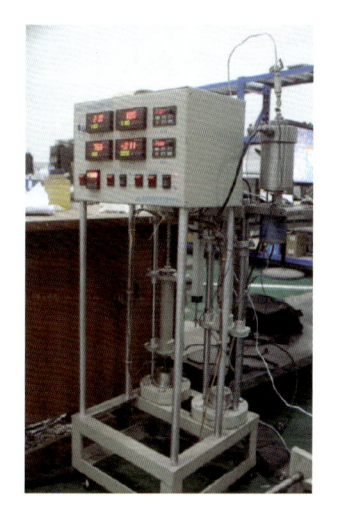

图 1.66 高温高压柱塞小岩心气水渗吸实验装置

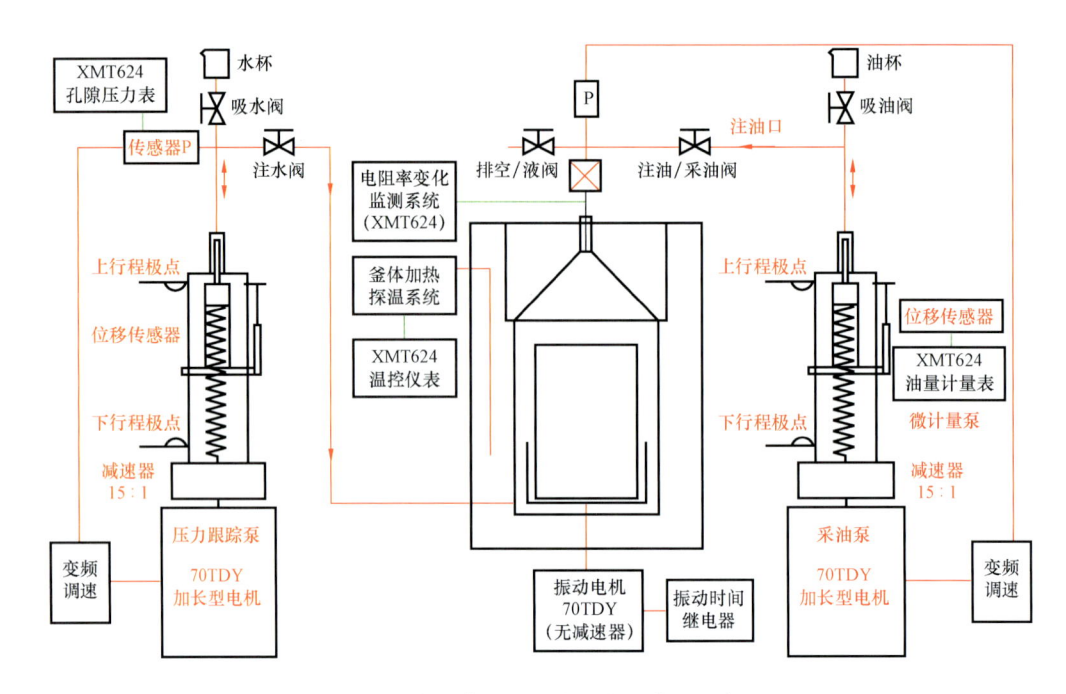

图 1.67　高温高压气水渗吸实验装置示意图

1.2.5.2　实验条件

岩心:柱塞小岩心(横向、垂向)。

温度:100℃。

压力:60MPa。

流体样品:配制的地层水,矿化度 160000mg/L,天然气。

1.2.5.3　实验步骤

(1)用离心法建立起束缚水饱和度,将岩心称重后装入岩心室,连接好管线,抽真空;

(2)打开入口阀门,注入天然气,稳定至 60MPa 条件,建立起岩心原始含气饱和度;

(3)进口端恒定压力 60MPa 条件下注入地层水,将岩心外部多余的天然气排出岩心室;

(4)关闭出口静置,当岩心自吸的地层水驱出天然气后,从岩心室顶部自动恒压排出并计量;

(5)实验结束,卸压,清洗岩心。

1.2.5.4　实验结果

本次研究共选取了 4 块不同物性岩心进行了高温高压气水渗吸实验测试,测试结果见表 1.6。从表 1.6 中的结果可以看出,岩心物性越好,自发渗吸气驱水效率越高,整体渗吸气驱水效率介于 34%~46%之间。

表 1.6　高温高压气水渗吸实验结果

序号	岩心编号	直径（cm）	长度（cm）	孔隙度（%）	渗透率（mD）	束缚水（%）	原始含气饱和度 S_{gi}（%）	残余气饱和度 S_{gr}（%）	气驱水效率（%）
1	2-34-1	2.46	6.78	13.95	1.31	48.66	51.34	33.64	34.48
2	2-39-2	2.46	6.92	14.35	13.86	35.63	64.37	36.06	43.98
3	3-23-1	2.46	6.75	14.23	7.21	40.88	59.12	35.94	39.21
4	3-54-2	2.46	7.37	15.64	19.05	31.36	68.64	37.33	45.61

从表 1.7 以及图 1.68 至图 1.70 可以看出,岩心物性越好,含气饱和度越高,水驱气效率越高;在渗吸过程中,渗吸速度随着时间的增加逐渐降低,随着岩心中含水饱和度增加,水驱气效率增加幅度减缓。

表 1.7　高温高压气水渗吸实验结果

序号	时间(h)	水驱气效率(%)			
		2-43-1 岩心	2-39-2 岩心	3-23-1 岩心	3-54-2 岩心
1	0	0	0	0	0
2	4	11.03	16.71	13.72	18.70
3	8	17.58	25.95	21.56	29.19
4	12	21.72	29.91	26.27	33.75
5	16	23.79	33.86	29.80	36.04
6	20	26.89	36.06	31.76	38.32
7	24	28.62	37.38	33.33	39.68
8	30	30.34	39.58	35.29	41.51
9	36	31.37	40.90	36.46	42.42
10	42	32.41	41.78	36.86	43.79
11	48	33.10	42.66	37.64	44.47
12	60	34.13	43.54	38.62	45.16
13	72	34.48	43.98	39.21	45.61

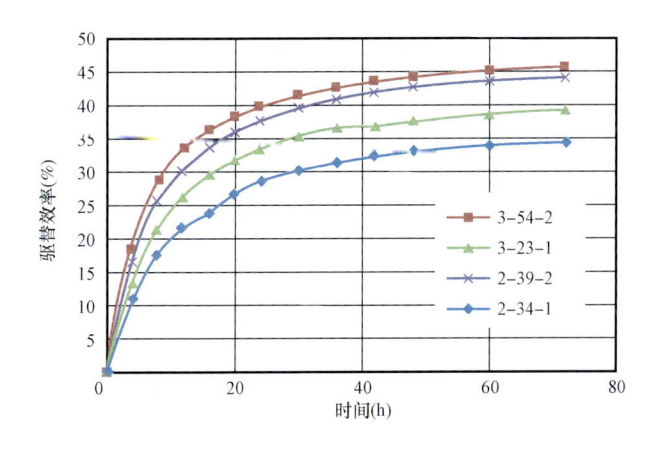

图 1.68　四块岩心高温高压气水渗吸实验结果对比

图 1.69　水驱气效率与岩心渗透率的关系

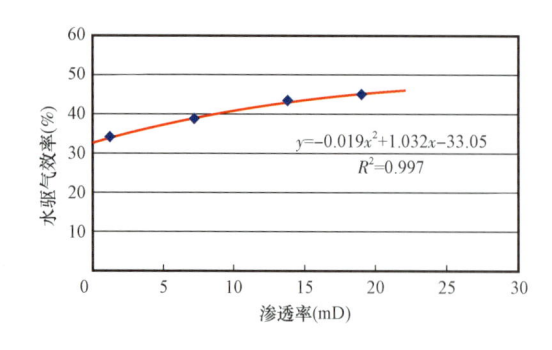

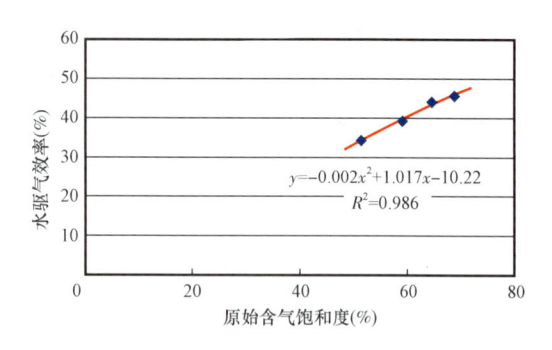

图 1.70　水驱气效率与原始含气饱和度的关系

1.2.6　克拉 2 异常高压气藏衰竭开采物理模拟实验

朱华银(2002)运用国内外先进的仪器设备,采用多个中间容器逐级增压的方法,最终使实验压力最高达到围压 72.8MPa,孔隙压力 66MPa。该压力条件虽与实际气藏压力有一定的差距,但已大大超过克拉 2 气田的静水压力 36.77MPa,且有效压力的变化范围(6.8～72.8MPa)也基本符合实际地层的净上覆压力变化范围(10.23～74.58MPa),因此模拟实验能较好地反映克拉 2 气田的开发过程。

实验装置主要由岩心夹持器、高压计量泵、手动泵、中间容器、回压控制阀、计量分离系统及压力表等组成(图 1.71)。

主要实验流程如下:

(1)将备好的岩心装入岩心夹持器;

(2)用高压手动泵给岩心夹持器加围压,同时用高压计量泵向活塞式中间容器加压,使其中的气体增压并充入岩心孔隙,达到设定压力后,关闭进气阀;

(3)当要外加定容水体时,则用高压计量泵向另一活塞式中间容器注水,并加压至与岩心夹持器中的气体压力相等,然后停止加压,打开该中间容器与岩心夹持器之间的阀门,使二者连通;

(4)调节回压调节阀,让气体从岩心中匀速流出,计量进、出口压力及气体流出量;

(5)计算绘制压力(p/Z)与累计产气量(G_p)的关系曲线。

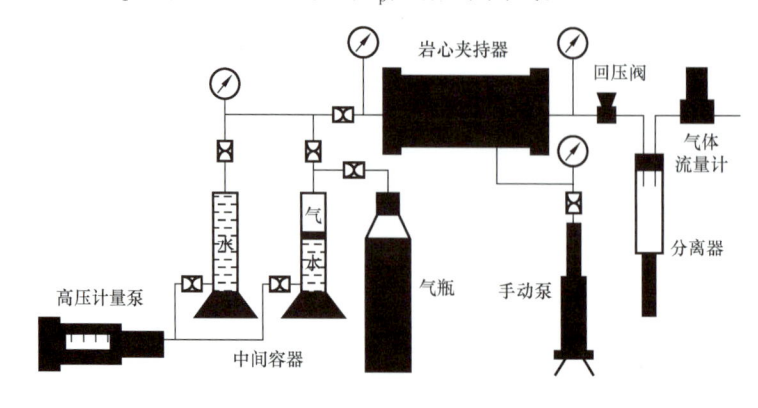

图 1.71　高压衰竭实验装置与流程

1.3 高压气藏水侵机理

高压有水气藏水侵机理的研究能够为认清气井产出水规律、调控气藏水侵、调整气井增产措施、优化气藏开发技术政策等提供一定的理论指导。

1.3.1 高压气藏产出水流动顺序

高压有水气藏水侵机理的研究包括水侵中水的来源的研究、水侵顺序以及微观机理的研究、影响水侵因素的研究。

1.3.1.1 高压水侵气藏水的来源

Elsharkawy 等(1996)研究了高压气藏考虑水侵的物质平衡方程,指出水侵可以为来自与气藏相连的水体、页岩、岩石骨架膨胀、相连水体膨胀以及地层中的凝析水,并分别用数学方法对这几种水侵进行了描述。

刘道杰等人(2011)提出异常高压水侵气藏水的来源可为以下五种。

(1)工业用水:气藏钻井、完井及其他措施过程中渗流进入地层的大量工业用水,其特征是一般在气藏生产初期产水中含量很高,持续时间较短,出水特征与钻完井及其他措施工作液类似。

(2)凝析水:高压气藏一般都具有高温特征,天然气中一般都伴有凝析水。

(3)可动水:高压气藏岩石毛细孔隙及孔隙末端等处常存有可动水和不可动水,该处的水通常称为封存水,当岩石变形及压差达到一定程度时,不可动水也可以转化为可动水。

(4)裂隙水:由高压气藏的形成机理可知,储层岩石中通常存在大量裂缝,有时裂缝中也存有一定的裂隙水。在一定的生产压差下,水平裂缝和垂直裂缝也可作为边、底水流入井底的通道,通过裂缝流入井底的边、底水也可看作裂隙水。

(5)间隙水:随气藏孔隙压力的下降,岩石骨架承受更多的上覆压力,使得储层岩石受到再压实作用,导致岩石中存在的间隙水流入孔隙或裂缝中,增加了孔隙中的含水饱和度。在一定压差作用下,有时储层夹层也会产出部分水,将储层夹层产出的水归为间隙水。

1.3.1.2 高压气藏产出水侵入顺序

刘道杰等人(2011)在高压气藏储层敏感性评价的基础上,通过分析储层岩石微观变形过程,研究了高压有水气藏水侵入顺序以及水侵微观机理。

(1)裂缝高压气藏。

① 气藏开发初期水侵规律。该阶段气井产出的水包括大部分裂隙水、少量凝析水、少量封存水(可动水)。裂隙水受裂缝缩小及压差增大的双重影响,水侵量较稳定;凝析水受饱和含水量的影响,基本保持稳定;可动水会随着生产压差的增加略微增加。

② 气藏开发中后期水侵规律。气藏开发中后期,孔隙压力大幅下降,生产压差增大,储层岩石中的大量裂缝逐渐闭合导致储层渗透率和孔隙度骤降。表现为大量岩石裂缝闭合,边、底水流入井底的通道受阻,使得流入井底的裂隙水大量减少;岩石骨架承担上覆有效应力逐渐增

加,使得岩石骨架再压实,导致储层岩石及夹层中的间隙水逐渐流入孔隙中,在孔隙中与气体形成两相流;随气藏生产压差的增大及岩石变形的增加,毛细管中部分不可动水逐渐转化为可动水,再加上原来的可动水,形成大量封存水随气体一起流动。该阶段气井产出的水包括:大量封存水、大量间隙水、少量裂隙水、少量凝析水。封存水和间隙水随压差的增加水侵量逐渐增加;裂隙水主要受大量裂缝闭合的影响水侵量逐渐减少;凝析水量有略微减少的趋势,但对总体水侵量影响甚微。

(2)无裂缝高压气藏。

无裂缝高压气藏不存在裂缝,因此不存在裂隙水。由于气藏开发初期生产压差较低,气藏一般不受间隙水和封存水的影响,气井产出水仅为凝析水;直到气藏开发中后期,气藏生产压差增大,气藏开始明显水侵。

① 低水气比生产期水侵规律:该阶段气藏孔隙压力下降较小,储层岩石孔隙度及渗透率变化微小,气藏内封存水及间隙水还没有足够的动力产生流动;若气藏存在边、底水,随着井底压力的下降,边、底水逐渐向井底压力低的地方渗流,但还未到达井底。

② 高水气比生产期水侵规律:随着孔隙压力的下降,毛细管孔隙受到岩石骨架挤压变形,使得毛细管孔隙中的封存水(包括转化为可动水的不动水)逐渐开始随气体移动,且随孔隙压力的下降,越来越多的封存水将开始流动;随着流体的采出,岩石骨架承担的上覆岩石压力逐渐增大,岩石受到再压实作用,岩石中的水被排挤到孔隙中随气体一起流动,且随岩石承受上覆地层压力的增加,间隙水会越来越多地被排挤到孔隙中与气体形成两相流;若气藏存在边、底水,则边、底水已渗透至井底随气体产出(边、底水渗透到井底的时间与地层渗透性、生产压差等因素有关)。气井产出水包括:大量封存水,大量间隙水,大量边水、底水及少量凝析水。

1.3.1.3 高压气藏水侵量计算方法

李凤颖等人(2011)利用异常高压有水气藏水侵机理数值模拟模型,在水侵影响因素基础上,总结出一套异常高压有水气藏的水侵规律。研究认为:储层基质渗透率越低,气井见水时间越早,采收率越低;裂缝性气藏构造越平缓,见水越早,水淹情况越严重;裂缝是裂缝性气藏水侵的主要决定性因素;随着裂缝长度的增加,气井见水时间早,水气比上升快,气藏采收率低;水体能量是决定水侵活跃程度的关键因素,采气速度是控制水侵的主要手段(表1.8至表1.13)。

表1.8 气藏不同基质渗透率开发技术指标

	基质渗透率(mD)	1	5	8	10
	气井日产气($10^4 m^3/d$)	10	10	10	10
含水上升期末	期末日期	2009.01	2010.06	2012.03	2013.09
	累计产气($10^8 m^3$)	0.45	0.97	1.63	2.17
	采出程度(%)	2.12	4.57	7.68	10.22
预测期末	累计产气($10^8 m^3$)	1.83	2.97	3.56	3.87
	累计产水($10^4 m^3$)	83.70	76.90	64.80	54.80
	采出程度(%)	8.62	13.99	16.77	18.23

表 1.9　气藏不同倾角模型预测开发技术指标

	地层倾角(°)	5.7	11.5	17.4	23.6	30
含水上升期末	气井日产气($10^4 m^3/d$)	10	10	10	10	10
	期末日期	2012.06	2014.07	2015.01	2015.06	2016.03
	累计产气($10^8 m^3/d$)	2.08	2.47	2.64	2.77	2.89
	采出程度(%)	9.80	11.70	12.50	13.10	13.60
预测期末	累计产气($10^8 m^3$)	2.68	2.89	3.03	3.15	3.27
	累计产水($10^4 m^3$)	58.60	54.70	53.20	49.30	45.07
	采出程度(%)	12.60	13.60	14.30	14.90	15.40

表 1.10　气藏不同裂缝渗透率开发技术指标

	缝渗透率(mD)	0.1	0.2	0.5	0.8	1.0
含水上升期末	气井日产气($10^4 m^3/d$)	10	10	10	10	10
	期末日期	2017.08	2015.06	2014.06	2014.01	2013.01
	累计产气($10^8 m^3$)	2.71	2.69	2.46	2.28	2.20
	采出程度(%)	12.80	12.70	11.60	10.80	10.40
预测期末	累计产气($10^8 m^3$)	3.10	3.30	3.23	3.08	2.97
	累计产水($10^4 m^3$)	50.20	56.30	58.80	59.70	61.40
	采出程度(%)	14.60	15.60	15.20	14.50	14.00

表 1.11　气藏不同裂缝长度开发技术指标

	裂缝长度(m)	0	500	1000	1500	2000
含水上升期末	气井日产气($10^4 m^3/d$)	10	10	10	10	10
	期末日期	2017.08	2014.12	2014.09	2014.04	2013.01
	累计产气($10^8 m^3$)	2.71	2.59	2.53	2.37	2.20
	采出程度(%)	12.80	12.20	11.90	11.20	10.40
预测期末	累计产气($10^8 m^3$)	3.10	3.36	3.30	3.14	2.97
	累计产水($10^4 m^3$)	50.20	55.40	56.50	58.60	61.40
	采出程度(%)	14.60	15.80	15.60	14.80	14.00

表 1.12　气藏不同水层渗透率开发技术指标

	水层渗透率(mD)	0.01	0.10	1.00	10.00	100.00
含水上升期末	气井日产气($10^4 m^3/d$)	10	10	10	10	10
	期末日期	2011.07	2010.07	2010.05	2010.06	2010.06
	累计产气($10^8 m^3$)	1.38	1.03	0.97	0.97	0.97
	采出程度(%)	6.50	4.85	4.57	4.57	4.57
预测期末	累计产气($10^8 m^3$)	3.16	2.99	2.97	2.97	2.97
	累计产水($10^4 m^3$)	71.20	76.00	76.80	75.90	76.90
	采出程度(%)	14.88	14.08	13.99	13.99	13.99

表 1.13 气藏不同开采速度开发技术指标

	日产气量($10^4 m^3$)	5.0	7.5	10.0	12.5
含水上升期末	期末日期	2020.12	2013.04	2010.06	2009.04
	累计产气($10^8 m^3$)	2.23	1.50	0.97	0.69
	采出程度(%)	10.50	7.07	4.57	3.25
预测期末	累计产气($10^8 m^3$)	2.23	2.83	2.97	3.03
	累计产水($10^4 m^3$)	10.10	61.50	76.90	82.80
	采出程度(%)	10.50	13.33	13.99	14.27

刘道杰等人(2011)在广义异常高压气藏物质平衡原理的基础上,考虑气藏外部水体水侵以及气藏气相中水蒸气含量,推导了异常高压有水气藏物质平衡方程,并给出了计算气藏地质储量的方法。最后通过实例证明考虑外部水侵以及气相中水蒸气含量的异常高压有水气藏物质平衡方程能够较准确地计算气藏地质储量。式(1.21)即为考虑气藏外部水侵及气相中水蒸气含量的异常高压有水气藏物质平衡方程。

$$G_p B_g + B_w W_p = G \left(\frac{B_g - B_{gi}}{1 - x_w} + B_{gi} \frac{S_{wi} C_w (p_i - p) + \{1 - e^{-C_p a/(1-b)[(\sigma_i - p)^{1-b} - (\sigma_i - p_i)^{1-b}]}\}}{(1 - x_{wi})(1 - S_{wi})} \right) +$$

$$B \sum Q_D (t_D, r_D) \Delta p_e \quad (1.21)$$

式中 W_e——气藏外部水体水侵量,m^3;

W_p——气藏累计产水量,m^3;

B_w——地层水体积系数;

B——水侵系数,m^3/MPa;

Q_D——气藏边界单位压降无量纲水侵量;

t_D——无量纲生产时间;

r_e——供水区等效半径,m;

r_g——等效气藏半径,m;

r_D——无量纲供水半径,$r_D = r/r_e$;

Δp_e——气藏边界压降,MPa;

x_w——气相水蒸气体积分表。

若不考虑气藏气相水蒸气体积分数 x_{wi} 和 x_w,则式(1.21)中右边第一项大括号内的值变小,在其他值不变的条件下,气藏地质储量 G 就会偏大。其原因在于计算过程中,将气相中的水蒸气作为烃类气体一起考虑,使得结果偏大。若不考虑气藏外部水侵的影响,即式(1.21)中右边第二项为零,在其他值不变的条件下,式(1.21)右边第一项大括号内的值也不变,满足方程恒等,则气藏地质储量 G 会偏大。其原因在于计算过程中将气藏外部水侵体积作为烃类气体考虑,使得结果偏大。

在计算气藏地质储量的过程中可将式(1.21)转化为直线形式,令

$$Y = (G_p B_g + B_w W_p)/F$$

$$X = \left[\sum Q_D(t_D, r_D) \Delta p_e \right]/F$$

$$F = \frac{B_g - B_{gi}}{1 - x_w} + B_{gi} \frac{S_{wi} C_w (p_i - p) + \{1 - e^{-C_p a/(1-b)}\}[(\sigma_i - p)^{1-b} - (\sigma_i - p_i)^{1-b}]}{(1 - x_{wi})(1 - S_{wi})}$$

则式(1.21)可改写为：

$$Y = G + BX \tag{1.22}$$

利用式(1.22)的直线形式作图，可求得气藏动态储量 G 和水侵系数 B。

Bass(1972)分析了高压水侵气藏，得出外围水侵和岩石骨架膨胀是气藏最持久的驱动能量。

AI-Hashim(1988)研究了水体大小对水驱气藏的影响，通过研究水侵机理，考虑各项参数在异常高压情况下，预测气、水界面的位置。

Wang等人(1999)对四个高压气藏应用一种新的物质平衡方程研究了水侵的影响以及计算了水侵量。

丁显峰(2010,2011)研究了水侵异常高压气藏的水侵特征、水侵一般模式、水侵水体来源；分析了有裂缝以及无裂缝异常高压水侵气藏低水气比与高水气比时水侵的一般规律。将异常高压气藏水侵程度分为强、中、弱三类，应用模糊理论选出反应水侵程度的五个指标（矿化度、氯根离子含量、累计水气比、单井日最大产水量、出水井比例）并对其进行模糊处理，再应用 D-S 信息融合技术，得出异常高压气藏水侵的强度。

1.3.1.4 影响高压气藏水侵的因素

地质因素主要有气藏储层渗透率、裂缝大小和分布、水驱能量等，开发方面因素主要有采气速度、井网部署、气井单井配产等。

1.3.2 水侵特征与模式

由于地质因素（包括气藏储层渗透率、裂缝大小和分布、水驱能量等）的影响，导致异常高压有水气藏水侵模式具有各自的特征。对水侵模式的分类对于指导调整气井采气工作制度、优化气藏开发等具有重要意义。

1.3.2.1 底水气藏

(1) 均质底水气藏水侵特征。

在气藏相对均衡开发的前提下，气水界面边界压力下降均匀，水侵呈垂直活塞式推进，气水界面前缘呈连续面向上驱动，水驱效率高且补充了气藏能量，对气藏开发有利。

生产过程中，底水必然会形成水锥，当水锥高度大于气井井底距气水界面高度时，气井便产水。

(2) 非均质底水气藏水侵特征。

基本特征是非连续沿裂缝纵横水侵复合模式，不存在气水界面纵横向整体推进，水侵模式如图 1.72 所示。

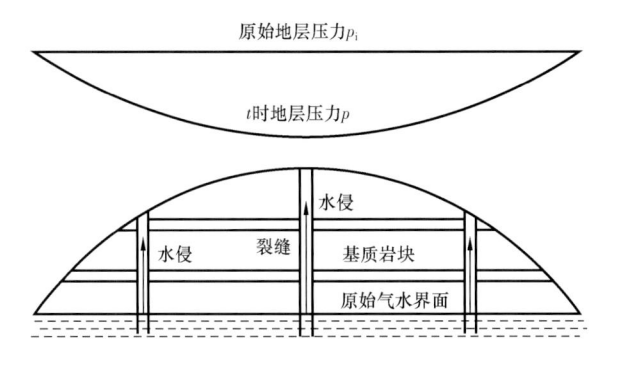

图 1.72 非均质底水气藏水侵模式示意图

对非均质底水气藏水侵特征的其他认识:含气面积基本不变,轴部气井最早出水;裂缝是水侵的主要通道(称选择性水侵);根据裂缝的形态和分布方式,此种非均质底水气藏水侵模式可进一步细分为三种水侵类型,如图 1.73 所示。

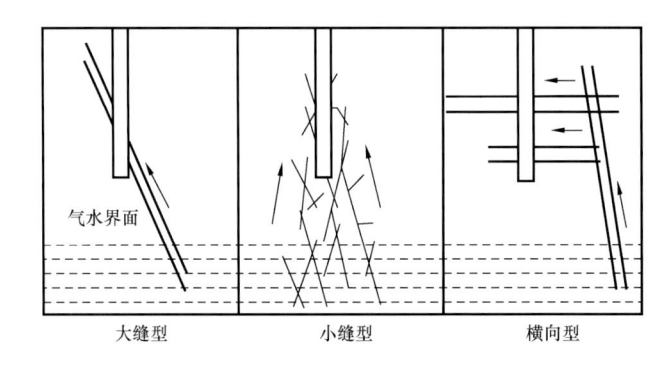

图 1.73 气井出水的三种类型模式图

(3)底水气藏水侵模式。

① 水锥型。

井下存在着大量微细裂缝且呈网状分布,试井解释呈双重介质特征。微观上底水沿裂缝上窜,宏观上呈水锥推进,类似于均质地层的水锥,如图 1.74 所示。这类井产水量小且上升平缓,大多出现在气藏低渗透地区,对气井生产和气藏开采的影响不大。

② 纵窜型。

这类井多位于高角度大裂缝区或大缝区附近,甚至有大裂缝直接通过井筒,底水沿高角度大裂缝直接窜入井内,如图 1.75 所示。这类井产水迅猛且量大,有时甚至表现为管流特征,对气井生产影响极大,短期内可使气井水淹。

③ 横侵型。

气井通过高角度和低角度的大裂缝与水体连通,从而使地层水先沿高角度大裂缝纵窜,然后再沿低角度大裂缝呈横向窜流而进入井底,可以称为气藏裂缝间接连通横窜型水侵模式,如图 1.76 所示。这种水侵方式造成水层下又有气层的交互分布现象。这类出水井底水活动差别较大,大多不活跃,主要分布在中、高渗透地带。

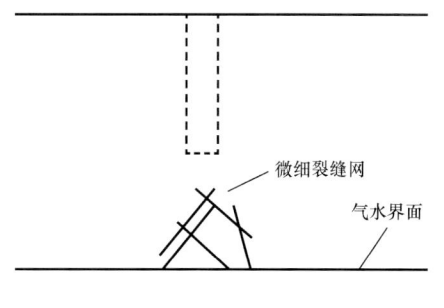

图 1.74 水锥型水侵示意图

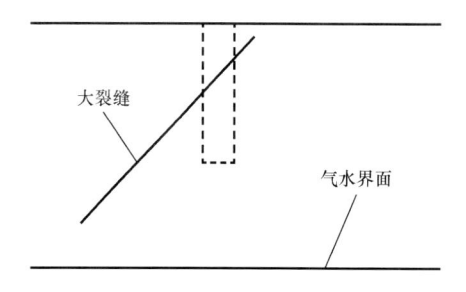

图 1.75 纵窜型水侵示意图

④ 纵窜横侵型。

在这种类型的气井附近,往往存在着与高角度大裂缝相连通且有微裂缝或溶洞发育的高渗透层。底水首先沿大裂缝上窜而进入高渗透层,然后再沿此高渗透层向生产井推进,结果导致气井在投产一定时间后大量产水,如图 1.77 所示。

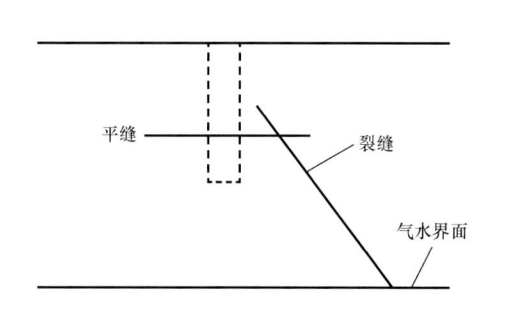

图 1.76 气藏裂缝间接连通横窜型水侵模式示意图

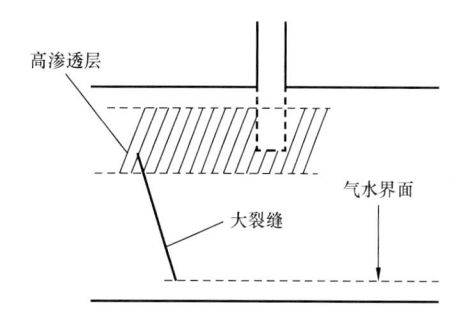

图 1.77 纵窜横侵型水侵示意图

1.3.2.2 边水气藏

(1)均质边水气藏水侵特征。

当气藏相对均衡开发时,气藏各部压力下降均衡,边界压力基本相等,水侵呈环状横向推进,气水界面前缘呈连续面向气藏高部位驱动(图 1.78a)。

当气藏不均衡开发时,边水也出现不规则舌进,使边部气井过早水淹(图 1.78b)。

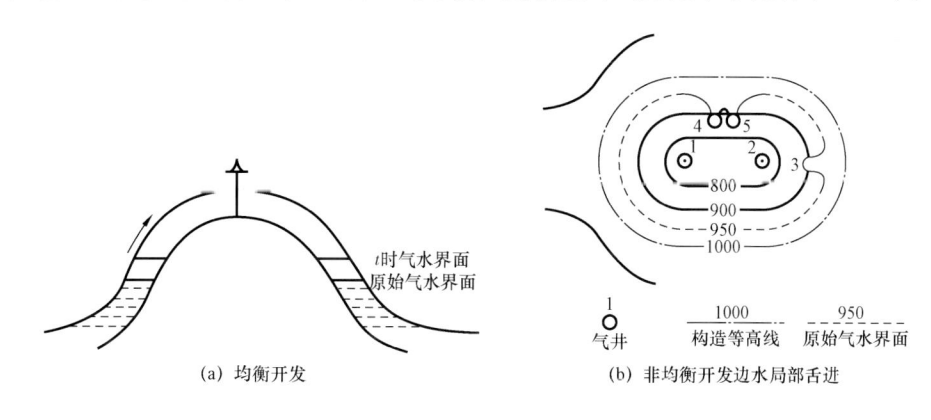

(a) 均衡开发

(b) 非均衡开发边水局部舌进

图 1.78 均质边水气藏水侵示意图

(2)非均质边水气藏水侵特征。

非均质边水气藏水侵的基本特征是局部性"横侵纵窜"复合式的模式:一种是沿构造裂缝发育带或砂岩高渗透带选择性水侵;另一种是沿断层裂缝带平行断层走向水窜,而断层裂缝不发育的翼部、端部水体在开发过程中基本不动。

(3)边水气藏水侵模式。

在边水气藏的开发中,往往处于构造高部位或裂缝发育的高渗透区气井先投产,在顶部或裂缝发育的高渗透区形成低压区,势必在大裂缝和裂缝发育带形成低能带,边水则沿大裂缝向构造高部位或裂缝发育带窜流,使这些部位的井过早地产地层水,甚至水淹。如图1.79所示处于构造高部位的井A因与边水相连的大裂缝连通而很快产地层水;构造低部位的井B因未与大裂缝连通而产纯气。

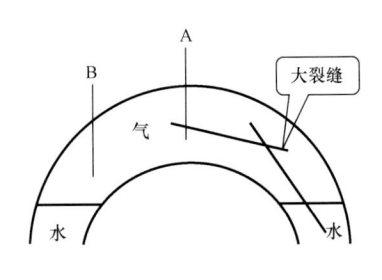

图1.79 横侵型水侵示意图

(4)边水气藏水侵机理。

何晓东等人(2006)对一些边水气藏出水气井生产动态数据及其产层的物性参数进行了统计和对比。边水气藏的气井具有一段时间的无水采气期,地层水横向侵入。生产水气比曲线可以归纳为以下三种。

① 多次方型曲线。

储层中存在中缝及其以上的大裂缝,分布集中,形成裂缝性高渗透带;生产测井显示裂缝发育段产水,试井解释存在较大裂缝显示,包括裂缝在内的储层综合渗透率是基质渗透率的数十倍。属于非均质性储层裂缝高渗透带产水。

② 二次方型曲线。

储层中一般无中缝及其以上的大裂缝存在,小缝及微细网状缝发育,但分布不均,局部发育形成裂缝—孔隙型较好的渗透层;试井解释综合渗透率较大,与基质渗透率的倍数比较多次方型小,一般在10~20倍。

③ 线性曲线。

储层中微细网状缝发育,分布较均匀,与孔隙组成视均质储层,试井解释综合渗透率与基质渗透率的比值较小,一般在10倍以下。

借助单井数值模拟方法,进一步分析地层水水侵机理,研究气井出水后的动态变化规律。

1.3.2.3 多裂缝系统气藏

多裂缝系统具有:储集体范围小,形态不规则,天然气储量小,水体小且为封闭有限水体和原始气水关系较为复杂等特点。多裂缝系统水侵模式(图1.80)可以分为以下三种。

水窜式:气井钻至气水界面以上,投产时只产气,随地层压力下降,水沿裂缝窜至气井而出水,甚至水淹。

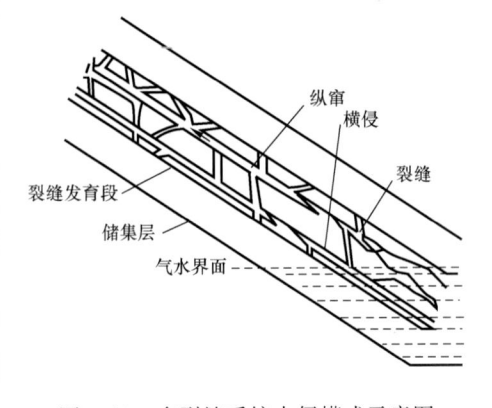

图1.80 多裂缝系统水侵模式示意图

分道式:气井钻至气水界面以下,如果含气层和含水层段裂缝都较发育,投产后气水同产,"气走气路,水走水路"。

倒窜式(气窜式):气井钻至气水界面以外,开井只产水不产气,这就是所谓的"排水找气"。

1.3.2.4 宏观与微观水侵机理

(1)宏观水侵机理。

通过对大量水驱气藏开发实例的分析,在水驱气藏中裂缝是边底水主要的渗流通道。裂缝渗透率和孔隙渗透率往往相差很大,水体在基质中前进非常困难,水体侵入裂缝系统的速度远大于其侵入基质中的速度,如图1.81所示。随着天然气的采出和气藏压力的下降,水体会沿着裂缝很快水侵至部分气井。同时,通过对基质渗透率的研究表明,基质渗透率越低,气藏的水侵量越大,气井的见水时间越早。

水驱气藏的水侵还具有选择性,在纵向上地层水首先污染高渗透率的主要产层。地层水总是从流动阻力较小的大裂缝流向压力相对较低的井底,因此高渗透率的主要产层首

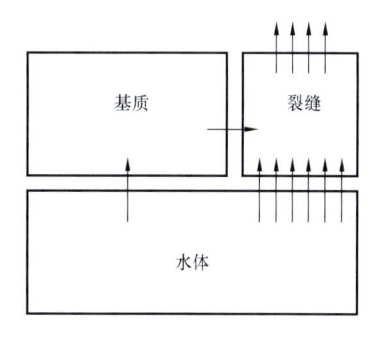

图1.81 水体渗流通道示意图

先被水侵。在纵向上出现水层与气层互相交互的现象,并且没有连续统一的气水界面。

(2)微观水侵机理。

有些学者利用孔隙模型和裂缝—孔隙模型研究水驱气两相渗流微观机理后,认为绕流是气水两相渗流的主要特征。同时又通过研究认为在水驱气过程中,绕流、卡断、死孔隙的存在可以形成封闭气。

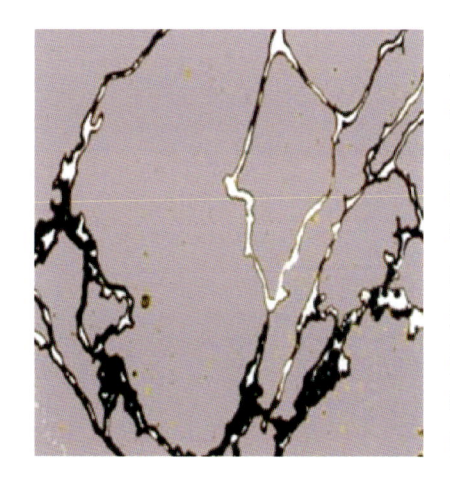

图1.82 绕流形成封闭气

在孔隙模型中,绕流形成封闭气主要是因为毛细管力的原因。在毛细管力的作用下,水以较快的速度进入较小的孔道,由于孔道中气体的体积较小,水的渗流速度较快,在小孔道中,气被很快驱替,水在出口处很快突破。但是在大孔道中由于毛细管力较小,水的渗流速度较慢,其结果是当小孔道中的水发生突破后,便将大孔道中的气封闭起来,形成封闭气,如图1.82所示。而在裂缝—孔隙模型中绕流形成封闭气是由于裂缝具有很高的导流能力,在较低的压差下,水就会窜入较大的裂缝,以较快的速度发生水窜,其结果会将许多孔隙和微细裂缝中的气体封闭起来,形成封闭气。

在两种模型中卡断形成封闭气则是由于贾敏效应的结果。在孔隙模型中,水沿孔喉壁面流动,在喉道处产生水膜,造成水锁损害,使喉道进一步缩小,造成流动阻力进一步加大,再加上黏滞力对气泡的挤压,使得连续流动的气流在喉道出口处发生卡断,从而使得孔道的中央分布着以珠泡状形式而存在的卡断形成的封闭气。在裂缝—孔隙模型中,水总是沿裂缝和孔隙表面流动,气体则在孔道中央流动,由于贾敏效应产生的附加阻力,连续流动的气体在比较粗糙的裂缝表面和孔

隙喉道变形部位发生卡断现象，形成封闭气，如图 1.83 所示。

另外，不连通的孔隙和孔隙盲端也会形成一定数量的封闭气，如图 1.84 所示。这一部分封闭气是很难通过提高驱替压力的方法被采出的。

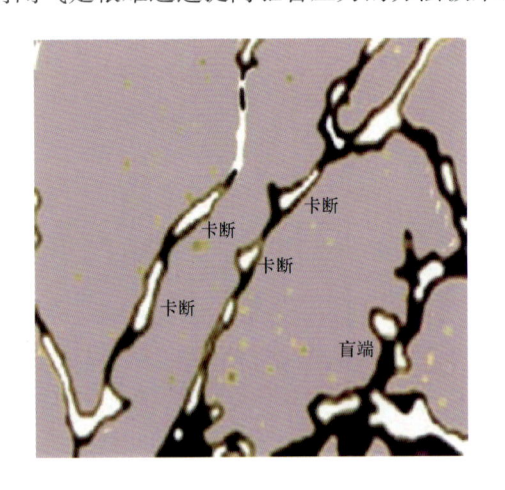

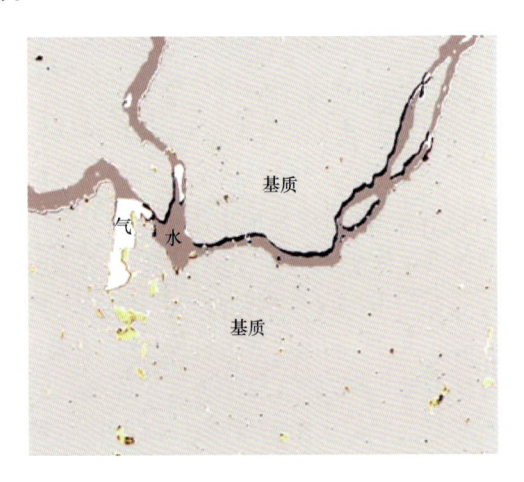

图 1.83　卡断形成封闭气　　　　　图 1.84　死孔隙或孔隙盲端形成封闭气

1.3.2.5　影响水侵的因素

(1)储渗空间对水侵影响。

在非均质水驱气藏中，水体储渗空间的不均匀分布，水体能量在各区块不一样，导致了各区块水侵动力的不一致，使得水侵往往选择性地先发生在渗透能力较高的储层。因此，储渗空间的分布对水驱气藏的水侵有着决定性的影响。

(2)裂缝对水侵影响。

裂缝大小和分布是控制水侵的主要地质因素。一般来说，如果基质渗透率越低、水平裂缝渗透率 K_{vf} 越小，气藏的无水采气期越短，气井见水时间越早，气藏水侵量越大。这是因为高渗透层所需的生产压差小，在井底附近压力减小，水体向气层推进较难。另外，垂向渗透率与水平渗透率之比 K_{hf}/K_{vf} 其比值越大，气藏的无水采气期越短，气井见水时间越早，气藏水侵量越大。且在相同的采出程度下，气井的产水量大，水气比高。裂缝密度 L_f 对水气比的影响较大，对气藏水侵量的影响很小。在相同条件下，裂缝密度越大，水气比越大。

(3)井底隔层对水侵影响。

井底隔层对水驱气藏水侵量的影响很小，但是对出水时间的影响非常明显。隔层离井底越远、面积越小，气井出水时间越早。

(4)开采速度对水侵影响。

开采速度是控制水侵的主要动态因素，采气速度越高，所需的生产压差越大，在井底形成的低压带使水体在井底附近迅速锥进，气井将会很快见水。因此，开采速度对水驱气藏的无水采气期、无水采收率的影响很大。开采速度越高，气井的出水时间越早，无水采收率越低。

(5)生产压差对水侵影响。

过大的生产压差会引起快速的底水锥进或边水舌进，生产压差越大，地层水便会更快地锥进或舌进到井底,从而使得气井更快地见水。情况严重时还会造成气井早期的突发性水淹。

(6)影响水侵的其他因素。

除了上述因素对水驱气藏的水侵会产生影响外,水体大小以及气井打开程度也会对水侵产生一定程度的影响。水体越大表明水体的能量越充足,气藏水侵量越大,气井见水时间越早。打开程度大的井,虽然距水体较近,但相对较高的井底压力减缓了水体向上锥进的速度,因此,气井打开程度需要优化综合确定。

1.3.3　高压裂缝性气藏水侵机理

异常高压有水裂缝性气藏储层发生水侵时,裂缝是地层水主要的渗流通道,地层水首先进入大裂缝,其次是中小型裂缝,最后是微细裂缝以及孔隙。因此,裂缝性气藏水侵机理以及水侵模式的研究需要进一步细化。

1.3.3.1　裂缝系统地层水存储模式

吴东昊等人(2011)根据各裂缝圈闭系统的静、动态资料,分析了每个裂缝圈闭系统的地层水存储模式。

(1)裂缝圈闭系统边部地层水存储模式。

这种存储模式的地层水、天然气充满裂缝圈闭系统的高(内)部,整个裂缝圈闭系统的边部全部为水。地层水从裂缝圈闭系统的边部沿各缝洞渗流通道横向侵入裂缝圈闭系统内部(图1.85),气井具有一段时间的无水采气期,一般情况下越是靠近裂缝圈闭边部的井见水时间越早,气井见水后产水量变化明显。

(2)裂缝圈闭系统底部地层水存储模式。

裂缝圈闭系统底部地层水存储模式和边部地层水存储模式在开发上的出水特征基本一样,不同点在于前者地层水分布在整个裂缝圈闭系统的底部,一般情况下井越深则见水越早。由于碳酸盐岩裂缝型圈闭系统严重的非均质性,在一定的生产压差下,这种底部地层水一般不是以同一气水界面的形式向上推进,而是首先沿裂缝、溶洞较为发育,纵向渗透率较高的部位向上侵入到上覆地层(图1.86)。一般来说,在给定气藏和水体比例、气藏孔渗差不多的情况下,底水气藏的能量更为充足,早期产量更高,但是总体采收率可能偏低。

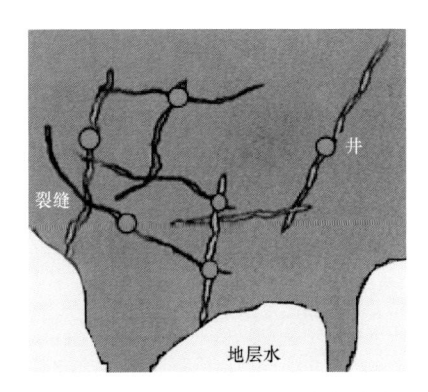

图1.85　裂缝系统边部地层水存储模式 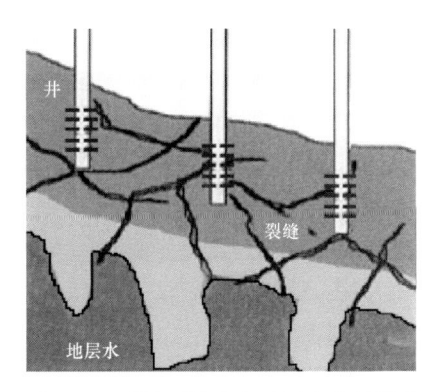　　图1.86　裂缝系统底部地层水存储模式

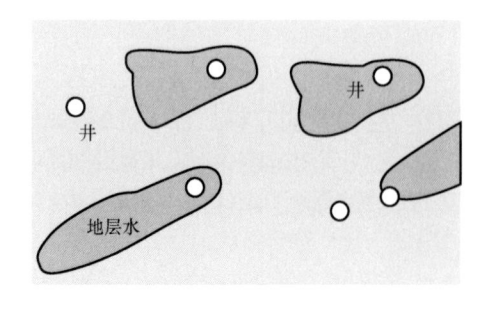

图 1.87　物性差异局部封存水存储模式

（3）物性差异局部封存水存储模式。

由于储层物性差异造成的局部封存水在碳酸盐岩气藏中常有发现，俗称"口袋水""鸡窝水"（图1.87）。主要有两种表现形式：纵向上地层的物性差异造成的层间局部封存水；储层横向上由于岩性或物性的变化，形成局部物性差异圈闭，这种局部封存水的产水多少程度取决于物性差异圈闭的分布范围。

1.3.3.2　裂缝中气水两相流宏观表现以及气藏水侵机理

姚麟昱（2007）研究了缝洞型气藏水侵机理及其渗流过程。

（1）宏观表现。

① 在大裂缝中，水可能占据全部渗流通道，使得微小裂缝中的气体无法经过大裂缝流动；

② 在中小裂缝中，水往往沿裂缝壁面流动，气体在裂缝中央形成气体芯子或气体段塞和珠泡，水成连续相，气成不连续相；

③ 在微细裂缝和孔隙中，水仍然分布在孔隙和裂缝表面，并以连续相的形式存在，且气体只能通过卡断的形式以珠泡状留存下来；

④ 流动过程中，气相是不连续相，而水的流动速度和流动通道在不断发生变化，生产上表现为波动产水产气。

（2）水侵机理。

气藏投入开采后，压力波沿主缝传到水体，储层压力降低后，边底水区域强大能量驱使水向气藏内推进。地层水沿高渗透裂缝以"短路"形式窜入气藏，是碳酸盐岩裂缝性有水气藏中水侵的主要特征。

边底水进入裂缝之后，形成气水两相流动，气相渗透率大大降低，宏观上，致使气藏连通性变差，加剧气藏分割，形成水封区域，降低气藏采收率；微观上，在毛细管压力作用下，地层水进入微细裂缝和孔隙介质表面，水对气泡的摩擦力难以克服裂缝壁对气泡的阻力，大大降低微细裂缝和基质向主裂缝供气的能力，当其渗透率降低到很小时，天然气就处于被水封的局面，形成岩块水封气，进一步降低气藏采收率。

非均质气藏在开发中的水侵特征除采气速度和井网等因素外，主要取决于三个因素：

① 气藏压力的分布，气藏及气井在生产中形成的压降漏斗，与水体的压力所形成的压差，为了达到气藏内的动平衡，水向低（压）处流动，造成水侵的不均匀推进；

② 储层渗透率的分布，当基质孔隙渗透率低于水流动的下限值时，水侵主要沿渗透性好的部位或层段推进，而裂缝的渗透性大大高于基质孔隙，且气井的压降首先传递至裂缝，因而裂缝是水侵的最佳通道，气井大裂缝越发育，出水压差越小；

③ 水驱的能量（包括水体中溶解气、封隔气对水体的驱动能量），水驱的能量包括水源的势能或封闭性可动水体的储量大小，有时可动水体的储量并不大，但水异常活跃，这是水中溶解气及水体中基质孔隙中残余的封隔气对水驱动的结果。

1.3.3.3 裂缝性底水气藏水侵特征

冯异勇等人(1998)以威远气田震旦系气藏为例,利用锥进模型对裂缝性底水气藏气井水侵动态进行了模拟研究;通过对基质渗透率、裂缝大小及分布、井底隔层、采气速度、气井打开程度和水体大小等多种参数进行敏感性分析,得到沿裂缝水窜是该类气藏的主要水侵特征;并根据气井不同水侵特征归纳出四种主要的水侵模式(图1.88),即水锥型、纵窜型、横侵型和复合型(即纵窜横侵型)。

在大裂缝发育部位,底水活动主要表现出"水窜"特征;在裂缝不发育部位,就表现出"水侵"特征。纵、横向缝的相对发育程度决定底水活动的主要方向,气藏底水活动表现出如下水侵模式。

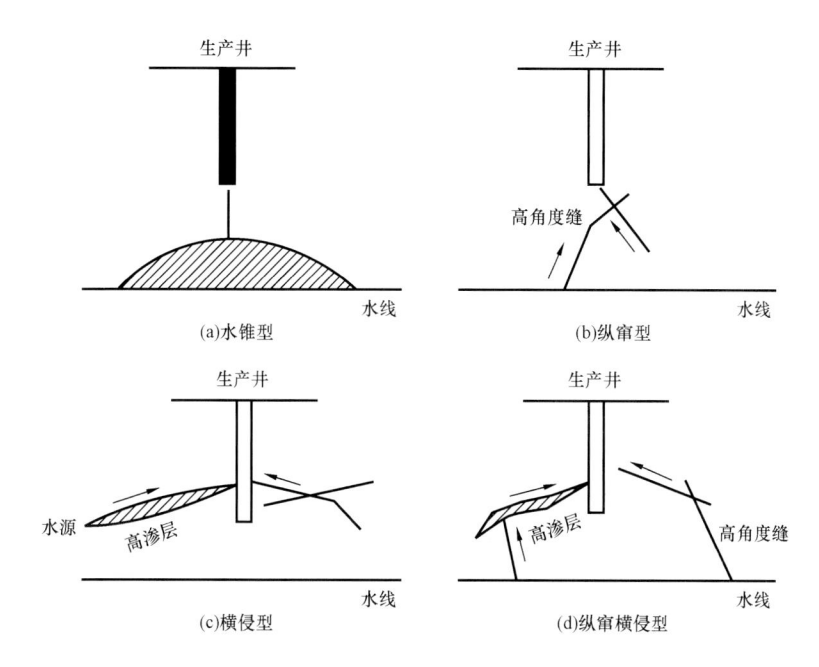

图1.88 水侵模式图

(1)水锥型。

气井所处区域内中、小裂缝或微细裂缝发育,且分布相对均匀,无大裂缝存在,储层表现出似均质特征。该区域气井投产后,在井底附近形成一个相对低压区,微观上底水沿裂缝上窜,宏观上呈水锥推进。气井出水后,产水量小且上升平缓,大都分布在气藏边部、翼部低渗透区,但也有少数分布在顶部高渗透区。

(2)纵窜型。

井底或井底附近高角度大裂缝发育,随着气井生产,底水沿这些高角度大裂缝迅速上窜,十分活跃,有的甚至表现为管流特征。气井很快出水且产水量大,对气井生产影响极大,短期内可使气井水淹至死,但这种"水窜"发生范围一般较小。

(3)横侵型。

局部产层纵向裂缝远没有水平缝发育,且在远处与高角度缝连通,地层水上升困难,只能沿水平缝向低压区横向推进,纵向上出现水层下有气层的交互分布现象。这类水侵方式差别较大,大多底水很不活跃,也有少量井显得十分活跃,主要分布在构造高点附近的中高渗透地带。

(4)复合型。

在井底附近存在一高渗透孔洞层,同时有高角度大裂缝与高渗透孔洞层相连接,底水通过大裂缝上窜,再通过高渗透孔洞层横向水侵造成气井出水。这种类型水侵对气井生产和气藏开采危害最大,它使小范围的纵窜水危害至一大片,并且主要发生在气藏的主产区。

1.3.3.4 裂缝性非均质边水气藏水侵特征

李霜鸟(2006)从裂缝性有水气藏基本特征入手,系统分析了四川裂缝性有水气藏储层特征、渗流特征和水侵危害,深入研究了裂缝性有水气藏的水侵模式(图1.89)和水侵机理。

气藏投入开采后,压力波沿主缝传到水体,溶解部分天然气的水其强大膨胀能量驱使水向气藏内推进。但受致密岩石的屏蔽作用以及主缝、支缝和孔隙型岩体对渗流所起的作用不同决定了水不可能以连续界面的形式侵入,只能沿低能状态的主缝形成水窜。

裂缝性非均质有水气藏的水侵机理实际上包含两个阶段:

(1)由于裂缝通道的阻力小,水侵入很快,当生产压差形成以后,地层水沿高渗透裂缝侵入地层,其中包含部分水锥;

(2)低渗透的基质岩块的自吸渗析作用阶段,作用时间随基质岩块的渗透率的下降而延长。

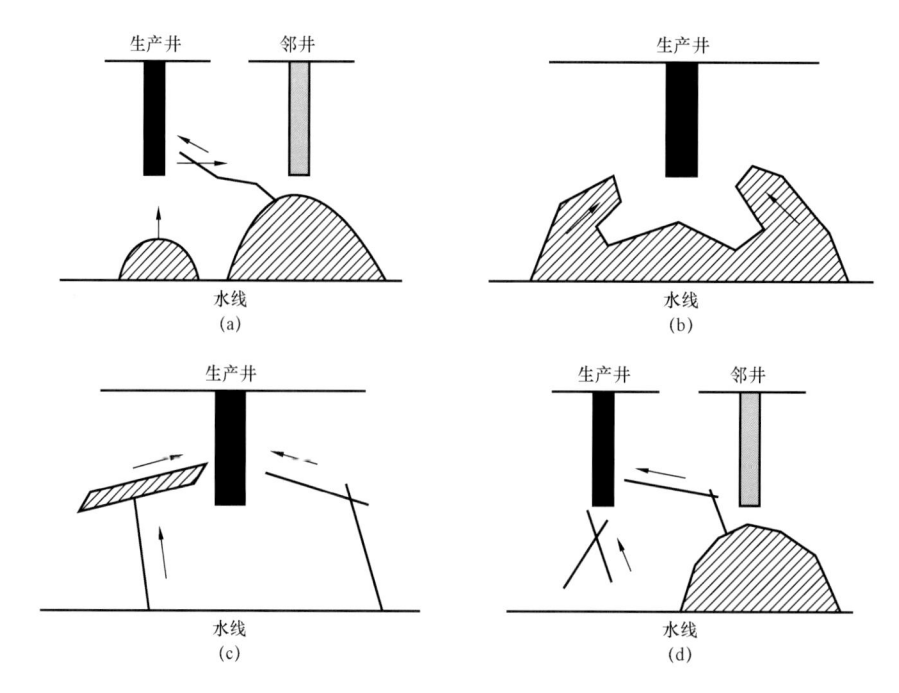

图1.89 裂缝性有水气藏水侵图

1.3.4 缝洞型气藏水侵机理

姚麟昱(2007)研究了缝洞型气藏水侵机理及其渗流过程。水侵活动开始后,侵入水沿着裂缝流进孔、洞,水先在孔、洞里储集起来(图1.90a),储集水占据了部分孔、洞体积,孔、洞内的气体受到抬升而被压缩,得以沿裂缝流出。对于单缝接入和接出的情况,水不断在孔、洞内存积,直到淹没接出裂缝,才开始往下流动,而孔、洞内未产出的气体被水封死,即形成常说的"死气区",此时孔、洞仍是水的渗流通道;如果水到达了接入裂缝的位置,而未到达接出裂缝的位置,气、水都被封隔在孔、洞内,相当于基质孔隙里的原生气和束缚水,只有依靠气体本身的弹性膨胀和岩石的压缩作用来继续产气。但孔、洞往往与多条溶蚀缝相连通,如图1.90b所示。只要水没有淹没最上面的裂缝,孔、洞就仍有产气能力。因此对于孔、洞发育的裂缝性储层,气、水的流动与孔、洞上裂缝发育的位置非常相关。

在气水同产生产阶段,侵入水流到溶蚀孔、洞后,总会储集到接出裂缝处才沿裂缝往前流动,到达近井地带时,由于水的重力分异作用,侵入水会流向井底的大溶蚀洞,而气体沿裂缝流到井底产出,在近井带形成"气走气路,水走水路"的特殊渗流现象。

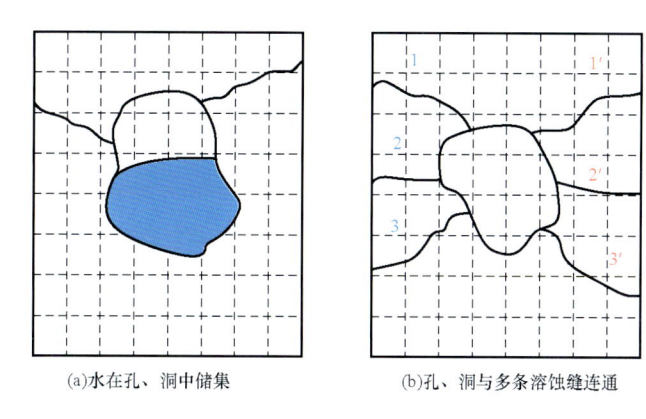

(a)水在孔、洞中储集　　(b)孔、洞与多条溶蚀缝连通

图1.90　溶洞产水机理示意图

第 2 章 高压气藏动态储量

本章基于超高压气藏储层及流体特性,建立了适用于超高压气藏的物质平衡方程,采用传统解析方法对物质平衡方程进行了求解。此外,还建立了二次方形式的物质平衡方程,并用定容封闭气藏生产数据进行了数据计算分析。根据所建立的考虑水侵的二次方物质平衡方程,对克拉 2 气田进行了动态分析。

2.1 高压气藏物质平衡方程的建立

对于埋藏较深的高压气藏,在其投产后,随着天然气的采出,气藏压力不断下降,必将引起天然气的膨胀、储气层的压实和岩石颗粒的弹性膨胀、地层束缚水的弹性膨胀作用,以及周围泥岩的膨胀和有限边水的弹性膨胀所引起的水侵。这几部分驱动能量的综合作用,就是高压气藏开发的主要动力,膨胀作用所占据气藏的有效孔隙体积,应当等于气藏累计产出天然气的地下体积量。从气藏物质平衡通式的推导所作的假设条件与分析得知,高压气藏物质平衡方程式如下:

$$G_p B_g = G(B_g - B_{gi}) + G B_{gi}\left(\frac{C_w S_{wi} + C_f}{1 - S_{wi}}\right)\Delta p + W_e - W_p B_w \tag{2.1}$$

式中 G_p——累计产气量,$10^8 \mathrm{m}^3$;

G——天然气储量,$10^8 \mathrm{m}^3$;

W_e——累计水侵量,$10^4 \mathrm{m}^3$;

W_p——累计产水量,$10^4 \mathrm{m}^3$;

B_g——气体积系数,$\mathrm{m}^3/\mathrm{m}^3$;

B_{gi}——原始气体积系数,$\mathrm{m}^3/\mathrm{m}^3$;

B_w——水体积系数,$\mathrm{m}^3/\mathrm{m}^3$;

C_w——水压缩系数,MPa^{-1};

C_f——储层岩石压缩系数,MPa^{-1};

S_{wi}——束缚水饱和度;

Δp——生产压差,MPa。

1998 年由 Fetkovich 给出的高压气藏物质平衡方程表达式为:

$$\frac{p}{Z}[1 - (p_i - p)\overline{C}_e(p)] = \frac{p_i}{Z_i} - \frac{p_i}{Z_i}\frac{1}{G}\left[G_p - G_{inj} + W_p R_{sw} + \frac{5.615}{B_g}(W_p B_w - W_{inj} B_w - W_e)\right] \tag{2.2}$$

式中 G_{inj}——累计注水量,$10^8 \mathrm{m}^3$;

W_{inj}——累计注水量,$10^4 m^3$;

R_{sw}——天然气在纯水中的溶解度。

定义有效压缩系数函数 $\overline{C}_e(p)$ 为:

$$\overline{C}_e(p) = \frac{\overline{C}_w S_{wi} + \overline{C}_f}{1 - S_{wi}} \tag{2.3}$$

式中 $\overline{C}_w$——平均比压缩系数,MPa^{-1};

$\overline{C}_f$——平均岩石压缩系数,MPa^{-1}。

2.2 高压封闭气藏多项式物质平衡方程

基于广义物质平衡原理,根据岩石高压物性测试数据,建立高压封闭气藏多项式物质平衡方程。

2.2.1 多项式物质平衡方程的建立

式(2.3)中包含了岩石和束缚水的弹性能力,如果气藏属于定容封闭弹性气藏,式(2.3)可以写为:

$$\overline{C}_e(p) = \frac{\overline{C}_w S_{wi} + \overline{C}_f}{1 - S_{wi}} \tag{2.4}$$

如果岩石、束缚水的压缩系数考虑为常数,可以写为:

$$C_e(p) = \frac{C_w S_{wi} + C_f}{1 - S_{wi}} \tag{2.5}$$

假设 $G_{inj} = W_{inj} = W_p = W_e = 0$ 的情况,将此关系式代入式(2.1)得到干气气藏在高压影响下的物质平衡方程,表达式如下:

$$\frac{p}{Z}\left[1 - (p_i - p)\overline{C}_e(p)\right] = \frac{p_i}{Z_i}\left(1 - \frac{G_p}{G}\right) \tag{2.6}$$

所建立的物质平衡方程及其简化形式式(2.6)是基于总压缩系数的概念[如 $\overline{C}_e(p)$],此概念有助于更好地描述主要由孔隙和束缚水压缩系数引起的高压气藏的开发动态特征。方程(2.6)是目前描述封闭高压气藏动态应用较广的模型。

首先应用方程(2.6)来研究 p/Z—G_p 之间的近似关系。第一步先分离方程(2.6)中 $\overline{C}_e(p)$ 函数,得出 $\overline{C}_e(p)$、$(p_i - p)\overline{C}_e(p)$ 的如下表达式:

$$(p_i - p)\overline{C}_e(p) = 1 - \frac{p_i/Z_i}{p/Z}\left(1 - \frac{G_p}{G}\right) \tag{2.7}$$

$$\overline{C}_e(p) = \left[1 - \frac{p_i/Z_i}{p/Z}\left(1 - \frac{G_p}{G}\right)\right]\frac{1}{p_i - p} \tag{2.8}$$

Fetkovich 等人用式(2.7)和式(2.8)作为对比函数,尤其是方程(2.8),从而与方程(2.5)得出的结果进行对比。分析认为,方程(2.7)中$(p_i-p)\overline{C}_e(p)$的变化特征是研究的一个关键点,而且特别指出分析$(p_i-p)\overline{C}_e(p)$与G_p的关系。本文提出如下近似模型来描述二者的特征关系:

$$(p_i - p)\overline{C}_e(p) \approx \omega G_p \tag{2.9}$$

式中 ω——物质平衡系数,$10^{-8}m^{-3}$。

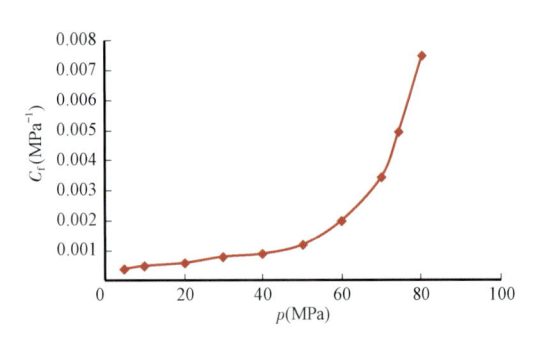

图 2.1 克拉 2 气田岩石压缩系数实验曲线

方程(2.9)中可以明显看出G_p与$(p_i-p)\overline{C}_e(p)$呈线性关系,然而并不能严格地说明方程(2.9)就是表示$(p_i-p)\overline{C}_e(p)$特征的有效形式。因此需使用气藏动态数据验证方程(2.9)的正确性。

以下通过两个实例来进行验证。第一个实例是干气气藏的模拟结果,$C_f(p)$方程采用克拉 2 气田应力敏感实验结果(图 2.1),模拟过程中采用克拉 2 气田实际地质模型及生产数据,不考虑水体因素的影响。第二个实例为 Anderson L 高压气藏的实际参数。

图 2.2 为$(p_i-p)\overline{C}_e(p)$与G_p/G在线性及双对数坐标下的关系式,图中可以看出数据点表现出明显的线性趋势,在衰竭开发初期这一趋势更为明显。图 2.3 为 Anderson L 气藏的计算结果,可以看出其具有相似的近似关系式。

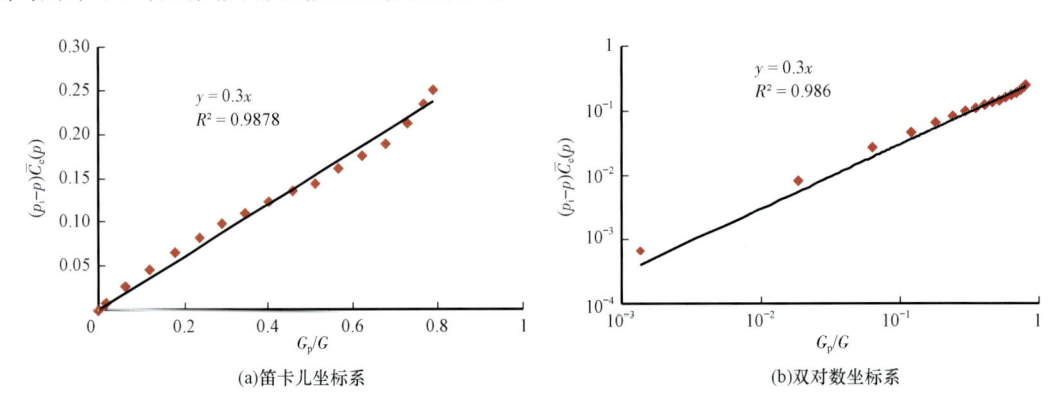

(a)笛卡儿坐标系

(b)双对数坐标系

图 2.2 封闭气藏模拟$(p_i-p)\overline{C}_e(p)$与G_p/G的关系图

事实上,考虑到数据点的数量较少,实测数据点也具有一定的误差,图 2.2 和图 2.3 中的相关性已是较为理想的结果,因此建立如式(2.7)的线性关系式是可行的。方程(2.7)是研究的中间步骤,由于$1/[1-(p_i-p)\overline{C}_e(p)]$是物质平衡方程右边项的乘数,下步研究分析表达式$1/[1-(p_i-p)\overline{C}_e(p)]$的特征。针对此问题提出以下的近似:

$$1/[1-(p_i-p)\overline{C}_e(p)] \approx 1 + \xi G_p \tag{2.10}$$

(a)笛卡儿坐标系   (b)双对数坐标系

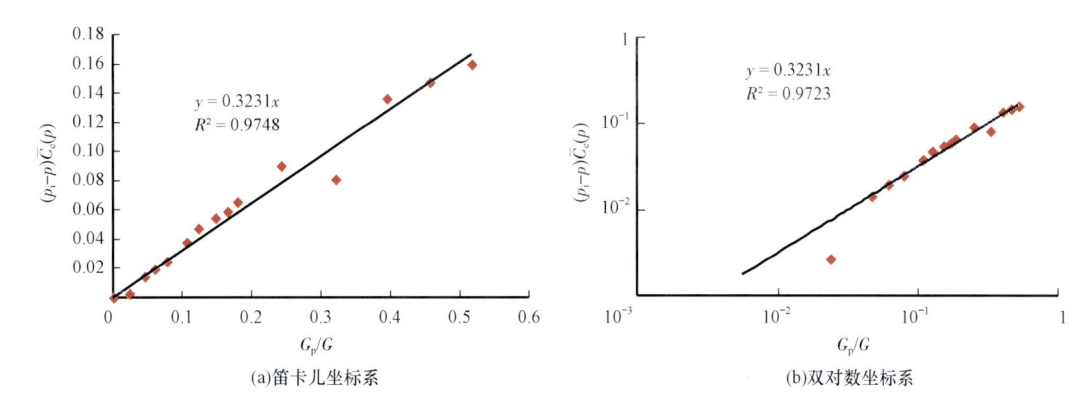

图 2.3　Anderson L 气藏 $(p_i-p)\overline{C}_e(p)$ 与 G_p/G 的关系图

根据级数表达式：

$$1/(1-x) = 1 + x + x^2 + x^3\cdots, -1 < x < 1 \tag{2.11}$$

方程(2.11)保留一项展开式，可以写为：

$$1/(1-x) \approx 1 + x, -1 < x < 1 \tag{2.12}$$

将 $x = (p_i-p)\overline{C}_e(p)$ 代入方程(2.12)得到：

$$1/[1-(p_i-p)\overline{C}_e(p)] \approx 1 + (p_i-p)\overline{C}_e(p), 0 < (p_i-p)\overline{C}_e(p) < 1 \tag{2.13}$$

将 $(p_i-p)\overline{C}_e(p) \approx \omega G_p$ 代入方程(2.13)的右边项得到：

$$1/[1-(p_i-p)\overline{C}_e(p)] \approx 1 + \omega G_p, 0 \leq \omega G_p < 1 \tag{2.14}$$

对比方程(2.10)和方程(2.14)可看出两个表达式完全一致，即 $\omega \equiv \xi$，这一结果直接证明了方程(2.7)所定义的概念模型。图 2.4 中表明了 $1/[1-(p_i-p)\overline{C}_e(p)]$ 与 G_p/G 在笛卡儿坐标系中的线性关系与所提出的模型极为吻合，对比结果表明方程(2.10)可以用作方程 $1/[1-(p_i-p)\overline{C}_e(p)]$ 的近似模型。

解方程(2.6)得出 $1/[1-(p_i-p)\overline{C}_e(p)]$ 方程的表达式：

图 2.4　Anderson L 气藏 $1/[1-\overline{C}_e(p)(p_i-p)]$ 与 G_p/G 关系特征

$$1/[1-(p_i-p)\overline{C}_e(p)] = \frac{1}{\dfrac{p_i/Z_i}{p/Z}\left(1-\dfrac{G_p}{G}\right)} \tag{2.15}$$

由此也可以得出随压力变化的孔隙体积压缩系数(不考虑水侵、注水)的高压封闭干气气藏物质平衡的近似关系式。将方程(2.6)除以 $1/[1-(p_i-p)\overline{C}_e(p)]$ 项，得到物质平衡方程

的另一形式:

$$\frac{p}{Z} = \frac{p_i}{Z_i}\left(1 - \frac{G_p}{G}\right)\frac{1}{1-(p_i-p)\overline{\overline{C}}_e(p)} \tag{2.16}$$

将式(2.14)代入式(2.16)得到:

$$\frac{p}{Z} \approx \frac{p_i}{Z_i}\left(1 - \frac{G_p}{G}\right)(1+\omega G_p) \tag{2.17}$$

展开方程(2.17)的右边项便得到:

$$\frac{p}{Z} \approx \frac{p_i}{Z_i}\left[1 - \left(\frac{1}{G} - \omega\right)G_p - \frac{\omega}{G}G_p^2\right] \tag{2.18}$$

此处根据模型简化认为 ω 为某一常数,Fetkovich 等人的文中并没有给出 ω 的量化关系式,而是提出了 ω 的定义[$\omega G_p \equiv (p_i-p)\overline{\overline{C}}_e(p)$],式中 ω 为函数形式,但以下主要目的是论证推导建立 ω 作为常数的可行性。

将 ω 表达式代入物质平衡关系式式(2.6),得到如下 ωG_p 的表达式:

$$\omega G_p = 1 - \frac{p_i/Z_i}{p/Z}\left(1 - \frac{G_p}{G}\right) \tag{2.19}$$

分离 ω 得:

$$\omega = \frac{1}{G_p} - \frac{p_i/Z_i}{p/Z}\left(\frac{1}{G_p} - \frac{1}{G}\right) \tag{2.20}$$

方程(2.20)表明 ω 为一方程式,然而通过气田的实际数据证明得出 ω 是可以近似为常数的。如图 2.5 和图 2.6 所示,作出 ω 与 G_p 的关系曲线,分别为干气气藏的模拟动态和 Anderson L 气藏的实际生产参数。

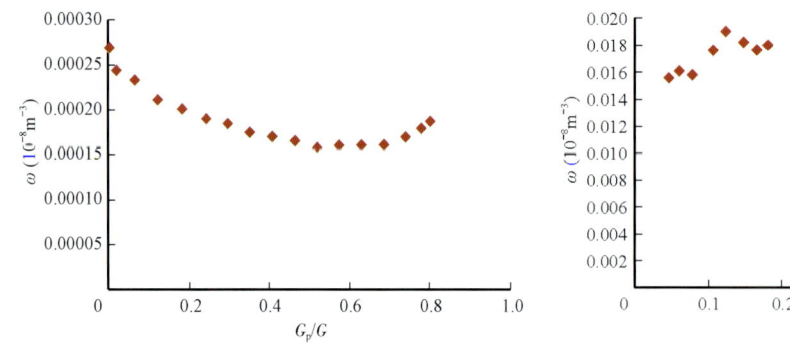

图 2.5　封闭气藏模拟 ω 与 G_p/G 相关性　　图 2.6　Anderson L 气藏参数 ω 与 G_p/G 相关性

图 2.5 中 $G_{p,tot}/G \approx 0.8$($G_{p,tot}$ 为最终的累计产气量),在 0.8~1 范围内可以得到近似值 $\omega = 1.89 \times 10^{-12}$ m^{-3} 是比较合理的平均值。图 2.6 中 $G_{p,tot}/G \approx 0.5$,由趋势线可以得出

Anderson L 气藏与估计值吻合较好，$\omega = 0.0168 \times 10^{-8} \text{m}^{-3}$，若采用线性关系拟合可以得到关系式 $\omega = -0.0037 G_p/G + 0.0176$。以上两个例子中 Anderson L 气藏采收率的差别也会导致 ω 吻合程度的差别。

再回到方程(2.18)，将右边项展开可以得到：

$$\frac{p}{Z} \approx \frac{p_i}{Z_i} - \left(\frac{1}{G} - \omega\right)\frac{p_i}{Z_i}G_p - \frac{\omega}{G}\frac{p_i}{Z_i}G_p^2 \tag{2.21}$$

或者采用简化符号，方程(2.21)改写为：

$$\frac{p/Z}{p_i/Z_i} \approx 1 - \alpha G_p - \beta G_p^2 \tag{2.22}$$

其中系数 α、β 表达式分别是：

$$\alpha = \frac{1}{G} - \omega \tag{2.23}$$

$$\beta = \frac{\omega}{G} \tag{2.24}$$

方程(2.22)是本文的基础，本次研究的目的是利用此模型对严格的高压气藏物质平衡方程(2.6)进行合理的近似。由此认为方程(2.22)是有效的物质平衡模型，并且本文用方程(2.22)作为诊断绘图方程式对具体的高压气藏进行计算。另一方面，注意到图 2.5 和图 2.6 中 ω 方程式明确显示为呈递减的线性关系趋势，图中得出的一个重要结论即是 ω 方程式是唯一的，并且可以近似为常数或者 G_p（或者 G_p/G）的线性方程。此结论为二次方和三次方累计产量物质平衡方程的建立奠定了基础。

假设 ω—G_p 为线性关系：

$$\omega = a - bG_p \tag{2.25}$$

将方程(2.25)代入式(2.17)得到：

$$\frac{p}{Z} \approx \frac{p_i}{Z_i}\left(1 - \frac{G_p}{G}\right)\left[1 + (a - bG_p)G_p\right] \tag{2.26}$$

展开右边项：

$$\frac{p/Z}{p_i/Z_i} = 1 - \left(\frac{1}{G} - a\right)G_p - \left(\frac{a}{G} + b\right)G_p^2 + \frac{b}{G}G_p^3 \tag{2.27}$$

方程(2.27)可以改写为：

$$\frac{p/Z}{p_i/Z_i} = 1 - \hat{a}G_p - \hat{b}G_p^2 + \hat{c}G_p^3 \tag{2.28}$$

其中系数定义为：

$$\hat{a} = \frac{1}{G} - a \tag{2.29a}$$

$$\hat{b} = \frac{a}{G} + b \qquad (2.29\text{b})$$

$$\hat{c} = \frac{b}{G} \qquad (2.29\text{c})$$

式(2.28)即是累计产量三次方物质平衡表达式,此表达形式还需深入论证,其在稳定性方面不如二次方形式的表达式,本文的重点将针对方程(2.22)进行研究,推导绘图关系式并分析其相应的关系曲线。

累计产量二次方及三次方气藏物质平衡方程的实际应用主要是通过对比模型中 p/Z 与 G_p 参数。本文采用二次方及三次方关系式对两个实例进行了计算,一个为气藏模拟实例,另一个为 Anderson L 气藏生产数据,如图2.7和图2.8所示。根据图2.7和图2.8中回归得到二项式方程外插,当 $p/Z=0$ 时,$G_p=G$,即可求得储量值。式(2.30)为拟合方程式,其中 p_D 为视地层压力。封闭干气气藏模拟计算的储量为 $1911.6 \times 10^8 \text{m}^3$,Anderson L 气藏储量为 $20.24 \times 10^8 \text{m}^3$。

$$p_D = 1 - \left(\frac{1}{20.2} - 0.01818\right)G_p - \frac{0.01818}{20.2}G_p^2 \qquad (2.30)$$

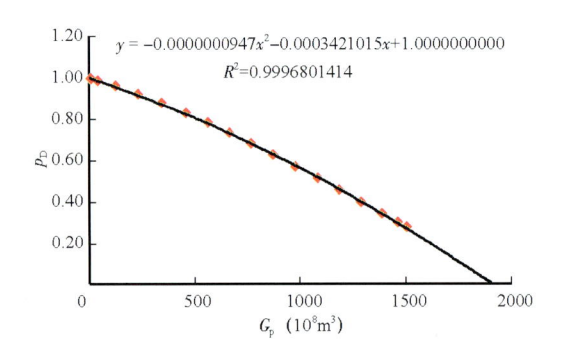

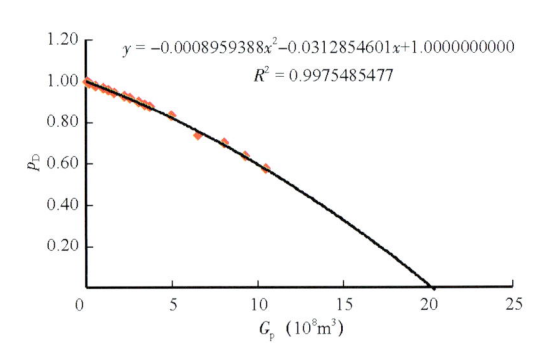

图2.7 封闭干气气藏模拟视地层压力与累计产量

图2.8 Anderson L 气藏视地层压力与累计产量

封闭干气气藏模拟中所用天然气地质储量为 $1999.8 \times 10^8 \text{m}^3$,Anderson L 气藏容积法储量计算结果为 $19.92 \times 10^8 \text{m}^3$,可以看出储量计算结果与容积法比较接近。

图2.7中的数据点趋势表明气藏处于严重衰竭状态,第一直线段代表了视地质储量模型,根据高压气藏开发初期的数据通过常规的物质平衡方法的第一步,本文中对此段并不进行分析,而是仅仅作为参考。

图2.7中的特征趋势是由方程(2.22)中的常数模型 ω 和方程(2.28)中的线性模型 ω 所决定的,分别是累计产量二次方及三次方物质平衡方程中 ω 的关系式。

通过实例验证说明数据相关性较好,图2.7中的 ω 模型与图2.4中所用的变量相关性较好。本文将用方程(2.22)作为基础,来推导不同的绘图方程式以估算相关的模型参数值,其中也包括 ω 方程。

实例计算中注意到把 ω 方程作为常数处理是极为简单的方法,具体分析过程中 ω 的值可以采用试凑法根据实际数据来定,图2.5中ω—G_p数据最为合适,由此得出的合理的p/Z—G_p关系,如图2.7所示。

实际应用过程中,处理数据时储量G等参数是未知的,并且图2.5的绘制也是不可能的(作为直接的分析手段),所以这一问题更像一个概念—验证的问题。注意到对ω-G_p趋势关系进行优化是可行的,而且方程(2.22)、方程(2.28)不论采用ω为常数还是线性关系均是严密物质平衡方程的可靠近似,也可以作为高压气藏物质平衡分析的通用方法。

对于Anderson L气藏也可以得出相似的结论,可以看出图2.5中对ω的分析结果,与图2.8中p/Z—G_p的相应结果存在很好的相关性。

对于气藏模拟动态实例,注意到图2.7中所表现的模型与图2.5中描述的ω—G_p特征有着直接的关系,因此具体分析过程中,用统计回归方法看出图2.7中的ω模型中的相关性仍有提高的空间,所以,应当采用综合的绘图方程式并配合手动分析反复尝试进行调整。

2.2.2 绘图诊断方程推导

如图2.7和图2.8所示,方程(2.22)所得出的p/Z—G_p关系是一个二次方的凹形递减趋势,初期在临近p_i/Z_i区域近似为直线,而后期随着压力的快速降低二次方项对趋势形态起了主导作用,p/Z趋势明显偏离了初期的视直线关系。

因此,本文也定义了相应的绘图方程式,首先定义p/Z差分函数为:

$$\Delta\left(\frac{p}{Z}\right) = \frac{p_i}{Z_i} - \frac{p}{Z} = \alpha G_p + \beta G_p^2 \tag{2.31}$$

方程(2.31)中$\Delta(p/Z)$与G_p为二次方关系,如图2.9所示。方程(2.31)两侧除以G_p,得到:

$$\frac{\Delta(p/Z)}{G_p} = \alpha + \beta G_p \tag{2.32}$$

方程(2.32)中$\Delta(p/Z)/G_p$与G_p为线性关系,如图2.10所示。

由于数据数量及质量的原因,在现实数据分析处理过程中有必要建立其辅助分析方程式,研究高压气藏压力变化的影响,因此根据式(2.31)本文提出一套系统的积分函数来进行数据分析,采用绘图曲线诊断的方法。

对方程(2.31)关于G_p积分得到:

$$\int_0^{G_p} \Delta\left(\frac{p}{Z}\right) dG_p = \int_0^{G_p} (\alpha G_p + \beta G_p^2) dG_p = \frac{\alpha}{2} G_p^2 + \frac{\beta}{3} G_p^3 \tag{2.33}$$

可以看出$\int_0^{G_p} \Delta\left(\frac{p}{Z}\right) dG_p$与$G_p$呈现三次方关系,如图2.11所示。

方程(2.33)除以G_p得到主要积分函数:

$$\frac{1}{G_{\mathrm{p}}}\int_0^{G_{\mathrm{p}}}\Delta\left(\frac{p}{Z}\right)\mathrm{d}G_{\mathrm{p}} = \frac{\alpha}{2}G_{\mathrm{p}} + \frac{\beta}{3}G_{\mathrm{p}}^2 \tag{2.34}$$

表达式 $\frac{1}{G_{\mathrm{p}}}\int_0^{G_{\mathrm{p}}}\Delta\left(\frac{p}{Z}\right)\mathrm{d}G_{\mathrm{p}}$ 与 G_{p} 呈现二次方关系,如图 2.12 所示。

方程(2.33)两侧除以 G_{p}^2 得到:

$$\frac{1}{G_{\mathrm{p}}^2}\int_0^{G_{\mathrm{p}}}\Delta\left(\frac{p}{Z}\right)\mathrm{d}G_{\mathrm{p}} = \frac{\alpha}{2} + \frac{\beta}{3}G_{\mathrm{p}} \tag{2.35}$$

表达式 $\frac{1}{G_{\mathrm{p}}^2}\int_0^{G_{\mathrm{p}}}\Delta\left(\frac{p}{Z}\right)\mathrm{d}G_{\mathrm{p}}$ 与 G_{p} 为线性关系,如图 2.13 所示。

方程(2.31)减方程(2.34)得到:

$$\Delta\left(\frac{p}{Z}\right) - \frac{1}{G_{\mathrm{p}}}\int_0^{G_{\mathrm{p}}}\Delta\left(\frac{p}{Z}\right)\mathrm{d}G_{\mathrm{p}} = (\alpha G_{\mathrm{p}} + \beta G_{\mathrm{p}}^2) - \left(\frac{\alpha}{2}G_{\mathrm{p}} + \frac{\beta}{3}G_{\mathrm{p}}^2\right) = \frac{\alpha}{2}G_{\mathrm{p}} + \frac{2\beta}{3}G_{\mathrm{p}}^2 \tag{2.36}$$

表达式 $\Delta\left(\frac{p}{Z}\right) - \frac{1}{G_{\mathrm{p}}}\int_0^{G_{\mathrm{p}}}\Delta\left(\frac{p}{Z}\right)\mathrm{d}G_{\mathrm{p}}$ 与 G_{p} 为二次方关系,如图 2.14 所示。

方程(2.36)除以 G_{p} 得积分—差分关系式,在概念上类似于 Moran 和 Sameniego 提出的派生函数:

$$\frac{1}{G_{\mathrm{p}}}\left[\Delta\left(\frac{p}{Z}\right) - \frac{1}{G_{\mathrm{p}}}\int_0^{G_{\mathrm{p}}}\Delta\left(\frac{p}{Z}\right)\mathrm{d}G_{\mathrm{p}}\right] = \frac{\alpha}{2} + \frac{2\beta}{3}G_{\mathrm{p}} \tag{2.37}$$

即得到 $\frac{1}{G_{\mathrm{p}}}\left[\Delta\left(\frac{p}{Z}\right) - \frac{1}{G_{\mathrm{p}}}\int_0^{G_{\mathrm{p}}}\Delta\left(\frac{p}{Z}\right)\mathrm{d}G_{\mathrm{p}}\right]$ 与 G_{p} 为线性关系,如图 2.15 所示。

分析程序应用方程(2.22)至方程(2.37)的所有类型图形,用电子数据表中确定系数 p_i/Z_i、α、β 为已知的初始条件,α、β 通过试算法得到,方程(2.23)、方程(2.24)表明 α、β 与 ω 值相关,因此也可以通过试算法单独估算得到。

由于统计优化方法将会导致参数估算不一致性,比如产生负值,因此本文推荐采用电子数据表的方法手动操作求取系数,而不是用回归的方法进行参数的统计优化。

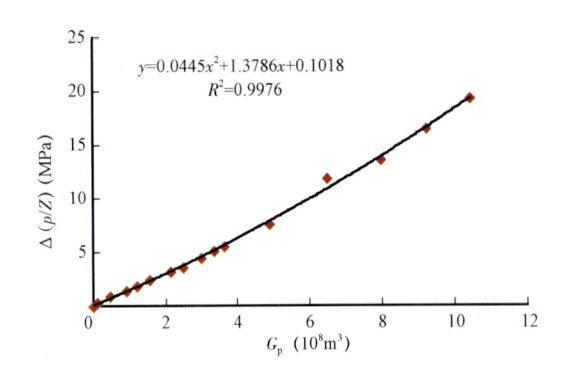

图 2.9　Anderson L 气藏 $\Delta(p/Z)$ 与 G_{p} 关系

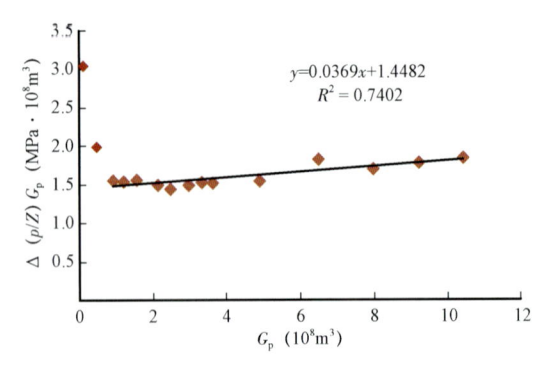

图 2.10　Anderson L 气藏 $\Delta(p/Z)/G_{\mathrm{p}}$ 与 G_{p} 关系

图 2.11 Anderson L 气藏 $\int_0^{G_p} \Delta\left(\dfrac{p}{Z}\right)\mathrm{d}G_p$ 与 G_p 呈三次方关系

图 2.12 Anderson L 气藏 $\dfrac{1}{G_p}\int_0^{G_p} \Delta\left(\dfrac{p}{Z}\right)\mathrm{d}G_p$ 与 G_p 呈二次方关系

图 2.13 Anderson L 气藏 $\dfrac{1}{G_p^2}\int_0^{G_p} \Delta\left(\dfrac{p}{Z}\right)\mathrm{d}G_p$ 与 G_p 呈线性关系

图 2.14 Anderson L 气藏 $\Delta\left(\dfrac{p}{Z}\right) - \dfrac{1}{G_p}\int_0^{G_p} \Delta\left(\dfrac{p}{Z}\right)\mathrm{d}G_p$ 与 G_p 呈二次方关系

图 2.15 Anderson L 气藏 $\dfrac{1}{G_p}\left[\Delta\left(\dfrac{p}{Z}\right) - \dfrac{1}{G_p}\int_0^{G_p} \Delta\left(\dfrac{p}{Z}\right)\mathrm{d}G_p\right]$ 与 G_p 呈线性关系

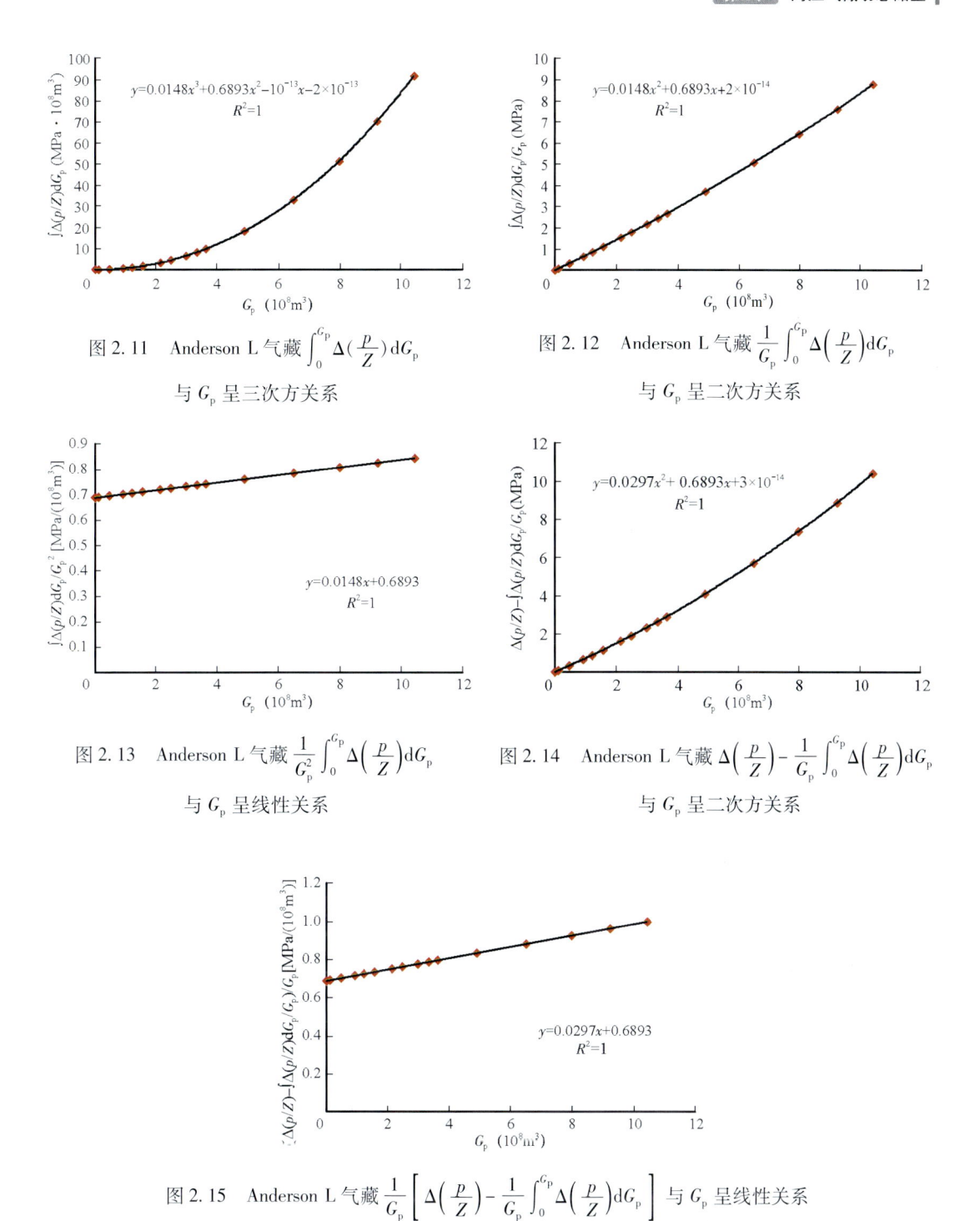

2.2.3 典型曲线的建立

为了方便作图分析,并得到较为准确的 ω,将方程(2.17)无量纲化,从而建立典型曲线图版,首先定义下列无量纲函数:

$$\omega_D = \omega G \tag{2.38}$$

$$p_D = \frac{p/Z}{p_i/Z_i} \tag{2.39}$$

$$G_{pD} = \frac{G_p}{G} \tag{2.40}$$

将式(2.38)至式(2.40)代入式(2.17),变形得:

$$p_D = (1 - G_{pD})(1 + \omega_D G_{pD}) \tag{2.41}$$

图 2.16 至图 2.19 中即为根据式(2.41)建立的无量纲压力 p_D 及 $1-p_D$ 的典型曲线,根据图中的标准曲线可以查得 ω_D,根据初步得到的动态储量可以计算得到 ω,重新进行储量计算,从而得到较为准确的储量值。如图 2.16、图 2.17 中 Anderson L 气藏相关数据点与典型图版进行比对,得到 $\omega_D \approx 0.32$,从而进一步计算求得相应 $\omega = 0.01707$,储量为:

$$G = \frac{\omega}{\beta} = \frac{0.01707}{8.959388 \times 10^{-4}} = 19.05 \times 10^8 \mathrm{m}^3 \tag{2.42}$$

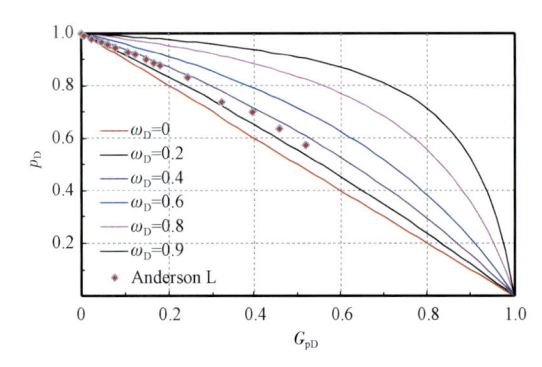

图 2.16　Anderson L 气藏 p_D 与 G_{pD} 典型图版

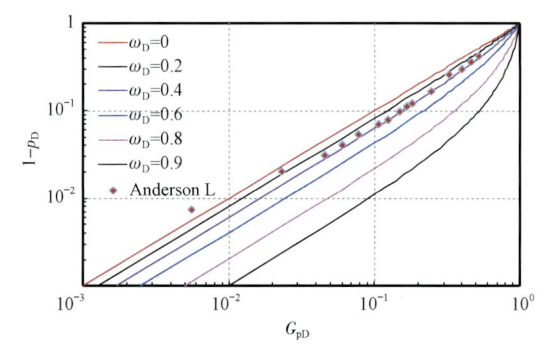

图 2.17　Anderson L 气藏 $1-p_D$ 与 G_{pD} 双对数典型图版

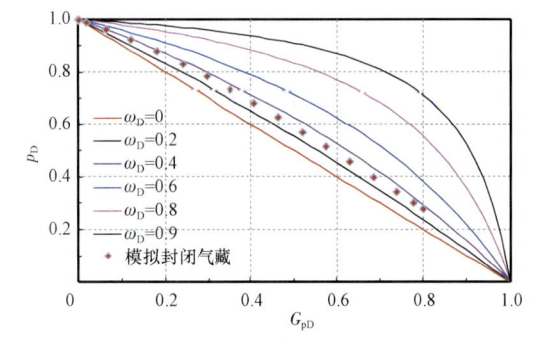

图 2.18　封闭干气气藏模拟 p_D 与 G_{pD} 典型图版

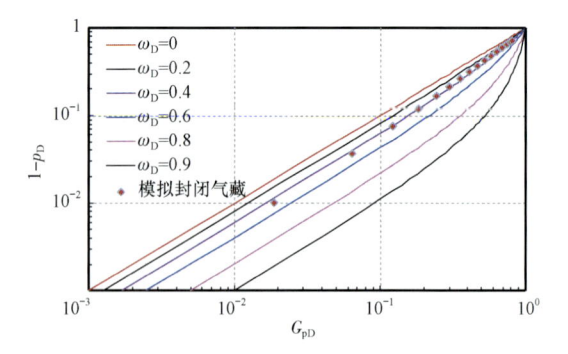

图 2.19　封闭干气气藏 $1-p_D$ 与 G_{pD} 双对数典型图版

2.3 高压水侵气藏多项式物质平衡分析

根据建立的高压水侵气藏多项式物质平衡方程,定量分析、验证水侵能量以及对单井控制储量进行计算分析。

2.3.1 不考虑岩石弹性的物质平衡方程

首先假设气藏仅受水体能量及自身弹性能的驱动,不考虑岩石的弹性能量,以此来验证、分析水侵能量的近似表达式。

将 $B_g = V_g/V_{gs}$ 代入方程(2.1),整理得:

$$\frac{p}{Z}\left[1 - \frac{\overline{C}_w S_{wi} + \overline{C}_f}{1 - S_{wi}}\Delta p - \frac{W_e - W_p B_w}{G B_{gi}}\right] = \frac{p_i}{Z_i}\left(1 - \frac{G_p}{G}\right) \tag{2.43}$$

令:

$$\overline{C}_e(p)\Delta p = \frac{\overline{C}_w S_{wi} + \overline{C}_f}{1 - S_{wi}}\Delta p = \omega G_p \tag{2.44}$$

$$\frac{W_e - W_p B_w}{G B_{gi}} = \delta G_p \tag{2.45}$$

式(2.43)变形为:

$$\frac{p}{Z}\left[1 - (\omega + \delta)G_p\right] = \frac{p_i}{Z_i}\left(1 - \frac{G_p}{G}\right) \tag{2.46}$$

式中 δ——物质平衡系数,10^{-8}m^{-3}。

式(2.46)中 ω、δ 由公式(2.44)和公式(2.45)确定,因此需要确定公式(2.44)和公式(2.45)的正确性,下文首先论证式(2.45)的准确性。油气田开发过程每一个油气藏都存在岩石和束缚水的弹性能量,因此考虑采用数值模拟方法来进行验证。模型采用克拉2气田的地质模型及动态数据,将岩石应力敏感性设为0,采用模拟得到的地层压力、累计产气量、累计产水量、累计水侵量及流体物性参数进行物质平衡计算。

式(2.43)简化为:

$$\frac{p}{Z}\left(1 - \frac{W_e - W_p B_w}{G B_{gi}}\right) = \frac{p_i}{Z_i}\left(1 - \frac{G_p}{G}\right) \tag{2.47}$$

$$\delta G_p = \frac{W_e - W_p B_w}{G B_{gi}} = 1 - \frac{p_i/Z_i}{p/Z}\left(1 - \frac{G_p}{G}\right) \tag{2.48}$$

根据模拟结果得到如图2.20所示的 $(W_e - W_p B_w)/G B_{gi}$ 与 G_p/G 的对应关系,与描述岩石弹性能量的方法类似,水侵能量也可以用 G_p/G 的线性关系来表示。因此,式(2.45)的假设也是合理可行的。对于水侵量的近似描述也可以建立如2.2节中的绘图诊断方程来进行敏感性分析。

将式(2.45)代入式(2.48)分离 δ 得：

$$\delta = \frac{1}{G_p} - \frac{p_i/Z_i}{p/Z}\left(\frac{1}{G_p} - \frac{1}{G}\right) \tag{2.49}$$

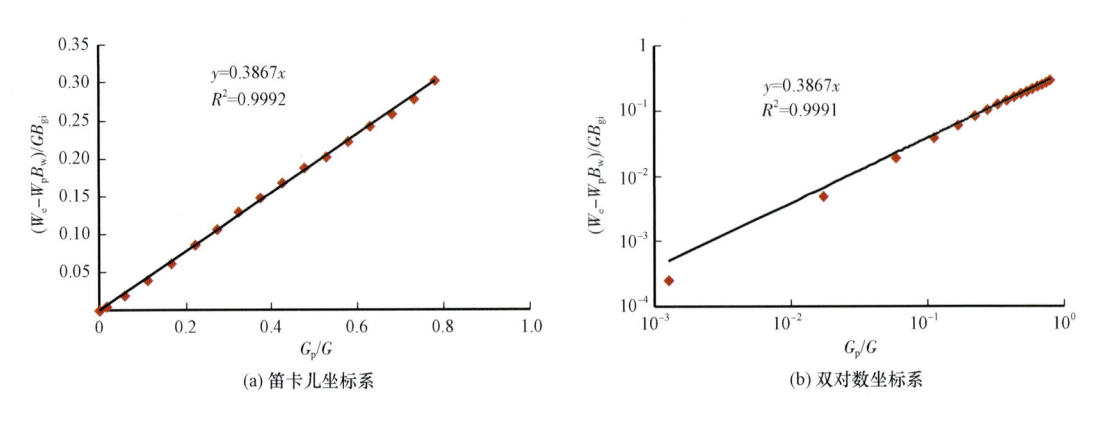

(a) 笛卡儿坐标系

(b) 双对数坐标系

图 2.20　不考虑岩石弹性能干气气藏模拟 $(W_e - W_p B_w)/GB_{gi}$ 与 G_p/G 的关系

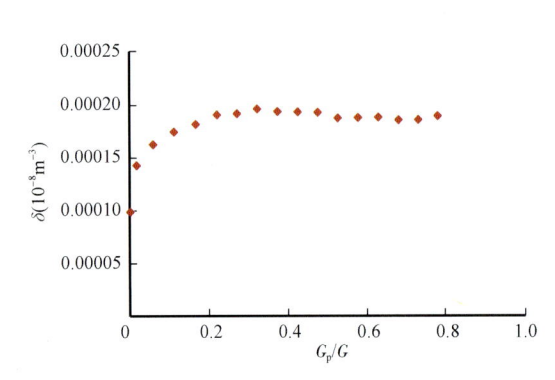

图 2.21　不考虑岩石弹性能干气气藏模拟 δ 与 G_p/G 的关系

根据模拟结果同样可以得到 δ 与 G_p/G 的相关性，如图 2.21 所示，δ 也可以近似为常数进行储量计算，δ 可以近似取 1.9×10^{-4}。

根据式(2.48)，也可以得到与式(2.23)类似的仅考虑水侵影响的计算方程式，只是系数 α、β 表达式略有不同，分别是：

$$\alpha = \frac{1}{G} - \delta \tag{2.50}$$

$$\beta = \frac{\delta}{G} \tag{2.51}$$

模拟得到 p_D 与 G_p 的关系如图 2.22 所示，图 2.22 中表明二项式关系的相关性较好。当 $p/Z = 0$ 时计算储量为 $2100.2 \times 10^8 \mathrm{m}^3$。模型中采用储量为 $2091.5 \times 10^8 \mathrm{m}^3$，可以看出计算结果与实际比较吻合。

将模拟结果 p_D 与 G_p/G 的关系与标准图版进行对比（图 2.23、图 2.24），得到 $\delta_D \approx 0.39$，从而进一步计算求得相应 $\omega = 1.95 \times 10^{-4}$。

根据式(2.45)得到累计水侵量表达式：

$$W_e = \delta G_p G B_{gi} + W_p B_w \tag{2.52}$$

水体储量与累计水侵量的关系可以表示为：

$$W = \frac{W_e}{(c_w + c_f)(p_i - p)} \tag{2.53}$$

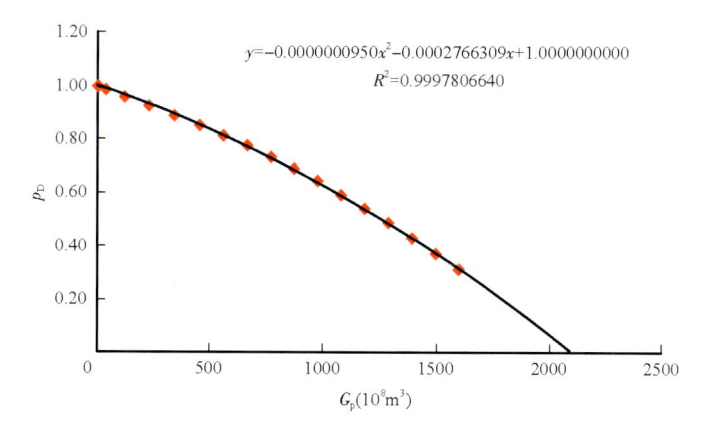

图 2.22　不考虑岩石弹性能干气气藏模拟 p_D 与 G_p 的关系

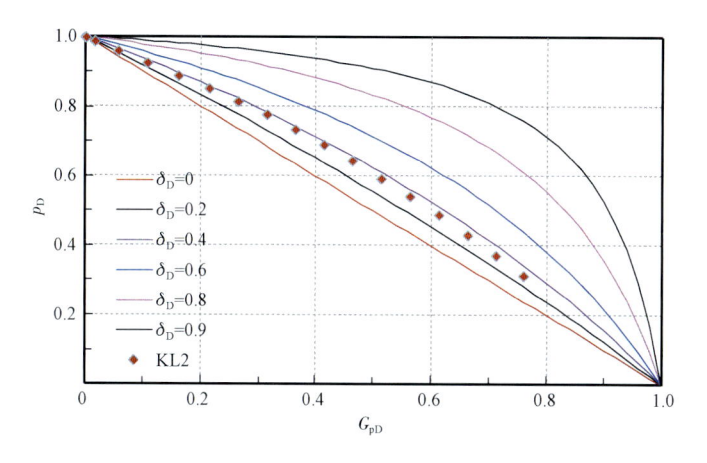

图 2.23　不考虑岩石弹性能干气气藏模拟无量纲压力 p_D 与 G_{pD} 典型图版对比

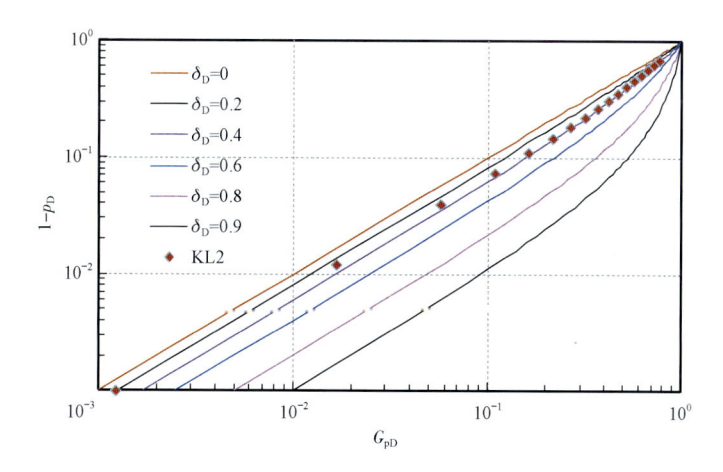

图 2.24　不考虑岩石弹性能干气气藏模拟无量纲压力 $1-p_D$ 与 G_{pD} 双对数典型图版对比

式中　W——水体储量,10^4m^3。

水体倍数表达式：

$$M = \frac{WB_{wi}(1-S_{wi})}{GB_{gi}} - S_{wi} \tag{2.54}$$

式中　M——水体倍数。

表 2.1 为运用以上方法对模拟结果进行水侵特征分析的结果,得到累计水侵量为 $1.34 \times 10^8 \text{m}^3$,水体储量为 $41.4 \times 10^8 \text{m}^3$,水体倍数 4.58。模型初始化水体体积 $41 \times 10^8 \text{m}^3$,与计算结果基本相同。

表 2.1　不考虑岩石弹性能干气气藏水侵动态分析

$p(\text{MPa})$	Z	$G_p(10^8 \text{m}^3)$	p/Z	$B_g(\text{m}^3/\text{m}^3)$	$W_p(10^4 \text{m}^3)$	$W_e(10^4 \text{m}^3)$	$W(10^4 \text{m}^3)$	M
74.48	1.4037	0	53.063	0.002619	0	0		
74.33	1.4023	2.58	53.009	0.002622	0	12	151361	1.45
72.67	1.3865	34.96	52.417	0.002651	0.0009	252	253172	2.67
68.55	1.3454	119.74	50.948	0.002728	0.0085	992	303818	3.27
63.53	1.2932	226.48	49.126	0.002829	0.0281	2018	334911	3.64
58.45	1.2391	338.60	47.177	0.002946	0.0608	3141	356247	3.89
53.84	1.1899	451.04	45.247	0.003071	0.1047	4391	386717	4.26
49.53	1.1451	555.25	43.256	0.003213	0.1572	5421	394978	4.35
45.70	1.1068	659.46	41.289	0.003366	0.2204	6576	415321	4.60
41.71	1.0692	763.96	39.007	0.003563	0.2936	7479	414877	4.59
38.06	1.0375	868.17	36.686	0.003788	0.3756	8435	421051	4.66
34.59	1.0102	972.38	34.244	0.004058	0.4665	9359	426564	4.73
31.01	0.9853	1076.59	31.468	0.004416	0.5670	9955	416295	4.61
27.83	0.9666	1181.08	28.790	0.004827	0.6790	10830	422053	4.68
24.73	0.9517	1285.29	25.982	0.005349	0.8029	11653	425820	4.72
21.52	0.9401	1389.50	22.893	0.006070	0.9410	12161	417476	4.62
18.46	0.9330	1493.16	19.783	0.007025	1.0987	12743	413525	4.57
15.55	0.9301	1593.89	16.721	0.008311	1.2875	13418	413993	4.58

2.3.2　考虑岩石弹性及水侵的物质平衡方程

由以上分析可知,岩石弹性能量、水侵能量均可以用近似关系式来描述,以下将两个因素综合,建立考虑岩石弹性及水侵作用的物质平衡方程。将描述岩石弹性能量及水侵影响综合用一个参数表示,令：

$$\omega + \delta = \lambda \tag{2.55}$$

式中　λ——综合物质平衡系数,10^{-8}m^{-3}。

式(2.46)写为:

$$\frac{p}{Z}(1 - \lambda G_p) = \frac{p_i}{Z_i}\left(1 - \frac{G_p}{G}\right) \tag{2.56}$$

根据级数表达式(2.11),式(2.56)可改写为:

$$\frac{p/Z}{p_i/Z_i} = \left(1 - \frac{G_p}{G}\right)(1 + \lambda G_p) \tag{2.57}$$

以下论证采用式(2.56)计算高压气藏物质平衡储量的可行性及求解方法。首先用考虑应力敏感性、水侵作用的干气气藏模拟结果进行计算,在模型中建立一定量的数值水体。模拟结果见表2.2。

表2.2 考虑岩石弹性及水侵干气气藏模拟结果

p(MPa)	Z	G_p($10^8 m^3$)	p/Z	$(p/Z)/(p_i/Z_i)$
74.484	1.4037	0	53.063	1.0000
74.422	1.4031	2.582	53.040	0.9996
73.773	1.3970	34.958	52.808	0.9952
72.150	1.3814	119.740	52.230	0.9843
70.142	1.3616	226.484	51.516	0.9709
67.739	1.3372	338.601	50.659	0.9547
65.197	1.3108	451.042	49.740	0.9374
62.741	1.2848	555.252	48.833	0.9203
60.150	1.2572	659.462	47.845	0.9017
57.489	1.2287	763.958	46.788	0.8817
54.588	1.1978	868.168	45.573	0.8589
51.519	1.1656	970.353	44.201	0.8330
48.527	1.1349	1069.818	42.760	0.8058
45.275	1.1027	1169.556	41.060	0.7738
42.169	1.0734	1260.311	39.285	0.7404
39.513	1.0498	1341.191	37.639	0.7093
37.615	1.0338	1403.500	36.385	0.6857
35.577	1.0176	1462.475	34.961	0.6589

由图2.25、图2.26所示结果可以看出线性相关性较好,岩石弹性能量及水侵作用可以用G_p/G的线性关系来表示。

图2.26为λ随G_p/G的变化趋势,可以看出λ近似为常数,约为3.729×10^{-4}。

根据式(2.56)也可以得到与式(2.23)类似的仅考虑水侵影响的计算方程式,只是系数α、β表达式略有不同,分别是:

$$\alpha = \frac{1}{G} - \lambda \tag{2.58}$$

(a) 笛卡儿坐标系 (b) 双对数坐标系

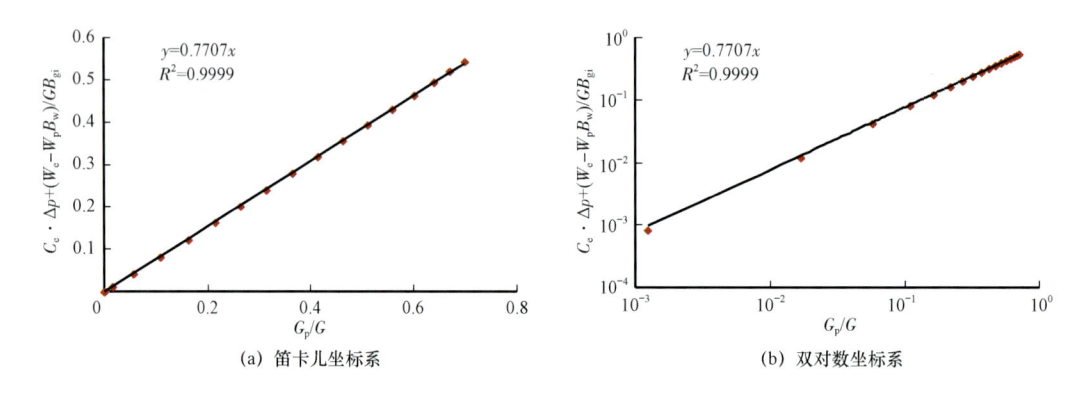

图 2.25 考虑岩石弹性及水侵干气气藏模拟 $C_e \cdot \Delta p + (W_e - W_p B_w)/GB_{gi}$ 与 G_p/G 的关系

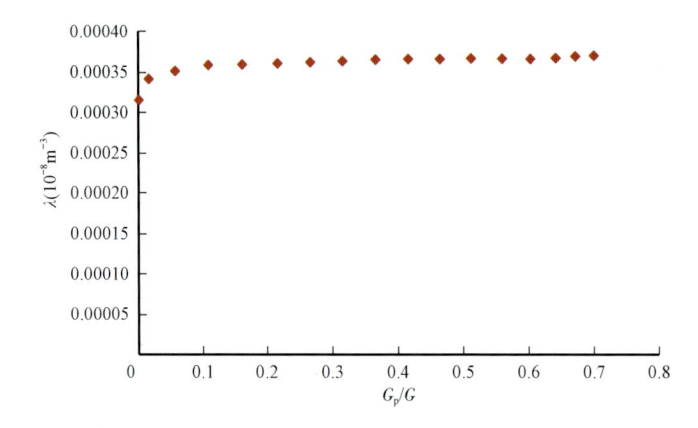

图 2.26 考虑岩石弹性及水侵干气气藏模拟 λ 与 G_p/G 的关系

$$\beta = \frac{\lambda}{G} \tag{2.59}$$

模拟得到 p_D 与 G_p 的关系如图 2.27 所示,图 2.27 中表明受水侵影响数据点后期急剧呈下坠趋势,通过曲线外插当 $p/Z=0$ 时得储量为 $2559.2 \times 10^8 \mathrm{m}^3$。拟合方程式见式(2.60)。

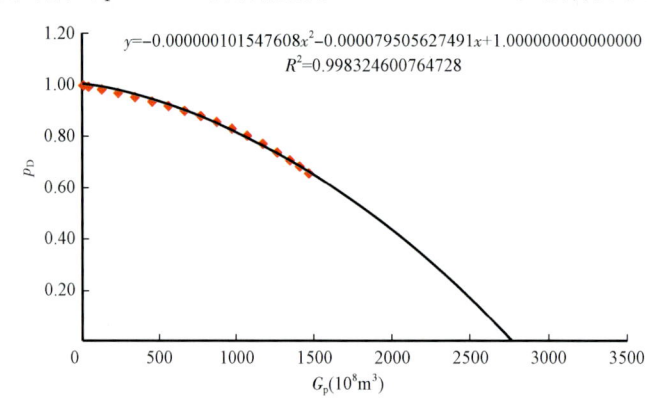

图 2.27 考虑岩石弹性及水侵干气气藏模拟 p_D 与 G_p 的关系

$$p_D = 1 - \left(\frac{1}{2771} - 2.814 \times 10^{-4}\right)G_p - \frac{2.814 \times 10^{-4}}{2771}G_p^2 \qquad (2.60)$$

将模拟结果 p_D 与 G_p/G 的关系与标准图版进行对比(图 2.28、图 2.29),得到 $\lambda_D \approx 0.78$,从而进一步计算求得相应 $\lambda = 1.95 \times 10^{-4}$。

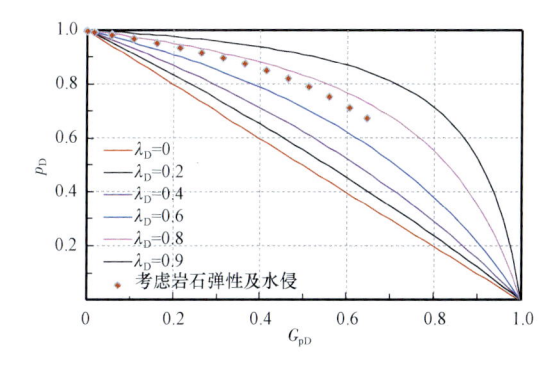

图 2.28 考虑岩石弹性及水侵干气气藏模拟无量纲压力 p_D 与 G_{pD} 典型图版对比

图 2.29 考虑岩石弹性及水侵干气气藏模拟无量纲压力 $1-p_D$ 与 G_{pD} 双对数典型图版对比

模型中所用储量为 $2091.4 \times 10^8 \text{m}^3$,以上计算结果与模型实际储量相差较大。其主要原因是物质平衡方程向二项式形式转化过程中的近似误差较大,当 $x = 0.3$ 时,$1+x$ 的误差达到了 9%(表 2.3)。$1/(1-x)$ 的级数展开见式(2.61)。

$$1/(1-x) = 1 + x + x^2 + x^3 + \cdots \quad -1 < x < 1 \qquad (2.61)$$

表 2.3 $1/(1-x)$ 近似误差分析

x	$1/(1-x)$	$1+x$ 值	误差(%)	$1+x+x^2$ 值	误差(%)
0.05	1.05	1.05	0.25	1.05	0.01
0.10	1.11	1.10	1.00	1.11	0.10
0.15	1.18	1.15	2.25	1.17	0.34
0.20	1.25	1.20	4.00	1.24	0.80
0.25	1.33	1.25	6.25	1.31	1.56
0.30	1.43	1.30	9.00	1.39	2.70
0.35	1.54	1.35	12.25	1.47	4.29
0.40	1.67	1.40	16.00	1.56	6.40
0.45	1.82	1.45	20.25	1.65	9.11
0.50	2.00	1.50	25.00	1.75	12.50
0.55	2.22	1.55	30.25	1.85	16.64
0.60	2.50	1.60	36.00	1.96	21.60

续表

x	$1/(1-x)$	1+x 值	1+x 误差(%)	$1+x+x^2$ 值	$1+x+x^2$ 误差(%)
0.65	2.86	1.65	42.25	2.07	27.46
0.70	3.33	1.70	49.00	2.19	34.30
0.75	4.00	1.75	56.25	2.31	42.19
0.80	5.00	1.80	64.00	2.44	51.20
0.85	6.67	1.85	72.25	2.57	61.41

对于定容封闭类型气藏,以及水体能量不活跃类型气藏可以采用上述方法,当水体活跃时,$\lambda_D<0.3$ 时精确度比较高,反之便不能采用如上的假设。增加近似级数项可以提高精度,但化简后的多项式项数较多,非常烦琐,因此考虑避免采用级数展开的方法,而是直接对式(2.61)运用数学方法进行非线性方程的求解,本文采用最小二乘法编写相应的计算程序对参数 p_D 及 G_p 回归曲线,得到参数 λ、G 的值。p_D 与 G_p 的关系式见式(2.62)。

$$\frac{p/Z}{p_i/Z_i} = \left(1 - \frac{G_p}{G}\right)(1 + \lambda G_p) \quad (2.62)$$

根据表 2.2 中的模拟结果进行回归求得 $\lambda = 3.4882 \times 10^4 (10^{-8} \mathrm{m}^{-3})$、$G = 2158.07 \times 10^8 \mathrm{m}^3$,模型中采用的天然气地质储量为 $2091.14 \times 10^8 \mathrm{m}^3$,与求得的储量值比较接近。图 2.30 为二项式物质平衡方程与通过最小二乘法得到的物质平衡方程的对比,从图 2.30 中可以看出最小二乘法的拟合精度明显高于二项式法。

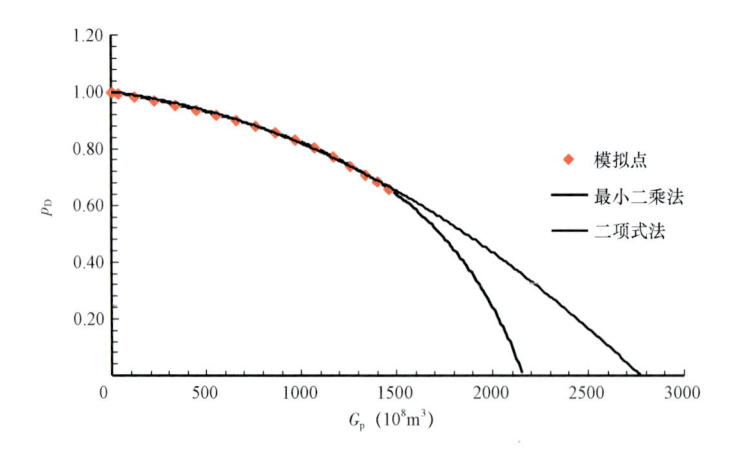

图 2.30 考虑岩石弹性及水侵干气气藏二项式法与最小二乘法拟合效果对比

2.3.3 克拉 2 气田物质平衡特征分析

2.3.3.1 物质平衡储量计算

表 2.4 为克拉 2 气田实际生产数据,根据式(2.62)用最小二乘法回归 λ、G。图 2.31 为最小二乘法与实测点对比,图 2.32 和图 2.33 分别为 $\overline{C}_e(p)(p_i-p)$ 与 G_p/G 的关系图和克拉 2

气藏实际生产参数与图版对比。最小二乘法得到的结果为 $\lambda = 3.3951 \times 10^{-12} \text{m}^{-3}$、$G = 1859.8 \times 10^8 \text{m}^3$，远低于方案设计时的地质储量，储量的减少也一定程度上解释了压力下降快、生产井见水的问题。

表 2.4　克拉 2 气田实际生产参数

$p(\text{MPa})$	Z	$G_p(10^8\text{m}^3)$	$W_p(10^4\text{m}^3)$	p/Z	$B_g(\text{m}^3/\text{m}^3)$	p_D
74.114	1.4487	0	0	51.157	0.0027141	1.0000
73.760	1.4444	14.227	0	51.066	0.0027213	0.9982
73.310	1.4389	22.715	0	50.948	0.0027276	0.9959
73.290	1.4387	34.610	0.02	50.943	0.0027279	0.9958
72.220	1.4257	72.903	0.08	50.654	0.0027434	0.9902
71.190	1.4134	92.392	0.16	50.366	0.0027591	0.9845
68.070	1.3771	175.890	0.27	49.429	0.0028115	0.9662
67.230	1.3676	193.150	0.46	49.159	0.0028269	0.9609
64.780	1.3404	265.855	0.88	48.329	0.0028754	0.9447
62.490	1.3157	312.710	1.29	47.494	0.002926	0.9284
59.860	1.2884	380.450	1.71	46.461	0.002991	0.9082
58.758	1.2772	425.703	2.12	46.005	0.0030207	0.8993
56.796	1.2578	486.609	2.54	45.156	0.0030775	0.8827
55.877	1.2489	519.201	2.95	44.742	0.0031059	0.8746
54.441	1.2352	568.684	3.37	44.075	0.0031529	0.8616
53.895	1.2301	589.966	3.78	43.815	0.0031716	0.8565

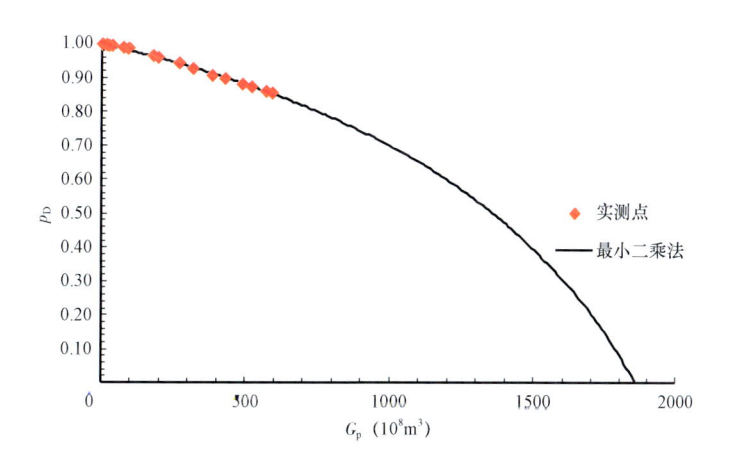

图 2.31　克拉 2 气田最小二乘法拟合与实测点对比

2.3.3.2　驱动指数及水体能量分析

根据储量计算结果可以计算出累计产量所对应的岩石及束缚水驱动指数、水侵指数、天然气弹性驱动指数。

由于 λG_p 表达式中岩石弹性与水侵是相互影响的，采用不同的储层压缩系数值则会取得不同的驱动指数分析结果。首先根据克拉 2 气田岩石应力敏感曲线对驱动指数进行分析（图 2.34），详细参数见表 2.5。实验结果表明岩石压缩系数相对较大，根据实验结果计算岩石及束缚水弹性驱动指数达到 0.0482，相应水驱指数为 0.1521，累计水侵量为 $7687.34 \times 10^4 \mathrm{m}^3$（图 2.35），水体储量 $177718 \times 10^4 \mathrm{m}^3$，水体倍数为 2.30 倍。

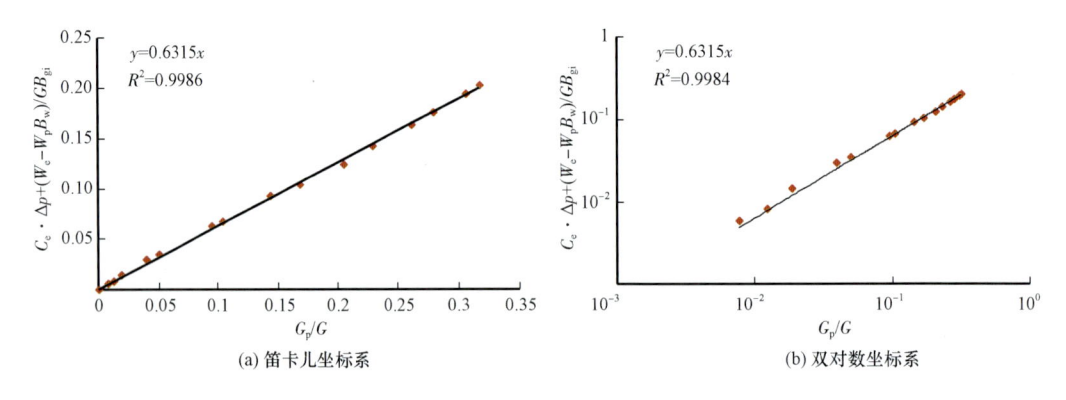

(a) 笛卡儿坐标系

(b) 双对数坐标系

图 2.32 克拉 2 气藏 $\overline{C}_e(p)(p_i - p)$ 与 G_p/G 的关系图

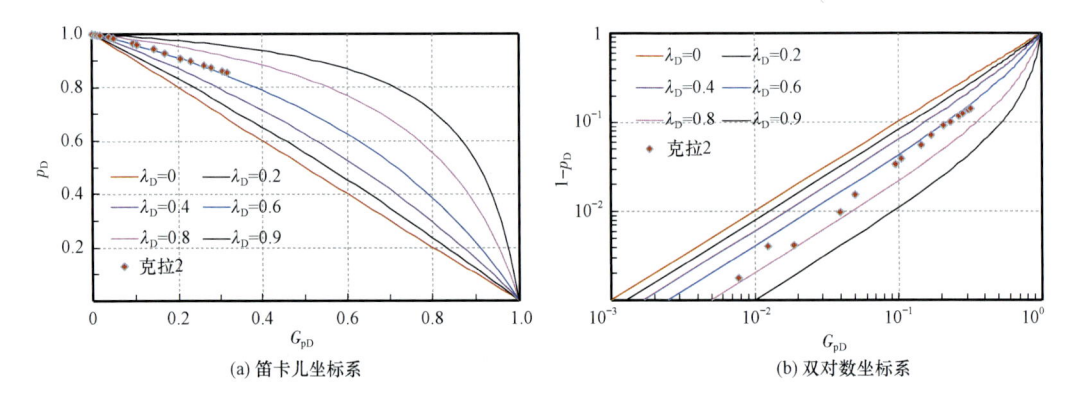

(a) 笛卡儿坐标系

(b) 双对数坐标系

图 2.33 克拉 2 气藏实际生产参数与图版对比

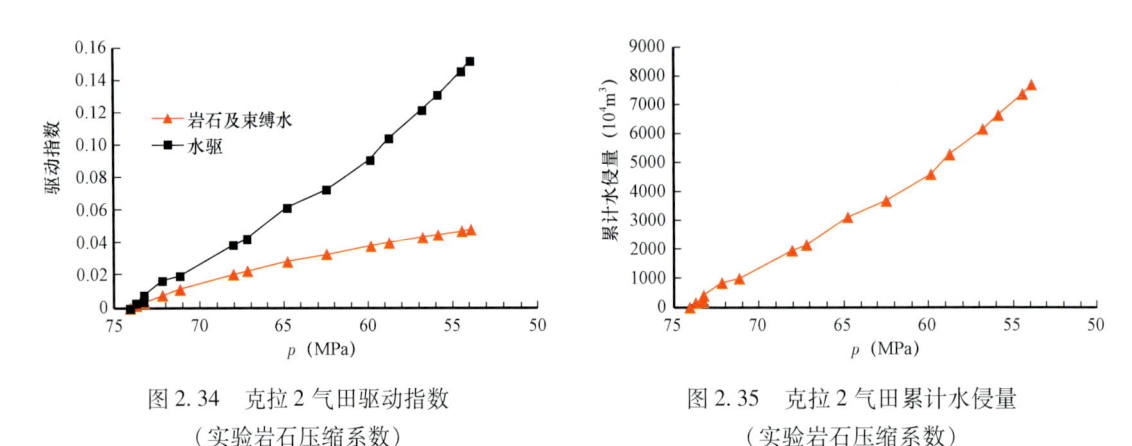

图 2.34 克拉 2 气田驱动指数
（实验岩石压缩系数）

图 2.35 克拉 2 气田累计水侵量
（实验岩石压缩系数）

表 2.5　克拉 2 气田物质平衡计算(采用实验岩石压缩系数)

p(MPa)	λG_p	ωG_p	δG_p	$W_e(10^4 m^3)$	$W(10^4 m^3)$	$M(10^4 m^3)$	C_f(MPa^{-1})	C_e(MPa^{-1})
74.114	0	0	0	0			0.00318	0.00457
73.760	0.0048	0.0016	0.0032	164.06	126624	1.56	0.00312	0.00448
73.310	0.0077	0.0035	0.0042	212.20	73624	0.80	0.00304	0.00437
73.290	0.0118	0.0036	0.0082	412.03	139617	1.75	0.00303	0.00437
72.220	0.0248	0.0078	0.0169	855.45	132415	1.65	0.00286	0.00413
71.190	0.0314	0.0115	0.0199	1005.04	105355	1.25	0.00271	0.00393
68.070	0.0597	0.0207	0.0390	1971.65	112598	1.36	0.00235	0.00342
67.230	0.0656	0.0228	0.0428	2160.65	111403	1.34	0.00227	0.00331
64.780	0.0903	0.0284	0.0618	3125.01	127746	1.58	0.00207	0.00305
62.490	0.1062	0.0331	0.0731	3692.76	128260	1.59	0.00193	0.00285
59.860	0.1292	0.0381	0.0911	4605.05	137654	1.72	0.00180	0.00267
58.758	0.1445	0.0400	0.1045	5281.82	149472	1.89	0.00175	0.00261
56.796	0.1652	0.0434	0.1218	6154.91	159433	2.04	0.00168	0.00251
55.877	0.1763	0.0450	0.1313	6636.19	165483	2.13	0.00165	0.00247
54.441	0.1931	0.0473	0.1457	7366.21	173743	2.24	0.00161	0.00241
53.895	0.2003	0.0482	0.1521	7687.34	177718	2.30	0.00159	0.00238

根据岩石压缩系数实验曲线,若假定气藏为常数压缩系数,应用 Hall 图版计算其压缩系数为 6.459×10^{-4} MPa^{-1}。计算岩石及束缚水弹性驱动指数达到 0.022,相应水驱指数为 0.1783,累计水侵量为 $9009.38 \times 10^4 m^3$,水体储量 $372607 \times 10^4 m^3$,水体倍数为 5.12 倍,详细结果见表 2.6 和图 2.36 至图 2.37。

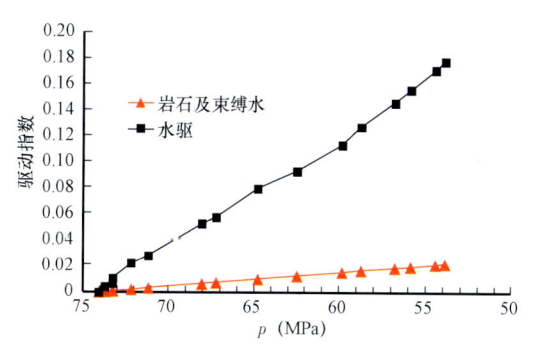

图 2.36　克拉 2 气田驱动指数（常岩石压缩系数）

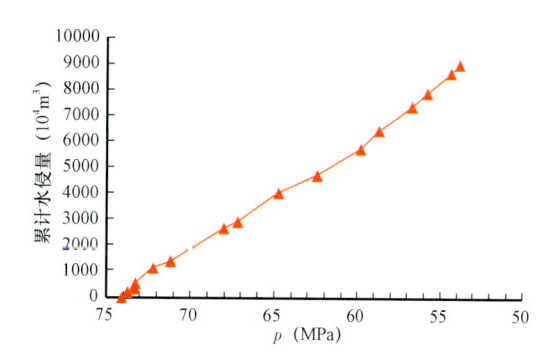

图 2.37　克拉 2 气田累计水侵量（常岩石压缩系数）

表 2.6　克拉 2 气田物质平衡计算（常数岩石压缩系数）

$p(\text{MPa})$	λG_p	ωG_p	δG_p	$W_e(10^4\text{m}^3)$	$W(10^4\text{m}^3)$	$M(10^4\text{m}^3)$	$C_f(\text{MPa}^{-1})$	$C_e(\text{MPa}^{-1})$
74.114	0	0	0	0	0	0	0.00065	0.00109
73.760	0.0048	0.0004	0.0044	224.55	531161	7.42	0.00065	0.00109
73.310	0.0077	0.0009	0.0068	345.35	359400	4.93	0.00065	0.00109
73.290	0.0118	0.0009	0.0109	548.30	556751	7.79	0.00065	0.00109
72.220	0.0248	0.0021	0.0227	1146.23	506190	7.06	0.00065	0.00109
71.190	0.0314	0.0032	0.0282	1423.86	407259	5.63	0.00065	0.00109
68.070	0.0597	0.0066	0.0531	2684.30	371405	5.11	0.00065	0.00109
67.230	0.0656	0.0075	0.0581	2934.27	356447	4.89	0.00065	0.00109
64.780	0.0903	0.0102	0.0801	4046.79	362553	4.98	0.00065	0.00109
62.490	0.1062	0.0127	0.0935	4724.73	339895	4.65	0.00065	0.00109
59.860	0.1292	0.0155	0.1136	5742.17	336868	4.61	0.00065	0.00109
58.758	0.1445	0.0167	0.1278	6458.10	351683	4.82	0.00065	0.00109
56.796	0.1652	0.0189	0.1463	7395.11	357084	4.90	0.00065	0.00109
55.877	0.1763	0.0199	0.1564	7903.94	362419	4.98	0.00065	0.00109
54.441	0.1931	0.0215	0.1716	8674.01	368696	5.07	0.00065	0.00109
53.895	0.2003	0.0220	0.1783	9009.38	372607	5.12	0.00065	0.00109

2.3.4　单井控制储量分析

由于不需要首先计算水侵量，以上方法同样可以方便地应用于单井控制储量的计算，计算时所需的参数是单井静压、累计产气量以及相应的偏差系数。以 KL2 – 4 井为例来分析动态储量计算，图 2.38 为二项式方法得到的物质平衡曲线，得到控制储量为 $220.9 \times 10^8 \text{m}^3$，图 2.39 为通过最小二乘法得到的物质平衡曲线，控制储量为 $147.67 \times 10^8 \text{m}^3$，无量纲压力与累计产量表达式如下：

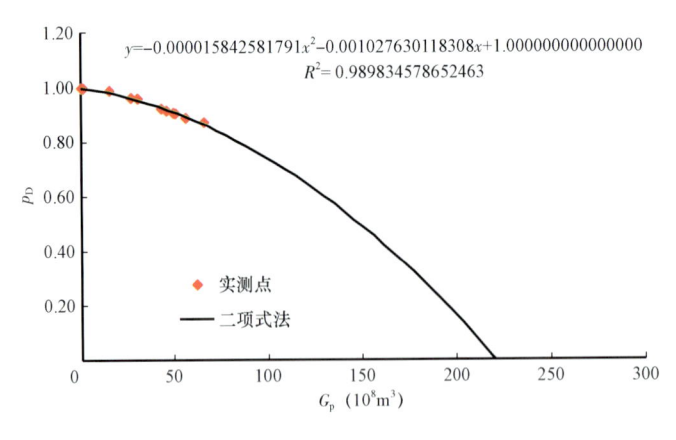

图 2.38　KL2 – 4 井二项式物质平衡分析

$$p_D = \left(1 - \frac{G_p}{147.67}\right)(1 + 5.455 \times 10^{-3} G_p) \tag{2.63}$$

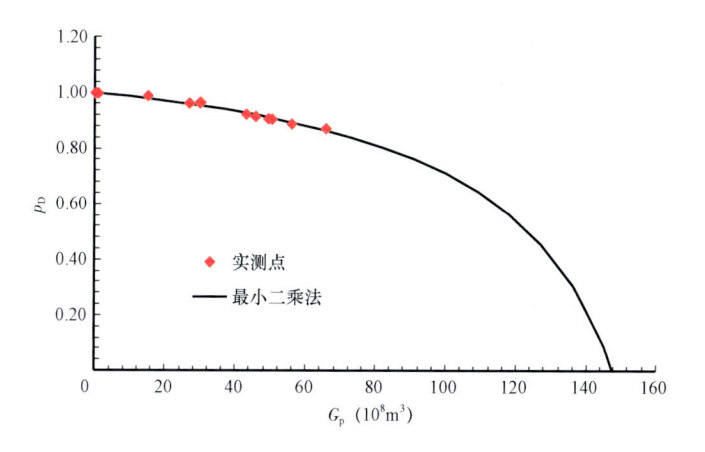

图 2.39　KL2-4 井最小二乘法物质平衡分析

从图 2.40、图 2.41 中可以近似得到 $\lambda_D = 0.8$，看出其水侵指数比较大。考虑岩石压缩系数随压力变化的条件下，该井水驱指数达到 0.3，累计水侵量 $1239.2 \times 10^4 \mathrm{m}^3$，单井对应水体储量为 $2.9 \times 10^8 \mathrm{m}^3$，水体倍数为 5.01。

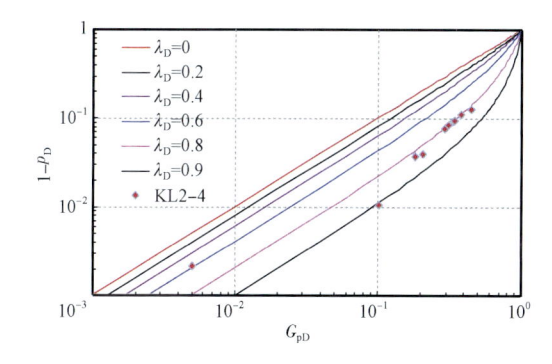

图 2.40　KL2-4 井 $1 - p_D$ 与 G_{pD} 双对数关系

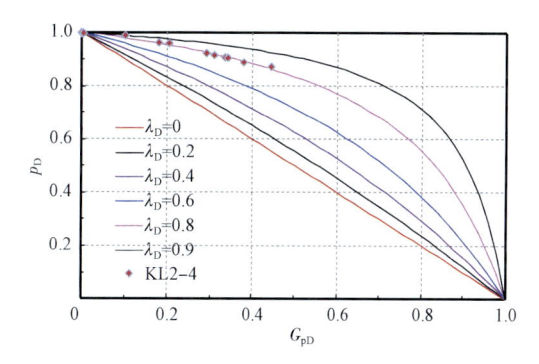

图 2.41　KL2-4 井 p_D 与 G_{pD} 笛卡儿坐标系下关系

第3章 高压气田开发规律

超高压气藏开发规律的研究不仅能够清楚地认清超高压气藏目前开发中存在的问题,而且对气藏的开发政策调整提供方向,本章建立了大型高压气田压力、产能变化评价方法,分析了大型高压气田压力、产能变化规律以及不同因素对压力、产能的影响。

3.1 高压气田压力变化规律

地层压力是气田开发的灵魂,是描述气藏类型、计算地质储量、了解气藏开发动态以及预测未来动态的一项必不可少的基础数据,它直接反映地层能量的大小,决定了气田开发效果的好坏以及开发寿命的长短。

截止到2015年6月,克拉2气田录取了143井次的井口压力和井底压力恢复测试资料,历年测试次数分布如图3.1和表3.1所示,对于井口压力测试资料需要通过井筒压力—温度耦合模型进行计算。

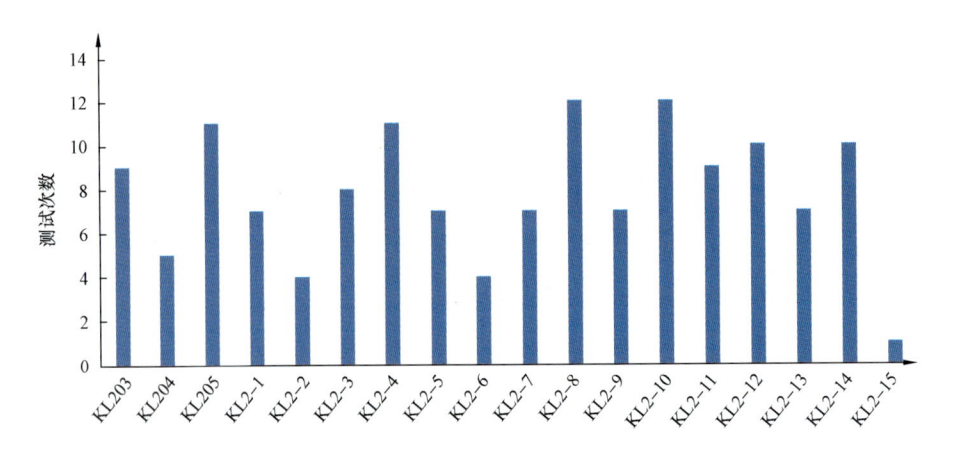

图3.1 克拉2气田单井历年测试地层压力次数柱状图

3.1.1 高压气藏压力—温度耦合计算方法

气体从井底流动到井口的过程,是温度、压力同时发生变化的过程。随着温度和压力的变化,气井的性质也会产生相应的变化,其变化主要在于气体的PVT物性。在气体流经井筒过程中,环境条件对气体流动有着重要影响,在这些因素中温度环境是至关重要的。温度环境包括地面温度和深度、恒温层温度和深度、变温层温度和深度以及井底温度本身,变温层指的是由于气体在井筒中的流动,使得近井筒周围的温度发生了一定的变化,存在这种变化的地层称为变温层。从以上分析可知,建立准确的预测井筒温度分布模型是计算井筒压力分布的关键工作。

表3.1 克拉2气田单井历年井底压力测试数据

井名	2005.10	2006.06	2006.09	2007.06	2007.07	2008.03	2008.09	2009.04	2009.09	2010.04	2010.09	2011.05	2011.09	2012.05	2012.09	2013.06	2013.09	2014.07	2015.05
KL203	73.4	72.11	71.06	67.75		64.47	61.85		58.37	56.85					51.64				
KL204		73.04	72.04	68.80		65.83	62.87												
KL205	73.8	72.4	71.34	67.86				59.87	58.70	56.43		53.86			51.40	49.13		47.85	
KL2-1				67.69					58.67		54.87	54.70			52.24	50.33		46.96	
KL2-2			71.45	67.55							55.48			52.53					
KL2-3	73.9	72.11	71.46	67.75	67.53	64.62		58.73			55.64		53.68						
KL2-4		72.28	71.06	67.69	67.30	62.11		59.95	58.48		55.48		53.43	52.24					
KL2-5			70.9	67.68	67.20				58.52			53.97			51.88		49.59		
KL2-6			70.82	67.41								54.35			51.90				
KL2-7	73.51	71.82	71.26	67.30	67.00			59.45					54.68						
KL2-8	73.15	72.13	72.75	66.82	66.74			59.30		56.12		55.40	54.69		52.40			47.76	46.30
KL2-9				68.28	67.11	64.28		59.77	58.57				54.03	52.89	52.12	50.16	49.53	47.78	46.97
KL2-10		72.5	71.38	68.25		65.37	62.59	60.57	58.92	55.77			53.88					48.31	
KL2-11		71.96	71.04	67.9			62.4	59.97	58.96	55.71		54.48					49.95		
KL2-12		72.2	71.88	67.87		64.55	62.04	60.01	58.40	55.76					52.04		49.98	47.91	
KL2-13			71.21	67.86		64.31	62.4	59.81	58.88										
KL2-14	71.6	70.39	67.7					59.72	58.31	56.56			54.55		52.43				
KL2-15															52.03				

— 75 —

气体的密度是压力和温度的函数,压力折算应当与温度的计算相耦合。在井筒中不存在流动的时候,只需要考虑到气柱的重力;一旦存在流动,高压气井气体的流动速度相当大,流动过程中产生的摩擦阻力损失也较为明显,在气体的能量损失中将会占很大的比例,因此,摩阻损失也是重点考虑的因素。

由于克拉2气田属于深层高压气藏,其井筒流动是不稳态热流问题,因此本文综合考虑了流体性质沿井筒的变化、环境温度对井筒温度的影响。地层温度梯度是非均匀的,传热性质可以不同,通过联立能量守恒方程、动量守恒方程、质量守恒方程,建立了考虑井筒中传热以及井筒与地层传热均是不稳定的压力—温度耦合计算模型。建立模型过程中做如下假设:(1)井身结构在整个气井的寿命过程中是不变的;(2)井筒中流体的温度向外扩散是径向的;(3)井筒中套筒温度向外扩散是固定不变的。

3.1.1.1 模型的建立

(1)能量守恒方程的建立。

取井底为坐标原点,垂直向上为正,在油管上取单位长度的微元控制体,能量平衡方程表示为热传导损失于地层中的热量加上流出单位长度控制体的能量(图3.1)。流入微元体的热量-流出微元体的热量-向第二界面径向传递的热量=微元体内热量的变化量。根据流体内能 E、流体焓 H、流体的质量流速、控制体内的质量、内能以及井筒系统内能损失,建立能量平衡方程如式(3.1)所示:

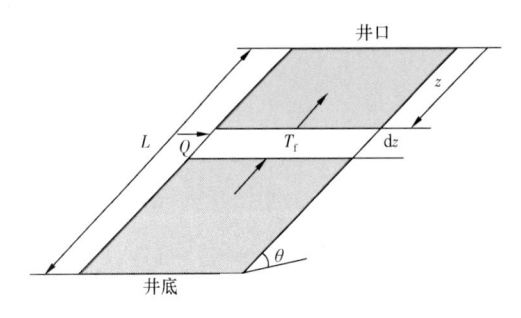

图3.2 井筒气体能量守恒方程

L—井筒长度,m;Q—单位长度控制体在单位时间内的热损失,J/(m·s);T_f—井筒流体温度,℃;z—微元 dz 到井口的距离,m;dz—流体微元,m;θ—井筒与地面夹角,(°)

$$Q = \frac{d(mE)}{dt} + \frac{d(m'E')}{dt} - \frac{d}{dz}\left[w\left(H + \frac{v^2}{2} - gz\sin\theta\right)\right] \tag{3.1}$$

式中 Q——单位长度控制体在单位时间内的热损失,J/(m·s);

m——流体质量,kg;

E——地层流体内能,J;

m'——井筒流体质量,kg;

E'——井筒内流体内能,J;

z——微元 dz 到井口的距离,m;

t——时间,s;

w——流体(油、气、水)质量流量,kg/s;

v——流速,m/s;

H——流体焓变,J/kg;

g——重力加速度,m/s^2;

θ——井筒与地面夹角,(°)。

方程的右边第一项表示内能的变化量,右边第二项表示被套管和水泥环吸收的能量,此项在计算井筒和地层热交换中是非常重要的一部分，漏掉后将会导致较大的计算误差。

从井筒向地层传热表示为：

$$Q = -wc_p(T_f - T_{ei})L_R \tag{3.2}$$

式中　c_p——井筒流体定压比热，J/(kg·℃)；
　　　T_f——井筒流体温度，℃；
　　　T_{ei}——原始地层温度，℃。

方程(3.2)中 L_R 定义为松弛距离参数，其表达式如下：

$$L_R = \frac{2\pi}{c_p w}\left[\frac{r_{to}U_{to}k_e}{k_e + r_{to}U_{to}f(t)}\right] \tag{3.3}$$

式中　r_{to}——油管外半径，m；
　　　U_{to}——总传热系数，J/(s·m²·℃)；
　　　k_e——地层导热系数，J/(s·m·℃)。

这里 $f(t)$ 表示温度分布函数，其表达式为：

$$f(t) = \ln[e^{-0.2t_D} + (1.5 - 0.371)e^{-t_D}\sqrt{t_D}] \tag{3.4}$$

无量纲时间：

$$t_D = at/r_w^2 \tag{3.5}$$

式中　r_w——井眼半径，m。

导温系数：

$$a = k_e/(\rho_e c_e) \tag{3.6}$$

式中　ρ_e——地层密度，kg/m³；
　　　c_e——地层比热容，J/(kg·k)。

在早期的开井生产中质量流速 w 随着井筒深度而变化，单相气体亦是如此，则 $d(wH)/dz \neq wdH/dz$，然而流速稳定的时间要比温度稳定早得多，当高压气井生产达到稳定后，假定质量流速不再依赖于井筒深度的变化，认为是独立于井筒深度，则方程(3.1)可以改写为以下形式：

$$\frac{d}{dz}\left[w\left(H + \frac{v^2}{2} - gz\sin\theta\right)\right] = w\left(\frac{dH}{dz} + v\frac{dv}{dz} - g\sin\theta\right)$$
$$= w\left(c_p\frac{dT_f}{dz} - C_J c_p\frac{dp}{dz} + v\frac{dv}{dz} - g\sin\theta\right) \tag{3.7}$$

式中　C_J——焦耳—汤姆逊系数，℃/MPa。

公式(3.2)被控制体中的内能焓 H 所替换，被替换的还有压力和体积。同时根据质量守恒，被环空和水泥环吸收的热量与井筒中的能量变化量成比例关系，这个比例被 A S HaSan 定义为：

$$m'E' = C_T mE \tag{3.8}$$

则方程(3.1)右边前两项可以改写成:

$$\frac{\mathrm{d}}{\mathrm{d}t}(mE + m'E') = \frac{\mathrm{d}}{\mathrm{d}t}[mc_p T_f(1 + C_T)] \tag{3.9}$$

C_T 被定义为热存储系数,$C_T = m'E'/mE$,不同井的 C_T 值是不同的,将关井压力恢复时 C_T 取值为 2.0,结合焦耳—汤姆逊效应和动能影响,用一个新符号 ϕ 来表示这两部分。则流体温度随时间变化的方程可以写为:

$$\frac{\mathrm{d}T_f}{\mathrm{d}t} = \frac{wc_p L_R}{mc_p(1+C_T)}(T_{ei} - T_f) + \frac{wc_p}{mc_p(1+C_T)}\left(\frac{\mathrm{d}T_f}{\mathrm{d}z} + \phi - \frac{g\sin\theta}{c_p}\right) \tag{3.10}$$

方程中 T_{ei} 表示原始地层温度,表达式为:

$$T_{ei} = T_{eiwh} + g_G z \tag{3.11}$$

式中 T_{eiwh}——井口处地层温度,℃;

g_G——地温梯度,℃/m。

方程(3.11)表明流体温度是时间和深度的函数,对于稳定流动状态,流体温度只随井筒深度变化,$\mathrm{d}T_f/\mathrm{d}z$ 等于地层的地温梯度,陈林等(2017)给出了稳定流动时的温度表达式。然而通常情况下,$\mathrm{d}T_f/\mathrm{d}z$ 并不完全等于地层温度梯度。

$$T_f = T_{ei} + \frac{1 - e^{(z-L)L_R}}{L_R}\left(g_G\sin\theta + \phi - \frac{g\sin\theta}{c_p}\right) = T_{ei} + \frac{1 - e^{(z-L)L_R}}{L_R}\Psi \tag{3.12}$$

式(3.12)中:

$$\Psi = g_G\sin\theta + \phi - \frac{g\sin\theta}{c_p} \tag{3.13}$$

稳定状态下方程(3.12)可以写为:

$$\frac{\mathrm{d}T_f}{\mathrm{d}z} = \frac{\mathrm{d}T_{ei}}{\mathrm{d}z} - \frac{\mathrm{d}e^{(z-L)L_R}}{\mathrm{d}z}\Psi = g_G\sin\theta - e^{(z-L)L_R}\Psi \tag{3.14}$$

假定方程(3.11)可以将 $\mathrm{d}T_f/\mathrm{d}z$ 用到不稳定流动模型,则方程(3.10)表示为:

$$\frac{\mathrm{d}T_f}{\mathrm{d}z} = \frac{wc_p L_R}{mc_p(1+C_T)}(T_{ei} - T_f) + \frac{wc_p}{mc_p(1+C_T)}\left[g_G\sin\theta - e^{(z-L)L_R}\Psi + \phi - \frac{g\sin\theta}{c_p}\right] \tag{3.15}$$

在此引入传热学的集中参数表达:

$$a = \frac{wc_p L_R}{mc_p(1+C_T)} \tag{3.16a}$$

$$b = \frac{wc_p[1 - e^{(z-L)L_R}]\psi}{mc_p(1+C_T)} = \frac{a[1 - e^{(z-L)L_R}]\Psi}{L_R} \tag{3.16b}$$

然后根据方程(3.15)积分整理得到:

$$T_\text{f} = -\frac{b}{a}\text{e}^{-at} + T_\text{ei} + \frac{a}{b} \tag{3.17}$$

当时间 $t=0$ 时, $T_\text{f}=T_\text{ei}$, 则方程(3.17)的解为:

$$T_\text{f} = -\frac{b}{a}\text{e}^{-at} + T_\text{ei} + \frac{a}{b} = T_\text{ei} + \frac{1-\text{e}^{-at}}{L_\text{R}}[1-\text{e}^{(z-L)L_\text{R}}]\Psi \tag{3.18}$$

从式(3.18)中可以得出,对于长时间的开井生产,即 t 值比较大的情况,e^{-at} 便趋近于 0, 方程便变成稳定流动的方程。

在关井测试的时候,动能可以忽略掉,当关井后质量流量 w 变成 0,能量平衡方程变成:

$$Q = \frac{\text{d}(mE)}{\text{d}t} + \frac{\text{d}(m'E')}{\text{d}t} \tag{3.19}$$

井筒中传热量变成:

$$Q = c_\text{p}(T_\text{ei}-T_\text{f})L'_\text{R} \tag{3.20}$$

松弛距离变为 L'_R, 由于省去了 w 可以写成:

$$L'_\text{R} = \frac{2\pi}{c_\text{p}}\left[\frac{r_\text{to}U_\text{to}k_\text{e}}{k_\text{e}+r_\text{to}U_\text{to}f(t)}\right] \tag{3.21}$$

联立式(3.19)、式(3.20)、式(3.21)三个方程和方程(3.7)可以得到:

$$\frac{\text{d}T_\text{f}}{\text{d}t} = \frac{L'_\text{R}}{m(1+C_\text{T})}(T_\text{ei}-T_\text{f}) \tag{3.22}$$

解方程(3.22)得:

$$T_\text{f} = IC\text{e}^{-at} + T_\text{ei} \tag{3.23}$$

类似于前述方程(3.16a),引入传热学的集中参数 a', 表达式为:

$$a' = \frac{L'_\text{R}}{m(1+C_\text{T})} \tag{3.24}$$

使用初始条件 $T_\text{f}=T_\text{fo}$(流体温度是关井时的温度),当 $\Delta t=0$,可以获得关井时的流体温度:

$$T_\text{f} = (T_\text{fo}-T_\text{ei})\text{e}^{-a't} + T_\text{ei} \tag{3.25}$$

(2)动量守恒方程、质量守恒方程。

根据流体力学分析,气体在井筒内的流动可用质量守恒方程、动量守恒方程、真实气体定律来描述。首先将气相管流考虑为稳定的一维流动问题,在井筒中取一微元体。如图 3.3 所示,以井筒轴线为坐标轴 z, 规定坐标轴正向与流向一致,定义斜角 θ 为坐标轴 z 与水平方向的夹角。

根据物理学的动量定理可知,对于某一单元深度的动

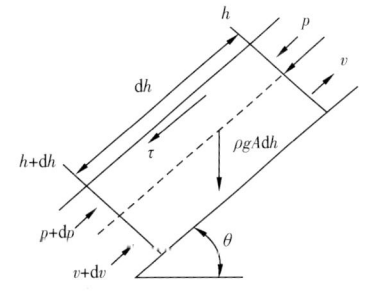

图 3.3 管压降流示意图

p—压力,MPa;v—流体速度,m/s;
h—井筒长度,m;τ—管壁摩擦阻力;
e—流体密度,kg/m^3;g—重力加速度,m/s^2;A—井筒横截面积,m^2;
θ—井筒与地面夹角,(°)

量守恒方程,作用于单元体的外力之和应等于流体动量的变化,即:

$$\sum F_z = \rho A \mathrm{d}h \frac{\mathrm{d}v}{\mathrm{d}t} \tag{3.26}$$

作用于单元体的外力包括重力沿 z 轴的分力($\rho g A \mathrm{d}h \sin\theta$)、压力$[pA - (p + \mathrm{d}p)A]$、管壁摩擦阻力$\left(\frac{\lambda \rho v^2}{2d}\right)$,将这几个力代入式(3.26)中并整理得到一维动量守恒方程的微分表达式:

$$-\frac{\mathrm{d}p}{\mathrm{d}h} = \rho v \frac{\mathrm{d}v}{\mathrm{d}h} + \rho g \sin\theta + \frac{\lambda \rho v^2}{2d} \tag{3.27}$$

式中　λ——阻力系数;

　　　d——井筒直径,m。

假设无流体通过管壁流出和流入,即流过流动管道的质量流量保持恒定,由质量守恒得到方程(3.28):

$$\frac{\mathrm{d}(\rho v A)}{\mathrm{d}h} = 0 \tag{3.28}$$

即:

$$\frac{\rho \mathrm{d}v}{\mathrm{d}h} = \frac{v \mathrm{d}\rho}{\mathrm{d}h} \tag{3.29}$$

真实气体状态方程描述了气体压力、体积和温度之间的关系,干气气体密度可由气体状态方程表示为:

$$\rho = \frac{Mp}{ZRT_\mathrm{f}} = 3484.48\gamma \frac{p}{ZT_\mathrm{f}} \tag{3.30}$$

式中　M——气体分子量;

　　　R——通用气体常数,$R = 0.008314\mathrm{MPa} \cdot \mathrm{m}^3/(\mathrm{kmol} \cdot \mathrm{K})$;

　　　γ——气体相对密度。

根据以上温度模型和动量守恒方程、质量守恒方程联立可以表示为压力、温度、流速和密度梯度的方程组,即井筒压力与温度分布的耦合模型,其模型如下:

$$\begin{cases} 开井温度:T_\mathrm{f} = -\frac{b}{a}\mathrm{e}^{-at} + T_\mathrm{ei} + \frac{b}{a} = T_\mathrm{ei} + \frac{1 - \mathrm{e}^{-at}}{L_\mathrm{R}}[1 - \mathrm{e}^{(z-L)L_\mathrm{R}}]\psi \\ 关井温度:T_\mathrm{f} = (T_\mathrm{fo} - T_\mathrm{ei})\mathrm{e}^{-a't} + T_\mathrm{ei} \\ 动量守恒:-\frac{\mathrm{d}p}{\mathrm{d}h} = \rho v \frac{\mathrm{d}v}{g_\mathrm{c}\mathrm{d}h} + \frac{\rho g \sin\theta}{g_\mathrm{c}} + \frac{\lambda \rho v^2}{2g_\mathrm{c}d} \\ 质量守恒:\frac{\rho \mathrm{d}v}{\mathrm{d}h} = \frac{v \mathrm{d}\rho}{\mathrm{d}h} \\ 流体密度:\rho = \frac{Mp}{ZRT_\mathrm{f}} = 3484.48\gamma \frac{p}{ZT_\mathrm{f}} \end{cases} \tag{3.31}$$

通过求解上述模型,便可获得任意时间和任意位置的压力和温度。在求解过程中,确定 L_R 值涉及时间离散点上的 Q_i, Q_i 既是时间与位置的函数,也与任意时刻的传热量有关,即井筒不稳态传热问题。由此所建立模型即为考虑井筒和地层不稳定传热的开井、关井压力—温度耦合模型。

3.1.1.2 井筒压力—温度耦合模型计算步骤

建立的压力—温度耦合模型中压力、温度均为变量,因此本文采用压力与温度耦合进行关联计算,即采用双重迭代的方式来获得整个井筒的温度和压力分布,外循环求温度,内循环求压力,其单相气体井筒流压计算步骤如图3.4所示。

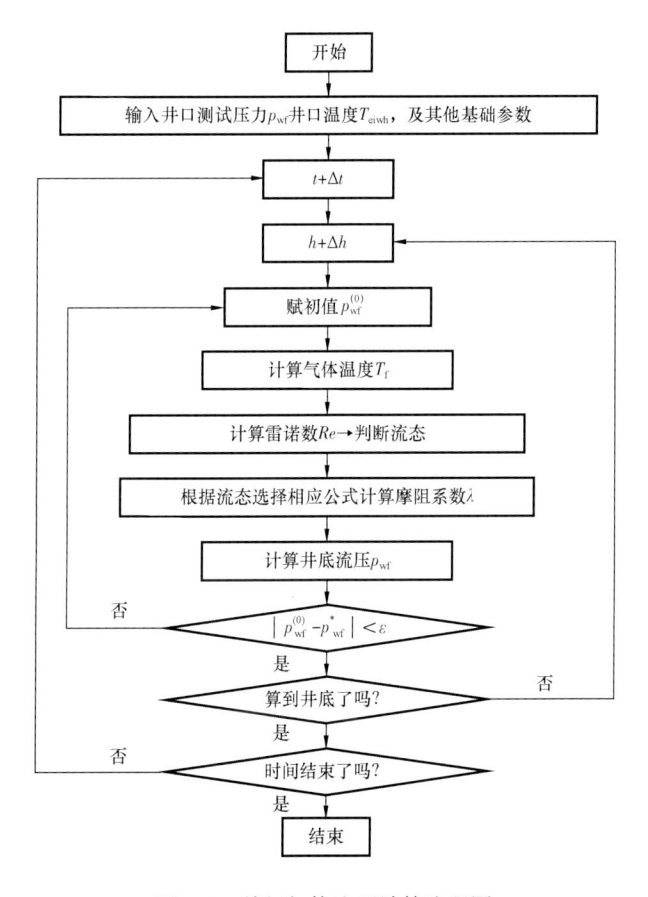

图 3-4 单相气体流压计算流程图

具体求解方法和步骤如下:

(1) 输入井口测试压力 p_{tf}、生产时的井口温度 T_{eiwh}、井身结构数据、产气量、气体相对密度等参数;

(2) 给定时间步长 Δt,给定深度步长 Δh;

(3) 井底流压赋初值,$p_{wf}^{(0)} = p_{tf} + \dfrac{p_{tf} \Delta h}{12192}$;

(4) 利用步骤(3)的初值 $p_{wf}^{(0)}$,根据模型中的生产温度计算公式计算气体温度 T_f;

(5)计算雷诺数 Re,判断流体的流态,根据流态选用计算公式计算管流摩阻系数 λ;

(6)用步骤(4)计算得到的气体温度 T_f 以及步骤(5)计算的 λ,代入模型中的压力梯度计算公式,计算井底流压 p_{wf}^*,比较 $|p_{wf}^{(0)} - p_{wf}^*| < \varepsilon$,判断井底静压是否达到精度要求,如未达到精度要求,则返回步骤(3),否则进行下一步直到算到井底,再判断时间是否结束,时间结束则停止计算,否则返回步骤(2)直到时间结束。

关井井底静压、温度计算流程框图如图 3.5 所示,计算步骤如下:

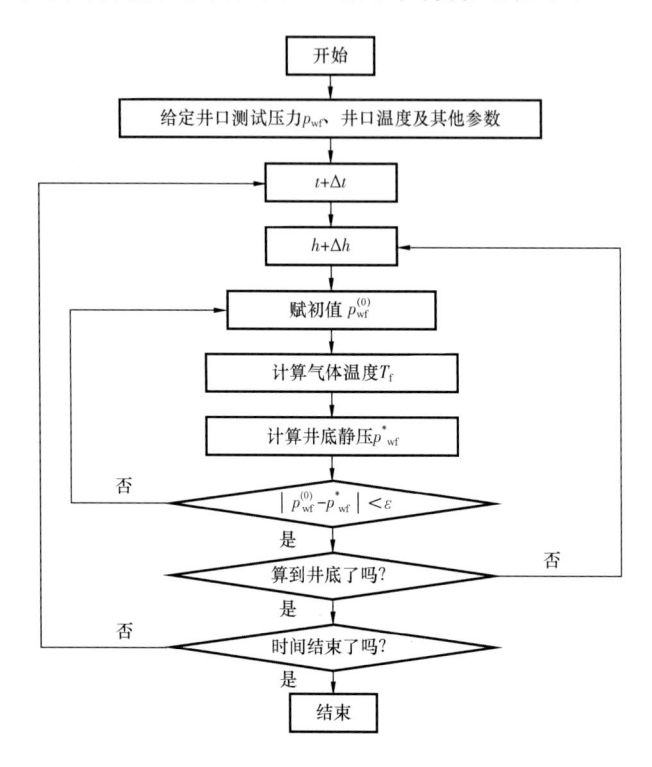

图 3.5 单相气体静压、温度计算框图

(1)输入井口测试压力 p_{ts}、生产时的井口温度 T_f、井身结构数据、产气量、气体相对密度等参数;

(2)给定时间步长 Δt,给定深度步长 Δh;

(3)给井底静压赋初值, $p_{wf}^{(0)} = p_{tf} + \dfrac{p_{ts}\Delta h}{12192}$;

(4)利用步骤(3)的初值 $p_{wf}^{(0)}$,计算气体温度 T_f;

(5)利用步骤(4)计算得到的气体温度 T_f,根据公式计算井底静压 p_{ws}^*,比较 $|p_{ws}^{(0)} - p_{ws}^*| < \varepsilon$,判断井底静压是否达到精度要求,如未达到精度要求,则返回步骤(3),否则进行下一步直到算到井底,再判断时间是否结束,时间结束则停止计算,否则返回步骤(2)直至到时间结束。

3.1.1.3 参数敏感性分析

在计算井底压力过程中当某一参数不能完全确定时,则需要进行敏感性分析,此目的是确定该参数对压力、温度计算影响的程度,其中主要考虑对压力计算影响的程度。影响压力、温度的因素较多,主要有气体偏差系数、流量、气体相对密度、地温梯度、环空和水泥环的导热系数等。在此以 KL205 井为例,进行敏感性分析,其基本参数见表3.2 至表3.4。

表3.2 KL205 井气体组成及物性参数

组分	摩尔分数(%)	特征参数	
二氧化碳	0.706	临界温度(K)	193.18
氮气	0.595	临界压力(MPa)	4.9
甲烷	98.074	气体相对密度	0.567
乙烷	0.536		
丙烷	0.042		
异丁烷	0.003		
正丁烷	0.006		
异戊烷	0.003		
正戊烷	0.003		
己烷	0.002		
庚烷	0.023		
辛烷	0.007		
壬烷	—		
癸烷	—		
十一烷以上	—		

表3.3 KL205 井井筒及地层参数

测试井深(m)	3909.0	井眼半径(m)	0.0889
油管内径(m)	0.09525	油管外径(m)	0.173
套管内径(m)	0.175	套管外径(m)	241.938
环空流体导热系数[W/(m·K)]	0.032	水泥环导热系数[W/(m·K)]	1.7
地层导热系数[W/(m·K)]	2.219	地层热扩散系数(m^2/s)	7.5×10^{-5}
地温梯度(℃/m)	0.0245		

表3.4 KL205 井测试时流动参数

测试时间	气体产量(10^{4}m^3/d)	井口压力(MPa)	井口温度(℃)	井底温度(℃)
2005.02.06~2005.02.13	113.51	60.90	66.30	100
2006.03.18~2006.03.29	171.03	53.55	71.50	100
2006.05.11~2006.05.16	197.69	49.81	74.05	100

(1)流速的影响。

取井口流速分别为 $v=8.6\text{m/s}$、$v=13.6\text{m/s}$、$v=16.4\text{m/s}$,得到井筒压力、温度分布如图3.6 和图 3.7 所示。图 3.6 和图 3.7 中显示气体流速(产量)对压力、温度有明显的影响。随着流速(产量)的增加,井口压力降低,井底流压略有降低,但降低幅度低于井口压力降低幅度。其原因是产量增加,气体流速随之增大,导致摩阻压降增大,同时摩擦产生的热量增加,井口温差增大。

(2)气体相对密度的影响。

气体相对密度 r_g 分别取 0.5、0.7、0.9,计算得到的井筒压力、温度分布如图 3.8 和图 3.9 所示。由图 3.8 和图 3.9 可见,井筒压力随相对密度的增加而增加,越到井底,压力增加幅度越大,相对密度对井筒压力的影响比较明显,主要因为相对密度增加,气体密度随之增加,导致重力压降增加。随着气体相对密度增加,井筒温度变化比较明显,井口温度由 66℃ 增加到 78℃,这是由于气体相对密度增加,比热也随之增加,导致井口温度增加,随深度增加,温度增加的幅度减小。

(3)地温梯度的影响。

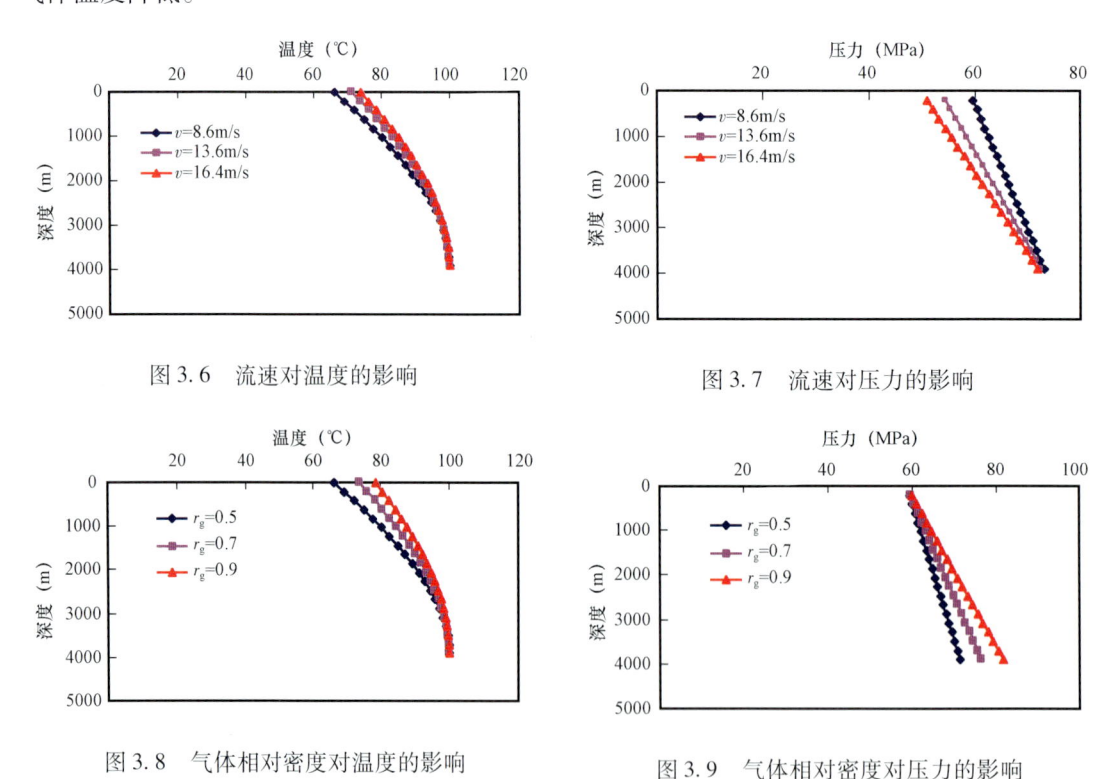

地温梯度 g_t 分别取 0.022℃/m、0.024℃/m、0.026℃/m,得井筒压力、温度分布如图 3.10 和图 3.11 所示。从图 3.10 和图 3.11 中可得,地温梯度会对井筒压力分布产生微弱的影响,地温梯度由 0.022℃/m 变化到 0.026℃/m 时,井口压力由 73.176MPa 降到 73.111MPa。井筒温度分布比压力分布对地温梯度要敏感,地温梯度由 0.022℃/m 变化到 0.026℃/m 时,井口温度由 66.3℃ 增加到 70.6℃。地温梯度越大,气体和地层之间的温差越大,传热量增加,引起气体温度降低。

图 3.6 流速对温度的影响

图 3.7 流速对压力的影响

图 3.8 气体相对密度对温度的影响

图 3.9 气体相对密度对压力的影响

(4)地层导热系数的影响。

地层导热系数分别取 $K_e = 2.219\text{W}/(\text{m}\cdot\text{K})$、$K_e = 3.219\text{W}/(\text{m}\cdot\text{K})$、$K_e = 4.219\text{W}/(\text{m}\cdot\text{K})$ 时,井筒压力、温度分布如图 3.12 和图 3.13 所示。图 3.12 和图 3.13 中表明,地层导热系数

对井筒压力有一定的影响,当地层导热系数由2.219W/(m·K)增加到4.219W/(m·K)时,井口压力由73.176MPa变到73.20MPa。地层导热系数对井筒温度影响比较明显,当地层导热系数由2.219W/(m·K)增加到4.219W/(m·K)时,井口温度由66.3℃降到56.22℃,其原因是地层导热系数增加,传热量增加。

(5)粗糙度的影响。

在温度分布模型中忽略了动能项的影响,没有考虑摩阻对温度分布的影响,只考虑了摩阻对井筒压力分布的影响。图3.14为摩阻系数随井深变化关系,摩阻系数随深度增加而增大。图3.15为分别取粗糙度 e 为 3×10^{-6}、3×10^{-5}、3×10^{-4} 的井筒压力分布。从图3.15中可以看出,随粗糙度的增加,井筒压力增加,当粗糙度小于 1×10^{-5} 时,粗糙度的变化对压力影响变小,反之,当粗糙度大于 1×10^{-5} 时,粗糙度的变化对压力影响较大。

(6)油管内径、高速动能项对井底流压的影响。

对于高压气井,直接测试井底流压比较困难,往往采用井口计算方法获得。在研究过程中发现计算井底流压时除了考虑温度、气体性质外,还有油管内径、管壁粗糙度两个因素。参数的准确取值直接影响到计算的精度,从而也影响产能的计算。

如图3.16所示,随油管内径减小,井底流压增加。当油管内径大于0.15m时,油管尺寸对井底压力计算影响较小,当油管内径小于0.10m时对井底压力计算影响较大。图3.17是高压气藏在高速流动状态下,动能项对井底压力计算的影响,从图3.17可以看出,考虑动能项的影响时计算的流动压力略高于不考虑时0.2MPa左右,因此在高速流动状态下,为了准确获得井底流动压力,必须考虑动能项的影响。

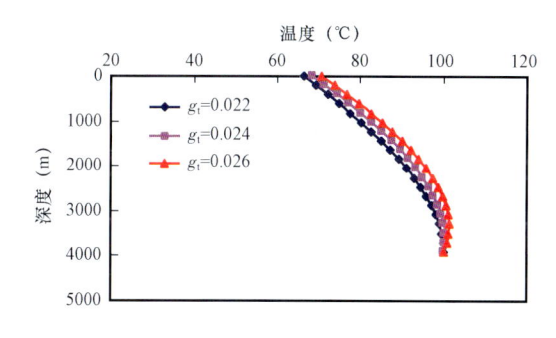

图3.10 地温梯度对温度的影响

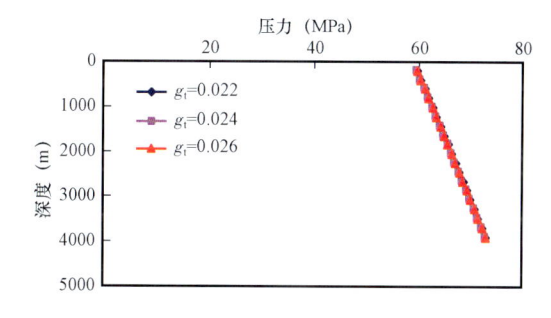

图3.11 地温梯度对压力的影响

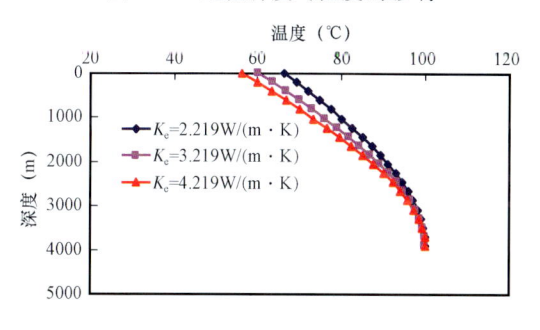

图3.12 地层导热系数对温度的影响

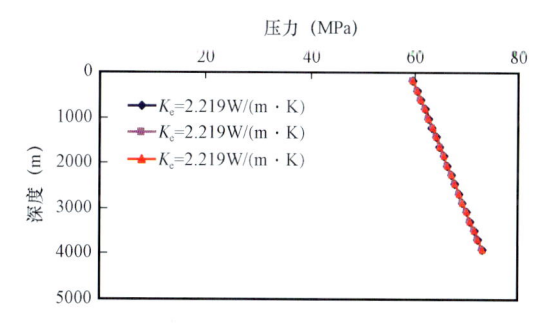

图3.13 地层导热系数对压力的影响

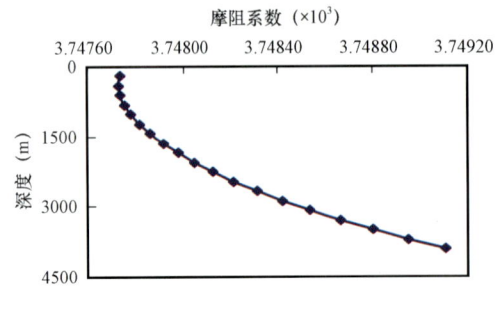

图 3.14　摩阻系数与深度变化关系曲线

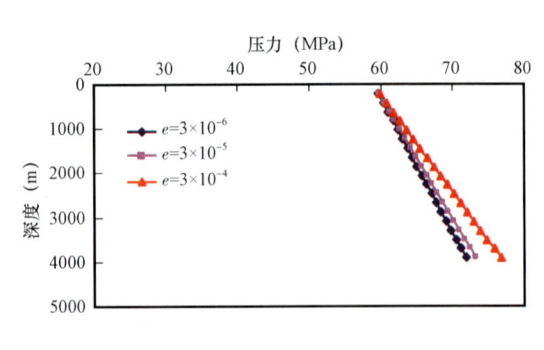

图 3.15　粗糙度对压力的影响

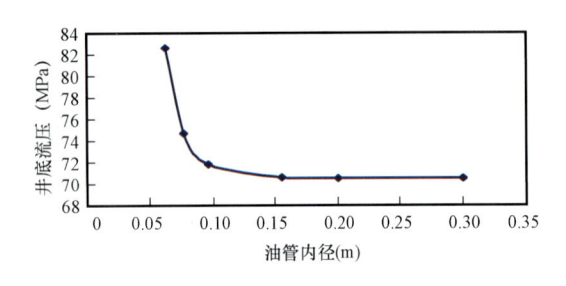

图 3.16　油管内径对井底压力的影响

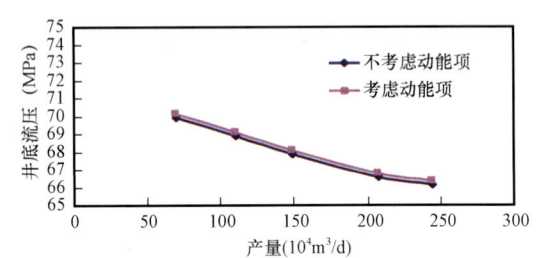

图 3.17　高速动能项对井底压力的影响

（7）温度变化对压力恢复的影响。

图 3.18 表明,在不考虑温度随时间变化时计算的井底压力趋势与井口压力变化趋势是一致的,都出现压力恢复异常现象。如果考虑井口温度随时间变化,井底压力变化趋势与压力恢复变化趋势一致,因此对于高压气井井口不稳定试井折算时需考虑温度的影响。

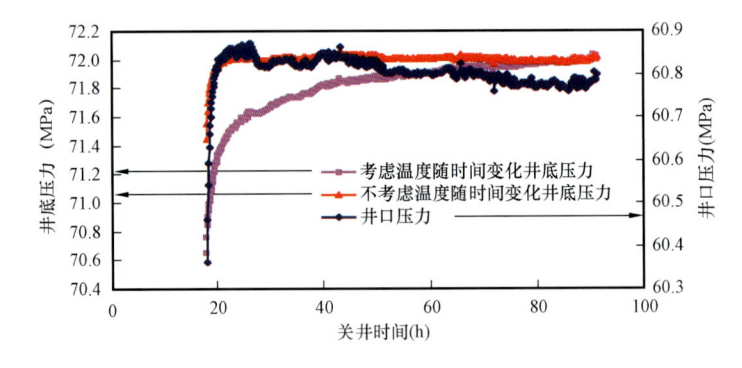

图 3.18　温度变化对压力的影响

3.1.1.4　模型适应性分析

利用 KL2－6 井、KL205 井试油时测试数据和实际生产数据和对压力—温度耦合模型进行验证和评价,分析结果证实运用该模型对实际资料处理能达到工程精度要求。

（1）井底静压对比分析。

首先利用压力—温度耦合模型计算井底压力,并与井底压力计实测井底压力恢复值进对比,如图 3.19 所示,图 3.19 表明计算值与实测值相比绝对误差在 ±0.03MPa,相对误差 ±0.03% 之内。

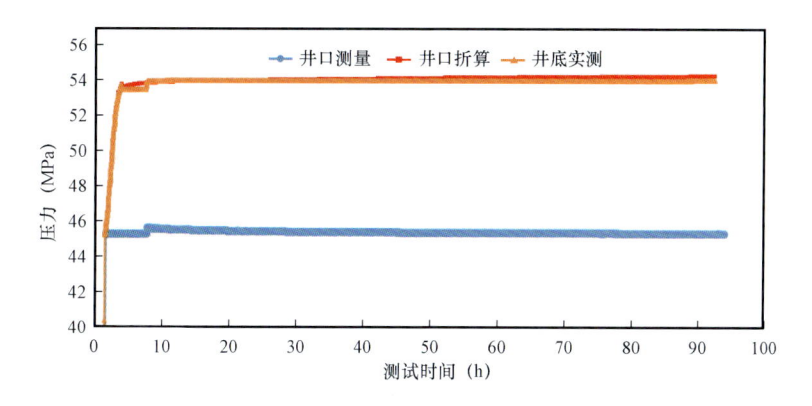

图 3.19 KL2-6 井计算压力恢复与实测值对比曲线

(2)井底流压对比分析。

同样采用压力—温度耦合模型计算 KL205 井试油时压降数据,并与实际测试数据进行验证分析。结果表明运用该模型的计算值与实际值相比误差较小,如图 3.20 至图 3.21 所示。其中在对这口井的资料处理时对于考虑动能项和不考虑动能项的流压分别进行了计算,结果表明对于 KL205 这样的高压高产气井在进行流压计算时应该考虑动能项。考虑动能项比不考虑动能项要高出 0.1~0.6MPa,差值大小主要取决于实际生产产量大小。所以在低产井中不考虑动能项对其压力计算值影响不大,在高产井中产量大,流速相应也快,动能大,因此其对流压的影响也就较大。

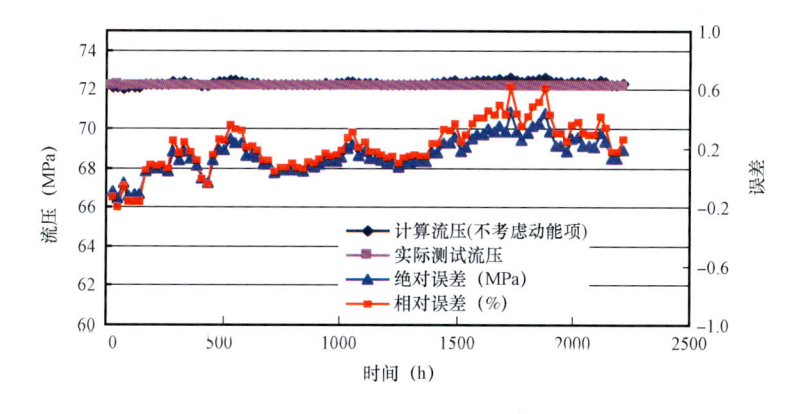

图 3.20 KL205 井试油计算流压与实际流压对比分析曲线(不考虑动能项)

3.1.1.5 压力—温度耦合校正模型在克拉 2 气田的应用

以 KL2-6 井为例说明压力—温度耦合校正模型在克拉 2 气田的应用,KL2-6 井于 2011 年 5 月 18 日至 5 月 22 日进行了关井井口压力恢复试井。

从 KL2-6 井实测压力历史曲线(图 3.22)形态看,在关井后瞬间即出现最高压力值,在关井前油压为 45.32MPa,关井 0.0975h 后井口压力计录取到最高压力值 45.67MPa,恢复幅度

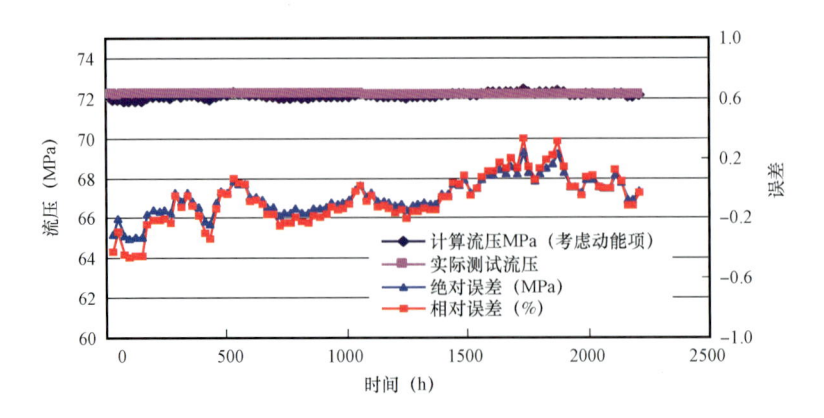

图 3.21　KL205 井试油计算流压与实际流压对比分析曲线（考虑动能项）

0.35MPa,此值受关井后流体的冲击、压缩影响,不能代表真实压力变化;之后关井压力呈缓慢下降趋势,历时 89.99h 压力下降至 45.37MPa,下降幅度 0.30MPa。分析原因为生产过程中流体与管柱内壁摩擦产生的热量逐渐在井筒内聚集形成高温,在关井后井筒高温与地层温度逐步平衡,井筒内的气体发生定容降温变化,导致井筒内压力逐渐降低,压力恢复曲线不满足现有试井方法的分析条件。

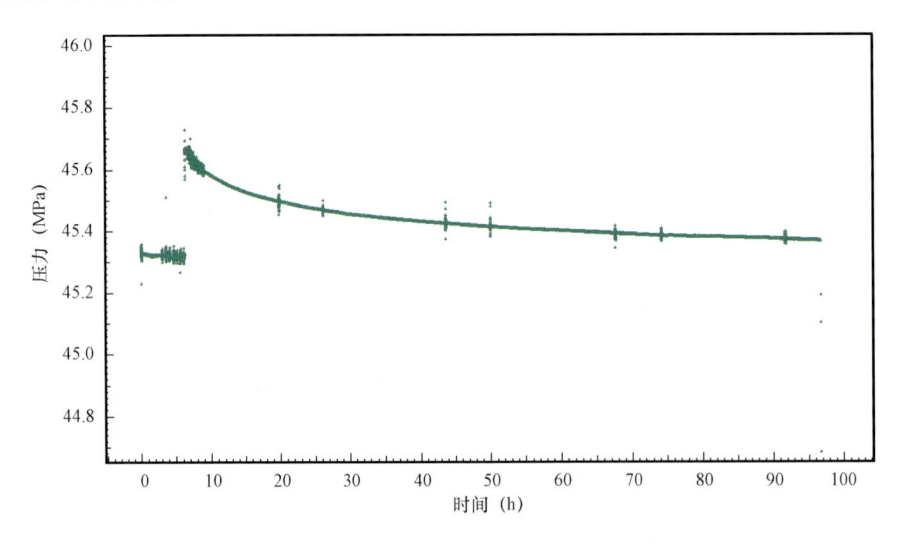

图 3.22　KL2-6 井 2011 年 5 月实测井口压力历史图

利用压力—温度耦合校正模型将 KL2-6 井井口测试压力折算至井底,得到折算后的井底压力历史如图 3.23 所示,关井前井底压力为 52.9586MPa,关井历时约 90.09h 后,压力恢复至 54.4094MPa,恢复幅度为 1.4508MPa。

利用关井压力恢复段数据作双对数曲线及导数曲线,根据图 3.24 特征可以将诊断曲线划分为三个流动阶段:(1)阶段Ⅰ为井筒续流阶段;(2)阶段Ⅱ导数曲线为径向流反映,表现为水平直线特征;(3)阶段Ⅲ导数曲线持续上翘,反映储层外围渗流能力变差。综合考虑选择"井筒储集+表皮+径向复合油藏+无限大边界"模型进行分析。

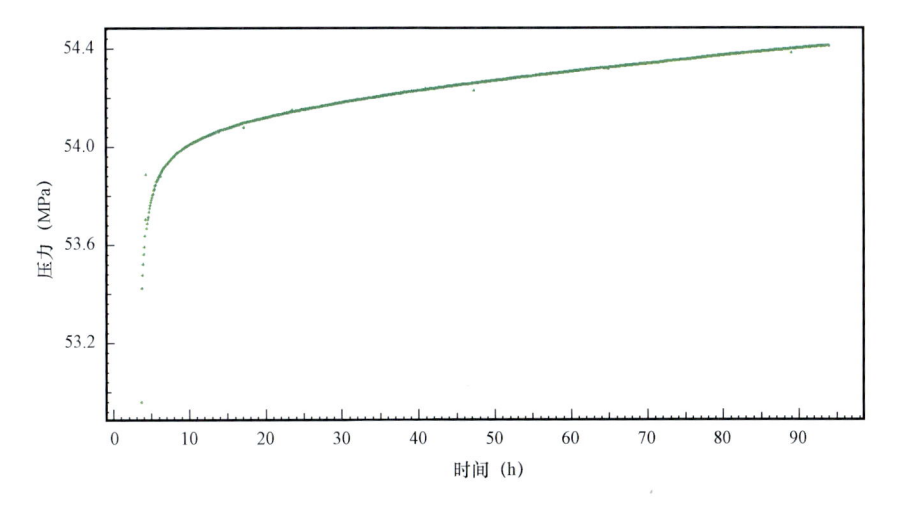

图 3.23 KL2-6 井 2011 年 5 月折算井底压力历史图

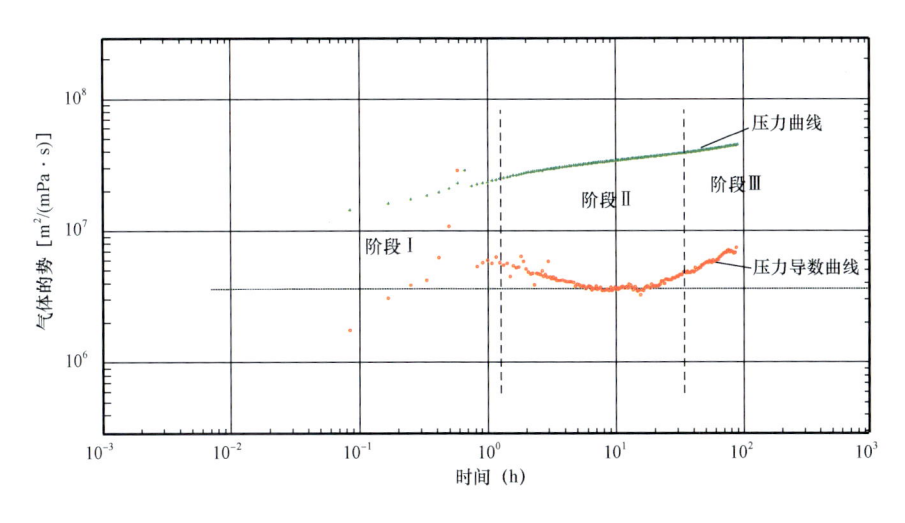

图 3.24 KL2-6 井 2011 年 5 月测试双对数诊断曲线

采用典型曲线拟合法按气相进行分析得到：内区有效渗透率为 6.21mD，外区有效渗透率为 4.01mD，储层整体表现为内好外差的复合油藏特征，外推测点地层压力 56.85MPa，计算地层压力系数为 1.58。

3.1.2 压力基准面的确定

不同压力基准面不仅影响气井压降曲线特征，对气井储量评价也存在影响，由此，压力基准面的确定显得尤为重要。

3.1.2.1 单井压力基准面的选取

由于克拉 2 气藏厚度大，为了历年数据有可比性，所以非常有必要对合理的单井地层压力折算基准面进行研究。

本节以 KL2-10 井历年测试资料为基础，研究了不同折算基准面对气井压降曲线以及气井储量评价的影响,从而为单井基准面的选取提供依据。

KL2-10 井分别于 2005 年 11 月至 2015 年 5 月进行了 14 次压力恢复试井,根据压力恢复曲线外推获得地层中部地层压力,并计算相应的偏差系数,将其按照静压梯度分别折算至原始气水界面处、1/2 储层厚度处、1/3 储层厚度处进行对比分析,具体数据见表 3.5。

表 3.5　KL2-10 井历次测试不同折算深度地层压力及偏差因子 z

测试时间	1/2 储层厚度处 压力(MPa)	Z	1/3 储层厚度处 压力(MPa)	Z	原始气水界面 压力(MPa)	Z	累计产气量 ($10^8 m^3$)
2005.11	74.42	1.43	74.25	1.43	74.78	1.44	0
2006.06	73.11	1.42	72.94	1.42	73.47	1.42	3.04
2006.09	71.99	1.41	71.82	1.41	72.35	1.41	4.43
2007.06	68.86	1.37	68.69	1.37	69.22	1.38	10.06
2008.03	65.98	1.34	65.81	1.34	66.34	1.35	13.81
2008.09	63.20	1.31	63.03	1.31	63.56	1.32	16.52
2009.04	61.18	1.29	61.01	1.29	61.54	1.29	19.84
2010.09	56.38	1.24	56.20	1.24	56.74	1.24	25.99
2011.09	54.64	1.22	54.46	1.22	55.00	1.23	29.19
2012.05	53.50	1.21	53.32	1.21	53.86	1.21	30.72
2012.09	52.73	1.20	52.56	1.20	53.09	1.21	31.37
2013.06	50.77	1.18	50.60	1.18	51.13	1.19	33.87
2014.07	48.92	1.16	48.75	1.16	49.28	1.17	35.21
2015.05	47.13	1.15	46.95	1.14	47.49	1.15	36.00

利用表 3.5 可以作出 KL2-10 井不同基准面对应的测试压力,以及不同基准面对应压降曲线,具体如图 3.25 和图 3.26 所示。

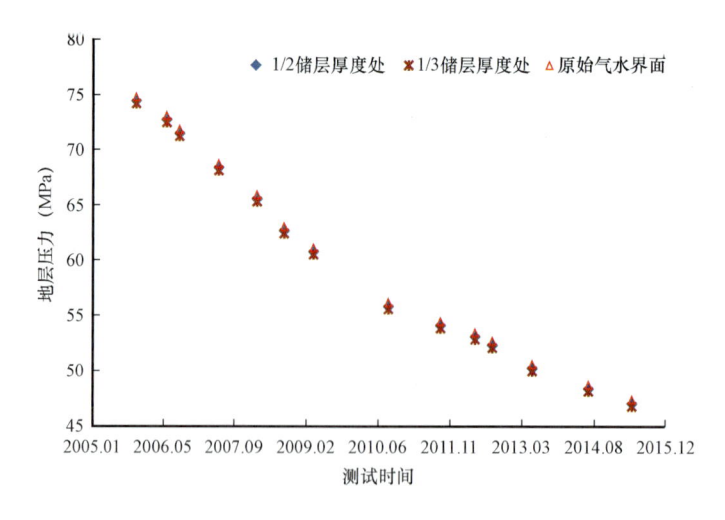

图 3.25　KL2-10 井历年测压数据不同折算基准面对比

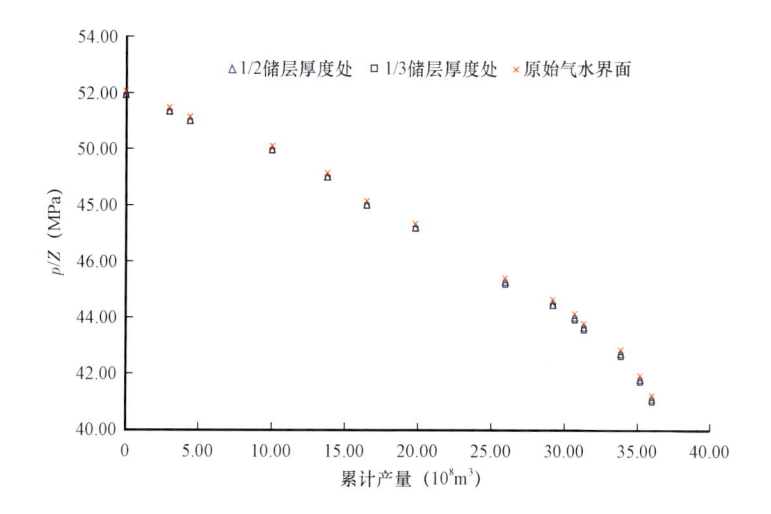

图 3.26　KL2 – 10 井不同折算基准面的压降曲线

利用适用于克拉 2 气田高压气藏的综合考虑岩石弹性及水侵的物质平衡方程,分别使用不同折算基准面的测量压力来评价 KL2 – 10 井的动态储量,从而分析不同折算基准面深度对储量评价的影响(图 3.27 至图 3.29)。

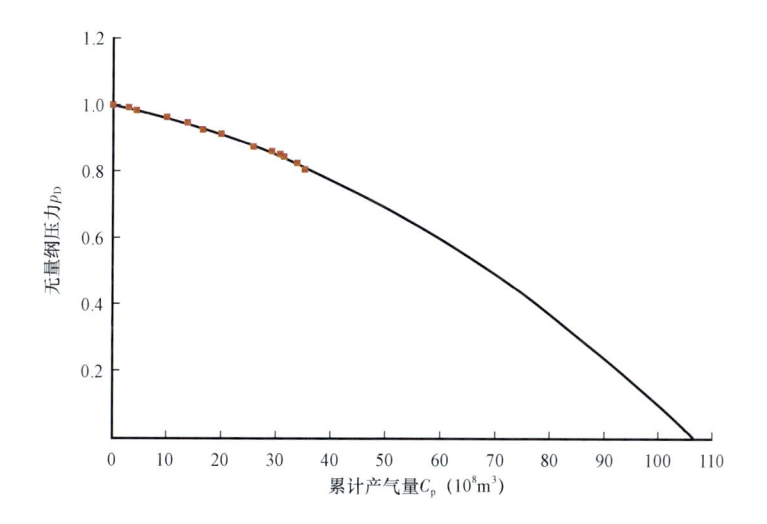

图 3.27　KL2 – 10 井折算基准面为 1/2 储层厚度时的二项式物质平衡分析

通过不同基准面的二项式物质平衡方程可以回归得到 KL2 – 10 井不同基准面的单井动态控制储量:1/3 储层厚度时为 $104.9 \times 10^8 \text{m}^3$,1/2 储层厚度时为 $104.5 \times 10^8 \text{m}^3$,原始气水界面时为 $105.4 \times 10^8 \text{m}^3$。

基于以上分析认为:从不同基准面折算压力得到的压降曲线形态相似,可以准确地反应异常高压气藏的特征,并且使用物质平衡方法分析得到的单井动态控制储量结果相近,误差较小,所以基准面深度的选取对克拉 2 气田的动态分析基本没有影响,为了便于对比分析一般可以选择原始气水界面作为基准面。

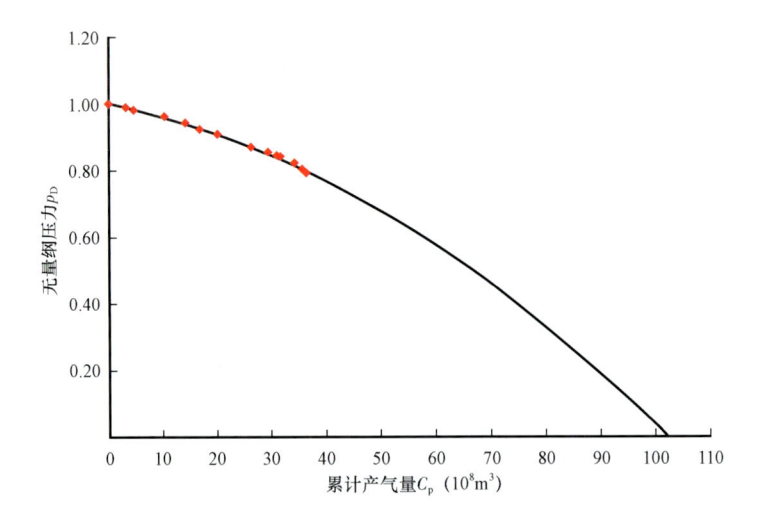

图 3.28　KL2-10 井折算基准面为 1/3 储层厚度时的二项式物质平衡分析

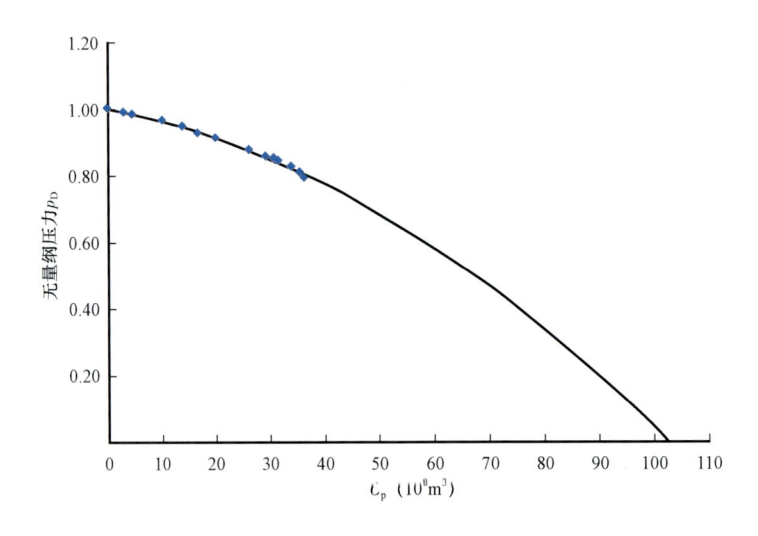

图 3.29　KL2-10 井折算基准面为原始气水界面时的二项式物质平衡分析

3.1.2.2　全气藏压力折算方法的选取

利用气井地层压力加权平均计算气藏平均地层压力的方法主要有:算术平均法、厚度加权平均法、体积加权平均法、面积加权平均法、有效孔隙体积加权平均法、累计产气量加权平均法等。

由于克拉 2 气田储层物性均匀且气藏储层平面上连通性比较好、纵向上厚度变化小,为了使历年计算结果可以对比,可将单井历年地层压力折算到原始气水界面后,使用算术平均法确定克拉 2 气田平均地层压力,折算结果见表 3.6。

3.1.3　气田压降曲线特征研究

克拉 2 气田 2015 年 5 月实测气藏平均地层压力为 47.05MPa,如图 3.30 所示,较 2014 年

表3.6 克拉2气藏单井地层压力评价结果（折算到原始气水界面-2468m）

单位：MPa

井名	2005.10	2006.06	2006.09	2007.06	2007.07	2008.03	2008.09	2009.04	2009.09	2010.04	2010.09	2011.05	2011.09	2012.05	2012.09	2013.06	2013.09	2014.07	2015.05
KI203	73.80	72.51	71.46	68.15		64.87	62.25		58.76	57.25					52.04				
KI204		73.23	72.25	68.99		66.02	63.06												
KI205	74.06	72.66	71.60	68.12				60.13	58.96	56.69		54.12			51.65		49.39	48.11	
KI2-1				68.26					59.24		55.44	55.27			52.81	50.90		47.53	
KI2-2			71.95	68.09							56.02			53.07					
KI2-3		72.64	71.95	68.28	68.06	65.15		59.26	56.17				54.21						
KI2-4	74.46	72.84	71.62	68.25	67.86		62.67	60.51	59.04		56.04		53.99	52.80					
KI2-5			71.38	68.16	67.68				59.00			54.45			52.36		50.07		
KI2-6			71.35	67.94								54.88			52.43				
KI2-7	74.17	72.48	71.95	67.96	67.66			60.11		56.70			55.34						
KI2-8	73.73	72.71	71.33	67.40	67.32		62.37	59.88	58.96		55.98		55.27		52.98		49.92	48.35	
KI2-9				68.67	67.50	64.67		60.16					54.48	53.34	52.58	50.62		48.17	46.68
KI2-10		72.95	71.83	68.70		65.82	63.04	61.02	59.30		56.22		54.26					48.76	47.42
KI2-11		72.34	71.42	68.28			62.78	60.35	59.26		56.09						50.33		
KI2-12		72.50	72.18	68.17			62.33	60.31	58.69	57.17	56.06				52.34		50.28	48.21	
KI2-13			71.50	68.15			62.86	60.10	58.77	57.02									
KI2-14		72.06	70.85	68.16		64.77		60.18			54.78		55.01		52.88				
KI2-15															52.56				

7月平均地层压力48.19MPa下降了1.14MPa。而2013年以前年均地层压力下降3.06MPa,2014年克拉2气田年压降为1.33MPa,压力下降速度有较大程度的减小,地层压力下降放缓的主要原因是克拉2气田采取保护性开采的政策,采气速度降低,地层亏空得到水体能量的及时补充,同时也减缓了水体的锥进。

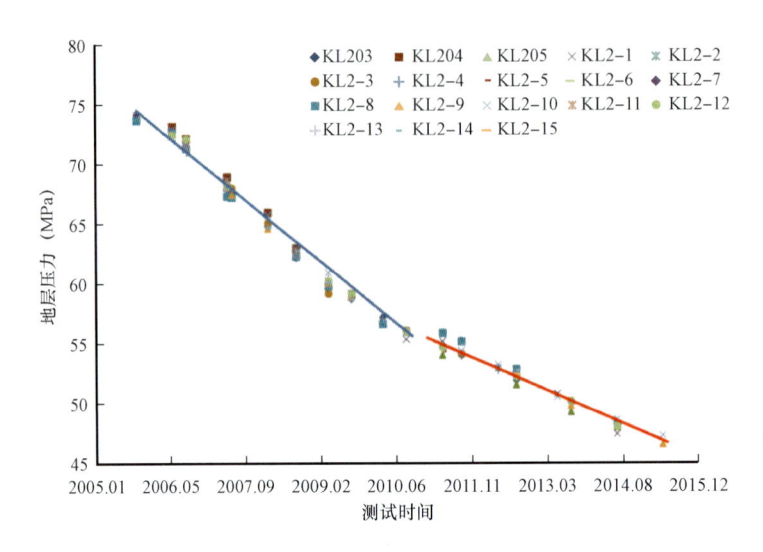

图3.30 克拉2气田历年平均地层压力

单从克拉2气田总压降图(图3.31)来看,虽然通过减少年产能力,单井总压降控制在方案设计之内,但是克拉2气田地层压力下降依旧过快,总压降远高于方案预测值,目前累计产气量840.94×10⁸m³下地层压力为56.83MPa,而实际地层压力为47.30MPa,主要是储量减少,导致地层压力下降过快。

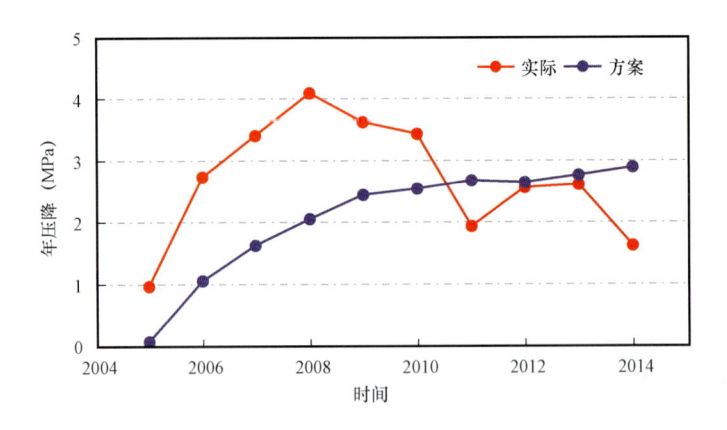

图3.31 克拉2气田方案与实际年压降比较图

从克拉2气田实际生产与方案预测对比压降分析图(图3.32)可以看出,方案预测目前地层压力可采出气1217.68×10⁸m³,2014年年底实际仅采出840.94×10⁸m³,由于储量与水体的影响,相同总压降下,实际采气量比方案设计少376.74×10⁸m³。

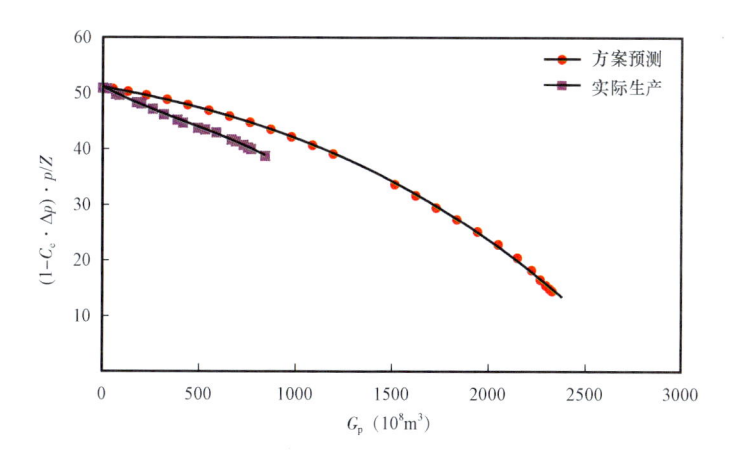

图 3.32　克拉 2 气田实际生产与方案预测压降曲线对比

从克拉 2 气田 p/Z 与累计产气量关系曲线（图 3.33）可以看出，压降曲线后期上翘，表现出明显的水侵反应特征。

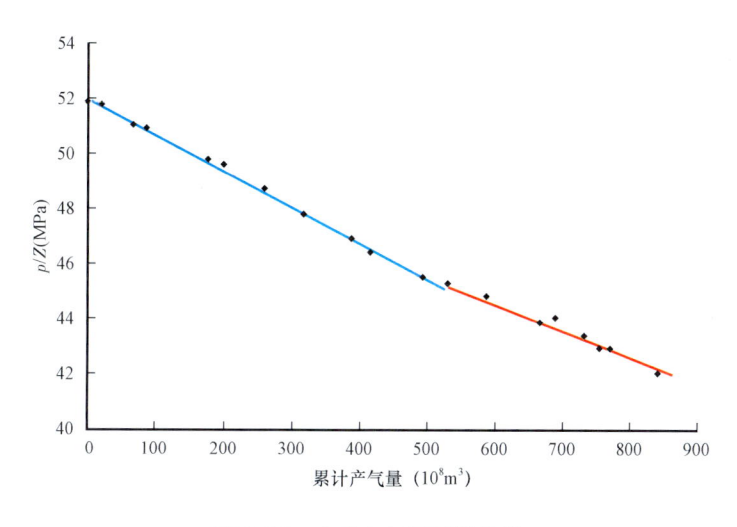

图 3.33　克拉 2 气田压降曲线

3.2　高压气田产能变化规律

结合考虑应力敏感的渗流物理实验结果，建立考虑应力敏感的产能方程，通过对单井不同时间产能方程的对比，分析无阻流量及产能方程相关系数的变化，从而反演应力敏感、水侵、流体性质变化的敏感性，研究影响产能变化的主要因素。建立考虑裂缝及断层影响的临界水锥极限产量计算方法，应用于合理产能评价中。产能变化规律的研究按未见水井、见水井两类进行分析，两种类型的产能变化影响因素不同。

收集了 4 口井的连续测试资料，综合利用生产动态资料及产能测试资料建立单井产能方法，评价无阻流量，研究气井产能变化规律和影响因素。进一步评价单井合理产能及单井合理生产压差,为合理采气速度的确定提供依据。

3.2.1 不关井回压试井法

不关井回压试井法是基于不同产量对应的流压数据,计算出气井的产能方程,测试过程中无须关井。该方法现场可操作性强、准确性高,是一种简单有效的计算气井产能的方法。

3.2.1.1 不关井回压试井计算方法

不关井回压试井法与气井稳定试井基本相似,不需关井,在气井生产过程中,只需连续测3个以上不同的产气量和与之相对应的井底流动压力 p_{wf} 或井口测试压力 p_{tf},从而获取产能方程。

$$\begin{cases} p_{R1}^2 - p_{wf1}^2 = Aq_1 + Bq_1^2 \\ p_{R2}^2 - p_{wf2}^2 = Aq_2 + Bq_2^2 \\ p_{R3}^2 - p_{wf3}^2 = Aq_3 + Bq_3^2 \end{cases} \tag{3.32}$$

式中 p_R——地层压力;

p_{wf}——井底流动压力;

q——日产气量;

A,B——系数。

若三次测试连续进行,且持续时间较短,可以认为其地层压力基本一致:

$$p_{R1} = p_{R2} = p_{R3} = p_R \tag{3.33}$$

则式(3.32)可改写为:

$$\begin{cases} p_R^2 - p_{wf1}^2 = Aq_1 + Bq_1^2 \\ p_R^2 - p_{wf2}^2 = Aq_1 + Bq_2^2 \\ p_R^2 - p_{wf3}^2 = Aq_3 + Bq_3^2 \end{cases} \tag{3.34}$$

对于式(3.34)中任一测点表达式都可以变形为如下形式:

$$\begin{cases} \dfrac{p_R^2}{q_1} - \dfrac{p_{wf1}^2}{q_1} = A + Bq_1 \\ \dfrac{p_R^2}{q_2} - \dfrac{p_{wf2}^2}{q_2} = A + Bq_2 \\ \dfrac{p_R^2}{q_3} - \dfrac{p_{wf3}^2}{q_3} = A + Bq_3 \end{cases} \tag{3.35}$$

式(3.35)中两两相减得:

$$\begin{cases} \dfrac{p_R^2}{q_1} - \dfrac{p_{wf1}^2}{q_1} - \left(\dfrac{p_R^2}{q_2} - \dfrac{p_{wf2}^2}{q_2} \right) = B(q_1 - q_2) \\ \dfrac{p_R^2}{q_2} - \dfrac{p_{wf2}^2}{q_2} - \left(\dfrac{p_R^2}{q_3} - \dfrac{p_{wf3}^2}{q_3} \right) = B(q_2 - q_3) \end{cases} \tag{3.36}$$

式(3.36)中两式消去 B，整理得 p_R 的表达式：

$$p_R = \left[\frac{\dfrac{p_{wf1}^2}{q_1} - \dfrac{p_{wf2}^2}{q_2} - \left(\dfrac{p_{wf2}^2}{q_2} - \dfrac{p_{wf3}^2}{q_3}\right)\left(\dfrac{q_1-q_2}{q_2-q_3}\right)}{\dfrac{1}{q_1} - \dfrac{1}{q_2} - \left(\dfrac{1}{q_2} - \dfrac{1}{q_3}\right)\left(\dfrac{q_1-q_2}{q_2-q_3}\right)} \right]^{0.5} \tag{3.37}$$

根据式(3.34)两两相减可以得到得：

$$\begin{cases} p_{wf1}^2 - p_{wf2}^2 = A(q_2-q_1) + B(q_2^2 - q_1^2) \\ p_{wf1}^2 - p_{wf3}^2 = A(q_3-q_1) + B(q_3^2 - q_1^2) \\ p_{wf2}^2 - p_{wf3}^2 = A(q_3-q_2) + B(q_3^2 - q_2^2) \end{cases} \tag{3.38}$$

式(3.38)为二元一次方程组，根据三组流压、产量测试数据可以计算出二项式产能方程的系数 A、B。同时结合式(3.37)得到的地层压力，可以计算出此时刻单井的无阻流量，作出相应的产能曲线。此方法有效避免了关井测试对产量造成影响，确保对单井产能进行及时的评价跟踪。

3.2.1.2 方法应用

以 KL2-4 井为例，表 3.7 所示为该井不同时间所选取的井底流动压力、产量数据以及采用该数据评价的产能方程 A、B 系数及对应的无阻流量。图 3.34 为采用建立的产能方法求解该井的 IPR 曲线。

表 3.7 KL2-4 井产能方程计算表

日期	井底流动压力 (MPa)	日产气量 (10^4m³)	计算流压 (MPa)	地层压力 (MPa)	A	B	无阻流量 (10^4m³/d)
2005.01	62.80	147.97	72.57	73.44	0.55281	0.00206	1489.16
	62.38	199.30	72.12				
	61.89	249.85	71.60				
2006.06	58.46	352.88	67.72	72.78	1.57722	0.00124	1524.90
	58.81	323.65	68.24				
	60.23	203.38	70.18				
2007.12	54.17	233.47	63.38	65.21	0.45759	0.00236	1248.90
	54.93	159.83	64.18				
	52.40	356.98	61.55				
2008.01	49.45	376.22	58.34	63.08	1.13142	0.00106	1478.32
	52.80	103.47	62.05				
	51.83	203.94	60.86				
2010.04	46.16	233.59	55.86	56.83	0.03551	0.00184	1313.99
	43.28	418.01	53.78				
	45.71	280.05	55.45				

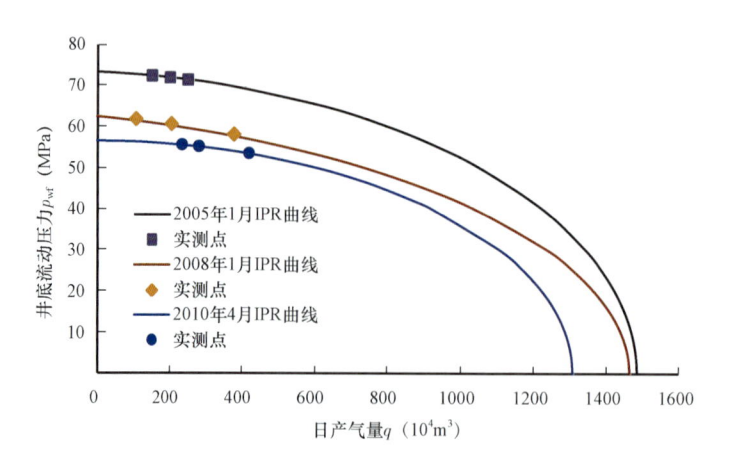

图 3.34　KL2-4 井不关井回压试井法 IPR 曲线

3.2.2　考虑应力敏感的气井产能系数预测法

储层岩石的应力敏感性不仅对储层渗透率产生影响，该参数对于气井产能的预测同样不可忽视。

3.2.2.1　地层压力下降对产能方程的影响

通过产能试井建立的二项式产能方程表达式为：

$$p_R^2 - p_{wf}^2 = Aq_g + Bq_g^2 \tag{3.39}$$

其中：

$$A = \frac{3.684 p_{sc} \mu Z \left(\ln \dfrac{r_e}{r_w} + S \right) \times 10^4}{KhT_{sc}} \tag{3.40}$$

$$B = \frac{1.966 p_{sc}^2 \beta \gamma_g ZT \times 10^8}{h^2 T_{sc}^2 R r_w} \tag{3.41}$$

式中　q_g——气体流量，m^3/d；

p_{sc}——标准压力，MPa；

μ——气体黏度，$mPa \cdot s$；

Z——气体偏差因子；

r_e——油藏边界距离，m；

r_w——井筒半径，m；

S——表皮因子；

K——地层渗透率，mD；

h——储层厚度，m；

T_{sc}——标准状况下的温度,K;

β——紊流速度系数,m^{-1};

γ_g——气体相对密度;

R——理想气体常数,取 8.314J/(mol·K)。

对于某实测产能试井情况的对应地层压力下建立单井产能方程为:

$$p_{R1}^2 - p_{wf1}^2 = A_1 q_{g1} + B_1 q_{g1}^2 \quad (3.42)$$

对于未来某个地层压力下对应的产能方程为:

$$p_{R2}^2 - p_{wf2}^2 = A_2 q_{g2} + B_2 q_{g2}^2 \quad (3.43)$$

假设气井在开采过程中没有重大措施,A、B 表达式中的 h、T、r_e、r_w、S 等参数认为保持不变,发生变化的是 K、μ、Z。由 A、B 关系式可以得到如下相对关系式:

$$A_2 = \frac{\mu_2 Z_2 K_1}{\mu_1 Z_1 K_2} A_1 \quad (3.44)$$

$$B_2 = \frac{Z_2}{Z_1} B_1 \quad (3.45)$$

因此,只要确定了 K、μ、Z 随压力的变化关系,便可以通过 A_1、B_1 求得 A_2、B_2,从而建立未来某个地层压力下的产能方程,即可预测某个地层压力下的产能。根据克拉2各井PVT实验数据建立了压力与 μ、Z 的关系(图 3.35),通过覆压实验确定了地层压力与 K 的关系(图 3.36)。因此,对于有产能测试资料的井,便可以采用考虑岩石变形的气井产能系数预测法进行不同地层压力下的产能评价。

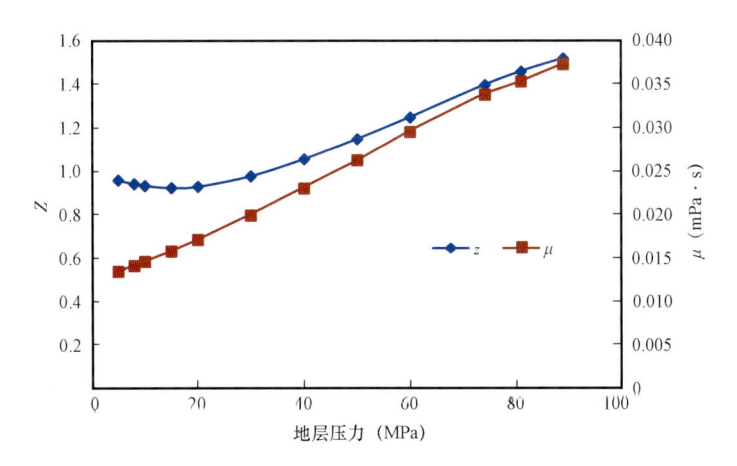

图 3.35 Z、μ 随地层压力变化趋势

3.2.2.2 公式验证

选择4口有两次测试资料的井进行方法验证(表 3.8),可以看出,利用第一次测试方程预测的计算结果与实测结果相差不大,说明此方法是可靠的。

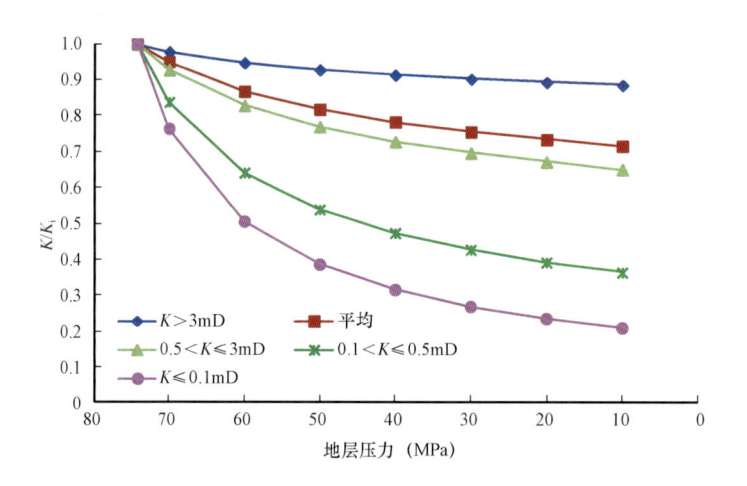

图 3.36 K 随地层压力变化趋势

3.2.2.3 未见水井产能影响因素定量分析

对于未见水井,以 KL205 井为例研究其产能变化规律。表 3.9 为该井投产初期及目前的产能方程及无阻流量(图 3.37),其对应的 IPR 曲线如图 3.38 所示。由结果可以看出,该井目前无阻流量降幅在 30% 左右,其中应力敏感影响在 7% 左右。

表 3.8 克拉 2 气田考虑岩石变形的产能系数预测法准确性对比表

井号	测试时间	无阻流量($10^4 m^3/d$) 实测值	计算值	差值	地层压力 (MPa)	A	B
KL2-4	2005.05	1792			74.11	0.3772	0.0015
	2005.09	1333	1511	178	73.80	0.1793	0.0032
KL2-7	2005.09	2949			73.66	0.5030	0.0005
	2006.04	1791	1859	68	71.82	0.0136	0.0016
KL203	2000.04	310			740	4.4193	0.0428
	2005.10	288	268	-20	73.81	1.9501	0.0591
KL205	2001.07	958			74.47	3.6159	0.0023
	2005.09	700	635	-65	73.66	0.4748	0.0104

表 3.9 KL205 井历次产能测试结果表

项目	产能方程	无阻流量($10^4 m^3/d$)	比初期降低率(%)
投产初期	$p_r^2 - p_{wf}^2 = 3.6159 q_g + 0.00227 q_g^2$	957.8	0
目前预计(不考虑应力敏感)	$p_r^2 - p_{wf}^2 = 3.147426 q_g + 0.0019759 q_g^2$	703.0	26.6
目前预计(考虑应力敏感)	$p_r^2 - p_{wf}^2 = 3.83305 q_g + 0.0019759 q_g^2$	628.0	34.4
目前实测(考虑应力敏感)	$p_r^2 - p_{wf}^2 = 1.7107 q_g + 0.0055 q_g^2$	616.0	35.7

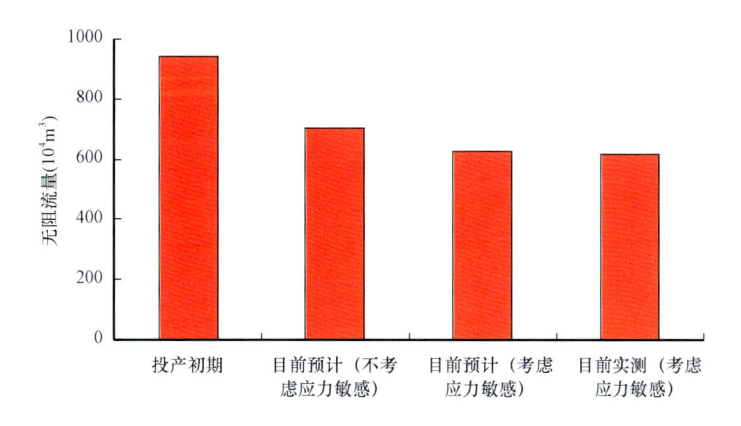

图 3.37　KL205 井不同方法计算无阻流量对比

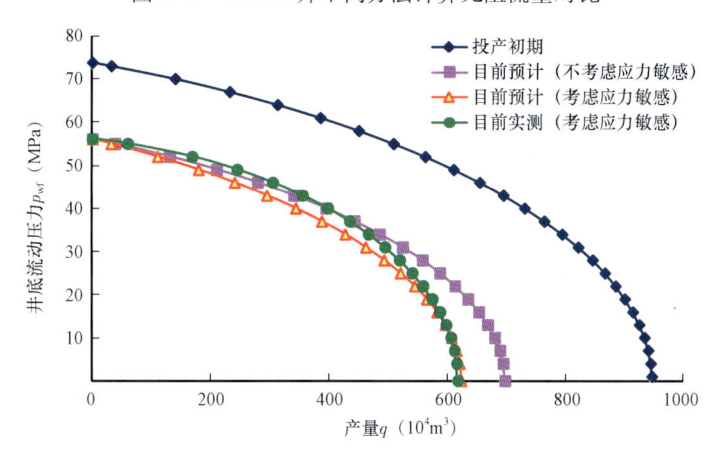

图 3.38　KL205 井不同方法计算 IPR 曲线

3.2.2.4　产水井产能影响因素定量分析

由以上的考虑岩石变形的气井产能系数预测法可知,未见水井产能变化的主要影响因素是压力下降和渗透率的变化,而见水井的产能影响因素则主要是水。

实测资料显示,气井见水对产能影响非常大,见水后井筒损耗增加,油压下降幅度加快,产能降低明显。对见水井产能变化的分析,以 KL203 井为例说明不同因素对产能的影响,采用产能系数预测法计算结果如图 3.39、图 3.40 以及表 3.10 所示。由结果对比看出,目前 KL203 井产能比初始时产能约降低 70%,其中见水是产能降低的主要影响因素,对产能影响占 70% 以上,渗透率的影响仅占 5% 左右。

表 3.10　KL203 井历次产能测试结果表

项目	产能方程	无阻流量(10^4m³/d)	比初期降低率(%)
投产初期	$p_r^2 - p_{wf}^2 = 1.535124 q_g + 0.061826 q_g^2$	284.69	0
目前预计(不考虑应力敏感)	$p_r^2 - p_{wf}^2 = 1.124118 q_g + 0.05381 q_g^2$	233.21	18.08
目前预计(考虑应力敏感)	$p_r^2 - p_{wf}^2 = 2.59654 q_g + 0.05381 q_g^2$	220.00	22.72
目前实测(考虑应力敏感及水侵)	$p_r^2 - p_{wf}^2 = 5.1021 q_g + 0.5197 q_g^2$	72.31	74.60

目前克拉 2 气田有 4 口井已见水,且这 4 口井产能相对较低,对克拉 2 气田的整体产能影响较小。投产近 5 年来,大部分单井产能下降 20%~30%,平均 25% 左右,总体无阻流量较投产初期下降 25.2%,不同时间的气藏无阻流量如图 3.41 所示。

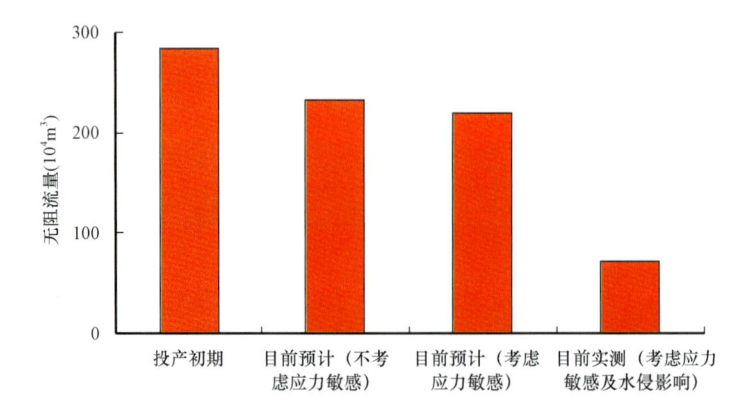

图 3.39　KL203 井不同方法计算无阻流量对比

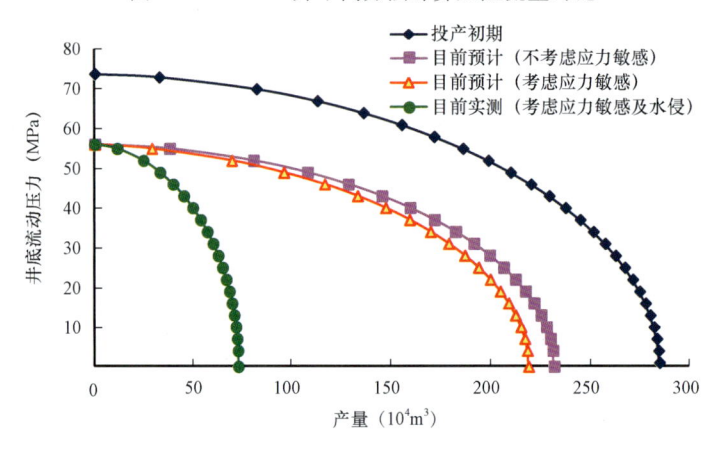

图 3.40　KL203 井不同方法计算 IPR 曲线

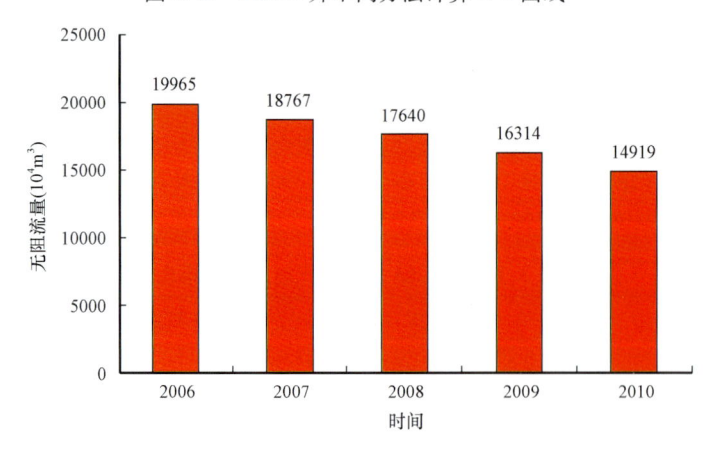

图 3.41　克拉 2 气田历年无阻流量变化曲线

3.2.2.5 单井产能方程及无阻流量计算

通过综合不关井回压试井法和考虑岩石变形的气井产能系数预测法建立了目前地层压力下单井的产能方程(表3.11),并确定了目前单井无阻流量。目前气藏总无阻流量为14919×$10^4 m^3/d$。

表3.11 克拉2气田各个井产能方程及目前无阻流量统计表

井号	产能方程	无阻流量($10^4 m^3/d$)
KL203	$p_R^2 - p_{wf}^2 = 5.102 q_g + 0.5197 q_g^2$	72
KL205	$p_R^2 - p_{wf}^2 = 1.8807 q_g + 0.00444 q_g^2$	616
KL2-1	$p_R^2 - p_{wf}^2 = 0.6402 q_g + 0.0012 q_g^2$	1365
KL2-2	$p_R^2 - p_{wf}^2 = 0.3461 q_g + 0.0009 q_g^2$	1677
KL2-3	$p_R^2 - p_{wf}^2 = 0.8865 q_g + 0.0014 q_g^2$	1206
KL2-4	$p_R^2 - p_{wf}^2 = 0.6053 q_g + 0.0017 q_g^2$	1183
KL2-5	$p_R^2 - p_{wf}^2 = 1.0619 q_g + 0.0024 q_g^2$	916
KL2-6	$p_R^2 - p_{wf}^2 = 0.6126 q_g + 0.0015 q_g^2$	1234
KL2-7	$p_R^2 - p_{wf}^2 = 0.8371 q_g + 0.0006 q_g^2$	1641
KL2-8	$p_R^2 - p_{wf}^2 = 0.5814 q_g + 0.0010 q_g^2$	1477
KL2-9	$p_R^2 - p_{wf}^2 = 2.8105 q_g + 0.018 q_g^2$	336
KL2-10	$p_R^2 - p_{wf}^2 = 1.0121 q_g + 0.005 q_g^2$	694
KL2-11	$p_R^2 - p_{wf}^2 = 1.1031 q_g + 0.0038 q_g^2$	769
KL2-12	$p_R^2 - p_{wf}^2 = 2.1582 q_g + 0.0074 q_g^2$	516
KL2-13	$p_R^2 - p_{wf}^2 = 1.9746 q_g + 0.0052 q_g^2$	598
KL2-14	$p_R^2 - p_{wf}^2 = 7.4831 q_g + 0.046 q_g^2$	190
KL2-15	$p_R^2 - p_{wf}^2 = 7.19411 q_g + 0.041 q_g^2$	202
KL2-H1	$p_R^2 - p_{wf}^2 = 6.0831 q_g + 0.034 q_g^2$	225
合计		14919

3.2.3 单井合理产能评价

确定气井或气藏的合理产能是气田高效开发的基础,是保证气田实现长期稳产的前提条件。产能评价直接服务于开发方案或调整方案的单井产能设计,通过研究单井产能变化规律及影响因素,从而在方案实施过程中根据产能变化情况采取相应的措施。目前,主要有以下几种方法确定合理产量:

(1)考虑冲蚀速度确定合理产能上限;
(2)对于边底水气藏,考虑临界水锥极限产量确定合理产能上限;
(3)临界携液量确定合理产能下限;
(4)确定合理生产压差,从而由产能方程确定合理产量;
(5)流入动态曲线和流出动态曲线交点法确定产气量;

（6）采气指示曲线法确定合理产气量；

（7）综合考虑采气速度及单井动储量确定合理产气量；

（8）由单井稳产期和经济效益限制确定合理产气量。

考虑到方法的适用性及克拉 2 高压气田的特点，本次合理产能评价优选临界携液量法、临界水锥极限产量法、无阻流量法、采气指示曲线法、数值模拟法等方法综合确定单井合理产能及合理生产压差。

3.2.3.1 最小携液量法

气井开始积液时，井筒内气体的最低流速称为气井携液临界流速，对应的流量称为气井携液临界流量。当井内气体实际流速小于临界流速时，气流就不能将井内液体全部排出井口。地层产水回落积聚在井底，将增大井底回压，降低气井产量。因此要求气井生产过程中需将流入井底的水及时携带到地面，从而要求气井有最小极限产量的限制。

（1）球形模型。

气井井筒液体来自于井筒热损失导致的天然气凝析形成的液体和随天然气流入到井筒的游离液体，主要指凝析油和地层水。如果这种液体可以通过液滴形式或雾状形式被气体带到地面，那么气井将保持正常生产。否则，气井将出现液体聚集形成积液，增大井底压力，降低气井产量，限制井的生产能力，严重者会使气井停产。因此，讨论积液气井的最小流速，对气田开发和充分利用天然气的弹性能量有着重要意义。

早在二十世纪五十年代，苏联学者就开始了气井连续排液所需要的最小流速的研究，并推导出了一些关系式。1969 年，Turner、Hubbard 和 Dukler 提出的预测积液何时发生的方法得到广泛的应用，他们比较了垂直管道举升液体的两种物理模型，即管壁液膜移动模型和高速气流携带液滴模型，认为液滴理论推导的方程可以较准确地预测积液的形成。

Turner 等通过液滴在井筒中流动的最低条件：即气体对液滴的拖曳力等于液滴沉降重力，得出液滴流动的最小速度：

$$v = 3.617 \left[\frac{D(\rho_L - \rho_g)}{C_d \rho_g} \right]^{0.5} \tag{3.46}$$

式中　v——液滴流动的最小速度，m/s；

　　　D——液滴的直径，m；

　　　ρ_L——气井液体的密度，kg/m³；

　　　ρ_g——气井天然气的密度，kg/m³；

　　　C_d——曳力系数。

式（3.46）说明，其他参数不变时液滴直径越大，气体携带液滴所需速度越高。如果最大液滴都能携带到地面，井底就不会发生积液，即携液的最小气流速度应按最大液滴的直径而确定。

液滴最大直径可以用 Weber 数确定，即液滴受到外力试图使它破裂，但液体表面张力又试图把它保持在一起，用公式表示：

$$N_{we} = \frac{v^2 \rho_g D}{\sigma g_c} \tag{3.47}$$

式中 N_{we}——Weber 数；
    σ——气液表面张力，N/m；
    g_c——换算系数，$g_c = 1\text{kg} \cdot \text{m}/(\text{N} \cdot \text{s}^{-2})$；
    ρ_g——气体密度，kg/m^3；
    v——气液速度，m/s；
    D——液滴的直径，m。

当 Weber 数超过 20~30 这一临界值时，液滴就会破裂。取最高值（$N_{we} = 30$），可得到液滴最大直径与速度之间关系式为：

$$D_{\max} = \frac{30\sigma g_c}{\rho_g v^2} \tag{3.48}$$

将式（3.48）代入式（3.46），并视流体为牛顿液体，取 $C_d = 0.44$ 得：

$$v = 5.5 \left[\frac{\sigma(\rho_L - \rho_g)}{\rho_g^2}\right]^{0.25} \tag{3.49}$$

对于式（3.49），Turner 等人建议取安全系数为 20%，即将式（3.49）获得的气流速度调高 20%。但 Coleman Steve B 等通过实验认为：保持低压气井排液的最小流速可以利用 Turner 等提出的液滴模型预测，而不必附加 20% 的修正值。

将式（3.49）改写为日产气量形式为：

$$q_{sc} = 1.92 \times 10^4 \frac{p_{wf} A v}{T_{wf} Z} \tag{3.50}$$

式中 A——油管截面积，m^2；
    p_{wf}——油管终端流压，MPa；
    T_{wf}——油管终端流温，K；
    Z——p_{wf}、T_{wf} 条件下的气体偏差系数；
    ρ_{sc}——标准状况下气体密度，kg/m^3；
    q_{sc}——日产气量，10^4m^3。

从式（3.50）可知，对于多数情况而言，最小体积排液流量随气体密度的增加而增加。在流动着的气井中，最高气体密度出现在压力最高的井底。因此，最小排液流量应根据井底条件计算。

从式（3.50）看出，水和凝析油的排液速度不同，这是由于二者的界面张力和密度不同所致。对于气水系统，其界面张力和密度差一般高于凝析油气系统，所以水的排液速度大于凝析油的排液速度。因此，如果在井筒中存在两种流体时，那么水将成为控制流体。流体参数在方程中是以四次方根出现，所以排液速度的差别不会非常显著，而井径和压力的影响更直接和明显。

Turner 等提出的计算方法并非适用于任何气液井，它必须满足液滴模型，即一般气液比大于1400m³/m³。如果气井表现为段塞流特性，公式(3.50)将不再适用。

（2）椭球模型。

李闽认为气井携液过程中，运动的液滴在压差作用下呈椭球形，曳力系数取1，根据椭球模型进行气井携液公式的推导，得出临界流速为：

$$v = 2.5 \times \frac{[\sigma(\rho_L - \rho_g)]^{0.25}}{\rho_g^{0.5}} \tag{3.51}$$

气井携液临界流量公式为：

$$q_{sc} = 2.5 \times 10^4 \frac{pAv}{TZ} \tag{3.52}$$

针对克拉2气田采用椭球模型进行计算，单井井筒主要有三种尺寸，按照目前地层压力计算了最小携液量极限产量，见表3.12。

表3.12 克拉2气田单井携液量计算参数及计算结果

计算参数		KL2-1、KL2-2、KL2-4、KL2-5、KL2-6、KL2-7、KL2-8	KL2-9、KL2-15、KL203、KL204	KL2-3、KL2-10、KL2-11、KL2-12、KL2-13、KL2-14、KL205
d	mm	177.8	114.3	88.9
A	m²	0.0248	0.0103	0.0062
z		1.22	1.22	1.22
T	K	373	373	373
γ_g		0.565	0.565	0.565
ρ_w	kg/m³	1024	1024	1024
ρ_{gsc}	kg/m³	0.00068	0.00068	0.00068
ρ_g	kg/m³	237.14	237.14	237.14
σ	N/m	0.06	0.06	0.06
v_g	m/s	0.43	0.43	0.43
q_{sc}	10⁴m³	31.82	13.15	7.96
q_{sc}上浮20%	10⁴m³	38.18	15.78	9.55

3.2.3.2 水锥极限产量法

目前国内外常用的有四种水侵气藏临界产量计算公式，其中 Schols 方法和 Meyer 方法未考虑各向异性，Chaperon 和 Hoyland 临界产量计算方法考虑了各向异性的影响。

（1）修正的 Dupuit 临界产量计算公式。

Dupuit 临界产量计算公式适合于理想完井方式（总表皮系数 $S=0$），对于非理想完井方式（$S \neq 0$）的情况，西南石油大学李传亮提出了一个修正 Dupuit 临界产量计算公式：

$$q_{gc} = \frac{2.66 K \Delta \rho_{wg} g (h^2 - b^2)}{B_g \mu_g (\ln \frac{r_e}{r_w} + S)} \tag{3.53}$$

式中　$\Delta\rho_{wg}$——气水密度差,kg/m³;
　　　h——气层厚度,m;
　　　b——气层射开厚度,m。
（2）Schols 临界产量公式。

$$q_{gc} = \frac{2.66\Delta\rho_{wg}KK_{rg}}{\mu_g B_g}\left(0.432 + \frac{\pi}{\ln\frac{r_e}{r_w}}\right)(h^2 - b^2)\left(\frac{h}{r_e}\right)^{0.14} \qquad (3.54)$$

式中　K_{rg}——气相相对渗透率。
（3）Meyer 临界产量公式。

$$q_{gc} = \frac{2.66K_g\Delta\rho_{wg}[h^2 - h_p^2]}{\mu_g B_g \ln\frac{r_e}{r_w}} \qquad (3.55)$$

式中　h_p——气层射开厚度,m。
（4）Chaperon 临界产量公式。

$$q_{gc} = \frac{0.8467K_h h^2 \Delta\rho_{wg}}{\mu_g B_g}q_c^* \qquad (3.56)$$

其中:

$$q_c^* = 0.7311 + 1.9434/a \qquad (3.57)$$

$$a = \left(\frac{r_e}{h}\right)\left(\frac{K_v}{K_h}\right)^{0.5} \qquad (3.58)$$

式中　K_v——垂向渗透率;
　　　K_h——水平渗透率。
（5）Hoyland 临界产量公式。

$$q_{gc} = 0.246 \times 10^{-4}\left[\frac{h^2 \Delta\rho_{wg}K_h}{\mu_g B_g}\right]q_{CD} \qquad (3.59)$$

其中 q_{CD} 需通过与 r_D 的关系图版进行求解,

$$r_D = \frac{r_e}{h}\sqrt{\frac{K_v}{K_h}} \qquad (3.60)$$

式中　q_{CD}——无量纲临界流量;
　　　r_D——无量纲半径。
以已见水井 KL203 井、KL204 井为例对以上方法进行评价优选。以上几种方法评价的

KL203井、KL204井的临界产量与累计产气量关系曲线如图3.42和图3.43所示。由于Meyer方法和Schols方法未考虑各向异性,以KL203井来看,该井实际产量一直高于Meyer方法和Schols方法计算的临界产量,但是该井实际见水时累计产气量却高于这两种方法见水时累计产气量,计算结果明显与KL203井实际情况不符,故排除;Hoyland方法计算临界产量最高,且以KL204井来看,该井实际产量一直低于Hoyland方法计算的临界产量,但实际上该井见水时累计产气量却低于Hoyland以临界产量生产时见水时候的累计产气量,故结果与KL204井实际情况不符,也排除。剩下的Chaperon方法考虑各向异性,且计算结果符合KL203井及KL204井实际情况,即KL203井、KL204井一直高于Chaperon计算的临界产量生产,故实际这两口井见水时累计产气量低于Chaperon方法按临界产量生产见水时的累计产气量,该方法适用于克拉2气田水锥临界极限产量评价。

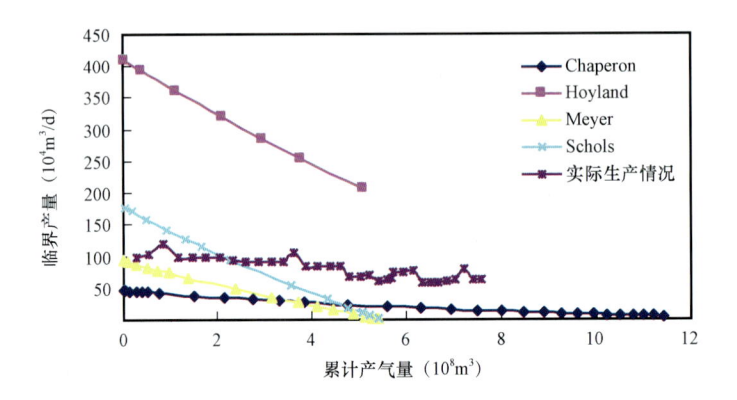

图3.42　KL203井临界产量与累计产气量关系

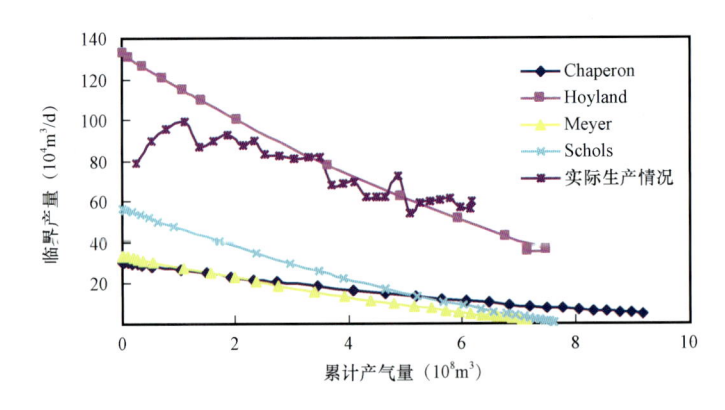

图3.43　KL204井临界产量与累计产气量关系

采用Chaperon方法计算了各单井的临界产量随开采的变化(图3.44和图3.45分别为KL2-6井及KL2-12井临界产量评价结果),并根据临界产量对单井进行了配产(表3.13),考虑从投产以来单井可稳产15年和13年两种情况考虑,对应气田产能分布为$2050 \times 10^4 m^3/d$以及$2280 \times 10^4 m^3/d$。通过水锥极限产量评价,单井共划分为3种类型(表3.14),为合理单井配产、调产提供依据。

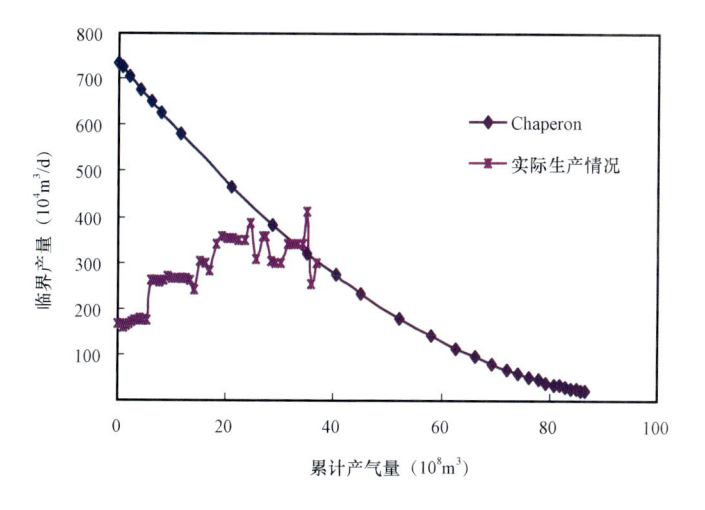

图 3.44 KL2-6 井临界水锥产量变化曲线

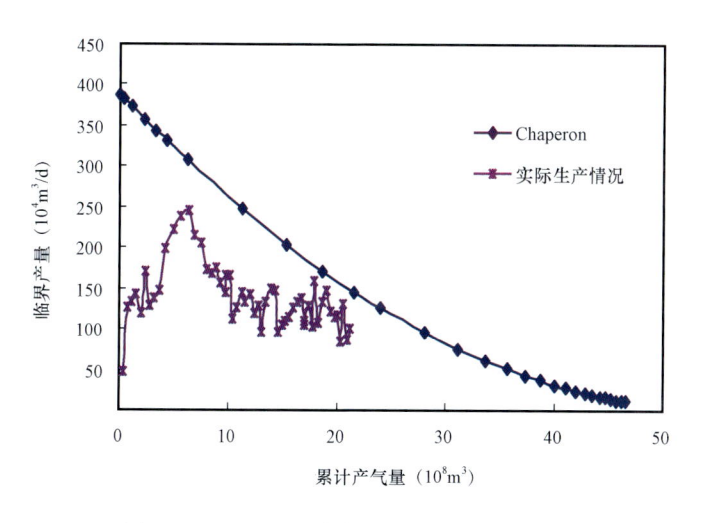

图 3.45 KL2-12 井临界水锥产量变化曲线

表 3.13 水锥极限产量法评价结果及配产　　　　　　　　　单位：$10^4 m^3/d$

井名	临界产量	稳产 15 年配产	稳产 13 年配产
KL2-1	810	220	250
KL2-2	850	195	225
KL2-3	650	160	185
KL2-4	1030	245	285
KL2-5	930	115	135
KL2-6	320	160	185
KL2-7	400	215	250
KL2-8	330	200	230
KL2-9	170	35	40

续表

井名	临界产量	稳产15年配产	稳产13年配产
KL2–10	630	100	115
KL2–11	1300	155	180
KL2–12	166	85	100
KL2–13	17	55	65
KL2–14	120	35	40
KL203		20	25
KL204		15	20
KL205	18	40	50
合计	7741	2050	2280

表3.14 克拉2气田水锥极限产量评价单井分类

类型	生产井分类
高于临界产量生产	KL2–8、KL2–13、KL203、KL204、KL205
已达临界产量生产	KL2–6、KL2–7、KL2–12
低于临界产量生产	KL2–1、KL2–2、KL2–3、KL2–4、KL2–5、KL2–9、KL2–10、KL2–11、KL2–14

3.2.3.3 采气指示曲线法

按气井二项式渗流方程分析,在低于某一临界产量时,生产压差和产量近似于一条直线关系,生产压差和产量成比例增加,当产量超过此临界值后,产量和生产压差不再遵循线性关系(图3.46),紊流造成的压力损失增加,单位生产压差采气增量越来越小,使得气井地层能量利用不够合理。

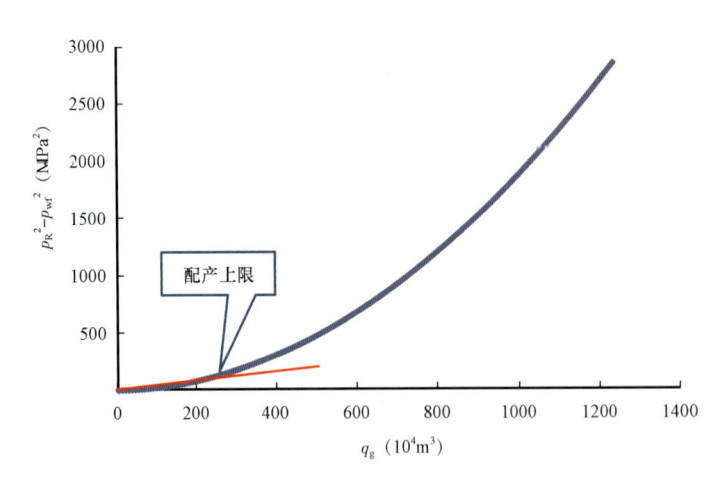

图3.46 KL2–4井采气指示曲线

由此把该临界点产量定为气井合理产量,此即采气指示曲线法确定气井合理产量的原理。气井产量增加后,生产压差呈抛物线上升趋势,表明高速湍流效应引起了额外的压力损失,合理产量应该保持在直线范围内,图3.46为KL2-4井采气指示曲线法评价结果。表3.15为采用指示曲线法评价的克拉2气田单井合理配产结果,单井合计气田合理产能为 $2610 \times 10^4 m^3/d$,明显高于临界产量配产结果。

表3.15 单井采气指示曲线法产量计算结果

井号	地层压力(MPa)	无阻流量($10^4 m^3/d$)	产量上限($10^4 m^3/d$)
KL203	55.03	72	10
KL205	54.90	616	140
KL2-1	55.76	1365	250
KL2-2	55.75	1677	300
KL2-3	55.74	1206	240
KL2-4	55.64	1183	250
KL2-5	54.62	916	150
KL2-6	55.13	1234	250
KL2-7	54.69	1641	250
KL2-8	55.13	1477	220
KL2-9	54.48	336	70
KL2-10	55.73	694	100
KL2-11	55.59	769	100
KL2-12	55.53	516	80
KL2-13	55.13	598	70
KL2-14	55.47	190	40
KL2-15	55.73	202	40
KL2-H1	55.81	225	50
合计			2610

3.2.3.4 数值模拟法

在克拉2气田历史拟合基础上,重点是对单井、气藏的压力拟合及含水率拟合基础上,对单井及气藏的开发指标进行预测。预测时考虑单井稳产期一致,且控制生产压差,从而使底水及边水平稳推进,避免水侵过快暴性水淹。采用数值模拟法确定单井合理配产,结果见表3.16,全气田合理产能为 $2035 \times 10^4 m^3/d$,与水锥临界产量评价结果比较接近。

3.2.3.5 单井合理产能评价结果

综合以上论证结果,结合克拉2气田单井裂缝、断层、高渗透条带等地质因素及水侵机理分析结果,考虑气田均衡开采,延长单井无水采气期,主要考虑数值模拟法及水锥极限产量法结果进行了单井合理配产,确定了单井合理产能。考虑气藏均衡开采,单井应具备10年以上的稳产期,合理配产应在 $2100 \times 10^4 m^3/d$ 左右,详细配产结果见表3.17。

表 3.16 克拉 2 气田数值模拟法单井合理配产计算结果

序号	井名	地层压力(MPa)	合理配产(10⁴m³/d)	合理压差(MPa)
1	KL203	55.03	0	
2	KL205	54.90	50	2.50
3	KL2-1	55.76	200	0.70
4	KL2-2	55.75	200	0.95
5	KL2-3	55.74	170	0.15
6	KL2-4	55.64	220	1.50
7	KL2-5	54.62	110	1.20
8	KL2-6	55.13	210	0.80
9	KL2-7	54.69	200	0.75
10	KL2-8	55.13	200	2.50
11	KL2-9	54.48	45	1.20
12	KL2-10	55.73	90	0.88
13	KL2-11	55.59	110	0.90
14	KL2-12	55.53	100	1.62
15	KL2-13	55.13	20	0.68
16	KL2-14	55.47	30	3.00
17	KL2-15	55.73	50	0.60
18	KL2-H1	55.81	30	0.50
合计			2035	

表 3.17 克拉 2 气田综合多种方法单井合理配产表

序号	井号	无阻流量 (10⁴m³/d)	最小携液法 (10⁴m³/d)	无阻流量法取1/6 (10⁴m³/d)	临界水锥稳产15年 (10⁴m³/d)	采气指示曲线法 (10⁴m³/d)	数值模拟方法 (10⁴m³/d)	合理生产压差 (MPa)
1	KL203	72	7.96	12	20	20	0	
2	KL205	616	13.15	103	40	140	50	2.5
3	KL2-1	1365	31.82	228	220	270	200	1.0
4	KL2-2	1677	31.82	280	195	300	200	1.0
5	KL2-3	1206	13.15	201	160	240	170	1.0
6	KL2-4	1183	31.82	197	245	280	220	2.0
7	KL2-5	916	31.82	153	115	170	110	2.5
8	KL2-6	1234	31.82	206	160	250	210	1.0
9	KL2-7	1641	31.82	274	215	270	200	1.0
10	KL2-8	1477	31.82	246	200	250	200	1.5
11	KL2-9	336	7.96	56	35	70	45	2.0
12	KL2-10	694	13.15	116	100	150	90	1.5

续表

序号	井号	无阻流量 ($10^4 m^3/d$)	最小携液法 ($10^4 m^3/d$)	无阻流量法取1/6 ($10^4 m^3/d$)	临界水锥稳产15年 ($10^4 m^3/d$)	采气指示曲线法 ($10^4 m^3/d$)	数值模拟方法 ($10^4 m^3/d$)	合理生产压差 (MPa)
13	KL2-11	769	13.15	128	155	150	110	1.0
14	KL2-12	516	13.15	86	85	120	100	2.0
15	KL2-13	598	13.15	100	55	140	20	1.0
16	KL2-14	190	13.15	32	35	40	30	3.0
17	KL2-15	202	7.96	34	30	40	50	2.5
18	KL2-H1	225	7.96	38	45	50	30	1.0
合计		14492	330.70	2486	2100	2860	2035	

第4章 高压气藏水侵动态

对于水驱气藏而言，气田开发过程中水侵是个很普遍的问题，水侵初期，水体可以起到维持地层压力、保持气井产量的正面作用。但当水侵入气藏后，会导致气体相对渗透率大幅度降低，严重影响气井产能。此外，由于地层水沿裂缝及高渗透条带窜入气藏后，会造成气藏分割，严重影响气藏最终采收率。同时会在气井井筒中形成积液影响气井的连续性开采。所以加强对水侵模式和水侵特征研究，做到水侵的提早预警，对于气藏开发具有重要的意义，本章以克拉2气田为例，阐述超高压气藏水侵动态判别方法、水侵机理及水侵模式。

4.1 水侵动态分析方法

水侵动态的分析主要是通过已见水气井的产量不稳定分析典型曲线以及流动物质平衡曲线的分析来实现的。

4.1.1 产量不稳定曲线的水侵特征

根据已见水井的生产动态特点，可以发现已见水井在产量不稳定分析典型曲线及流动物质平衡曲线上均有反应。其产量不稳定典型曲线及流动物质平衡曲线如图4.1和图4.2所示。

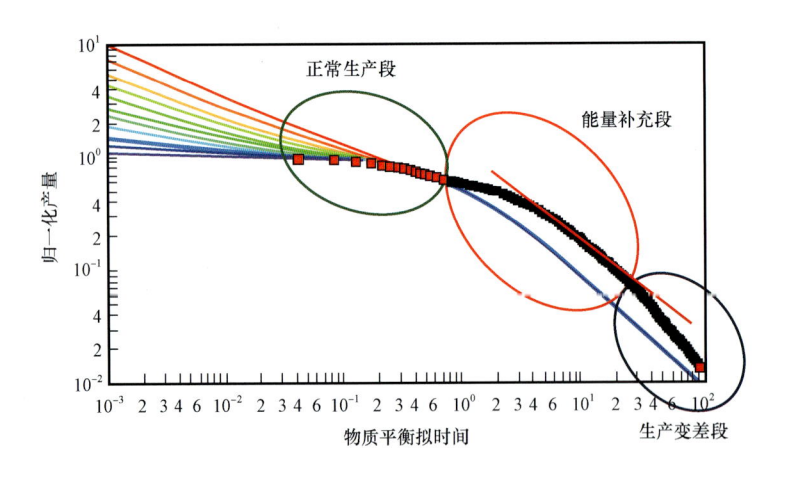

图4.1 水侵气藏产量不稳定典型曲线特征

可以看出，有水气藏单井生产动态呈现三段性：正常生产段、受水体能量补充段、受水锥进而生产变差段。这三段在产量不稳定分析曲线及流动物质平衡曲线上表现的特征分别如下。

正常生产段：产量不稳定曲线与某典型曲线吻合、流动物质平衡曲线初期为直线段。

受水体能量补充段：产量不稳定曲线向右上偏离边界控制流动直线段、流动物质平衡曲线

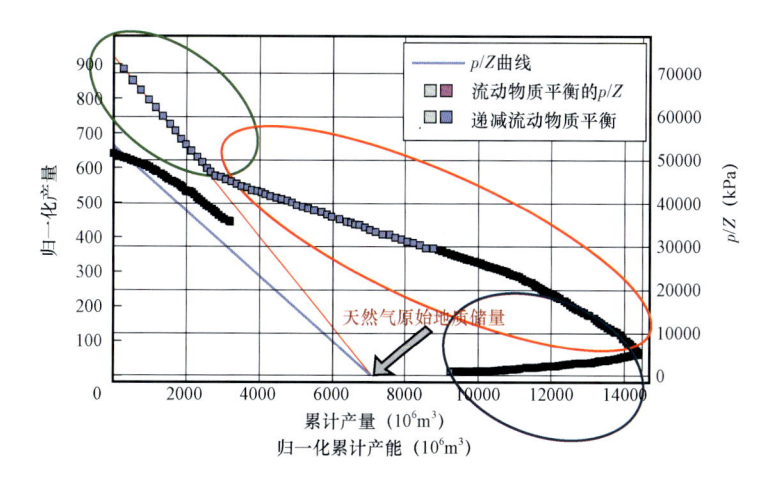

图 4.2 水侵气藏流动物质平衡曲线特征

向右上偏离初期直线段。

受水锥进而生产变差段:产量不稳定曲线向左下偏离边界控制流动直线段、流动物质平衡曲线向左下偏离初期直线段。

4.1.2 水侵类型分析

综合单井产量、压力特征及产量不稳定分析曲线特征对水侵类型进行了分类(表 4.1),共划分为两大类、四小类。这四种类型的产量、压力以及在产量不稳定分析曲线上的特征明显不同。

表 4.1 克拉 2 气田单井水侵类型判别

序号	类型		生产动态特征	产量不稳定分析曲线特征	包含井
1	未见水型	未水侵型	产量:稳定 压力:降低趋势较一致	典型曲线:与某条典型曲线吻合 流动物质平衡曲线:直线	KL2-4、KL2-5、 KL2-7、KL2-8、 KL2-9、KL205
2	未见水型	有水侵特征	产量:稳定或有升高 压力:目前降低速度小,低于前期	典型曲线:后期数据点偏离典型曲线向,右上偏移 流动物质平衡曲线:后期偏离直线上翘	KL2-1、KL2-2、 KL2-6、KL2-10
3	已见水型	水侵特征明显	(1)产量稳定,目前压力降低速度高于前期 (2)目前产量逐渐降低,压力降低趋势一致	典型曲线:后期数据点偏离典型曲线,向左下偏移 流动物质平衡曲线:后期偏离直线下掉	KL2-3、KL2-11、 KL2-12、KL2-13、 KL2-14
4	已见水型	已产水型	产量:逐渐减低 压力:后期压力有所上升	典型曲线:数据点先向右上偏移后向左下偏移 流动物质平衡曲线:先偏离直线上翘后下掉	KL203、KL204

— 115 —

克拉2气田未水侵型共包含6口井,其产量、压力变化特征及产量不稳定分析曲线特征如图4.3所示。

(a) 未水侵型油压变化特征

(b) 未水侵型典型曲线特征

(c) 未水侵型产量变化特征

(d) 未水侵型流动物质平衡曲线特征

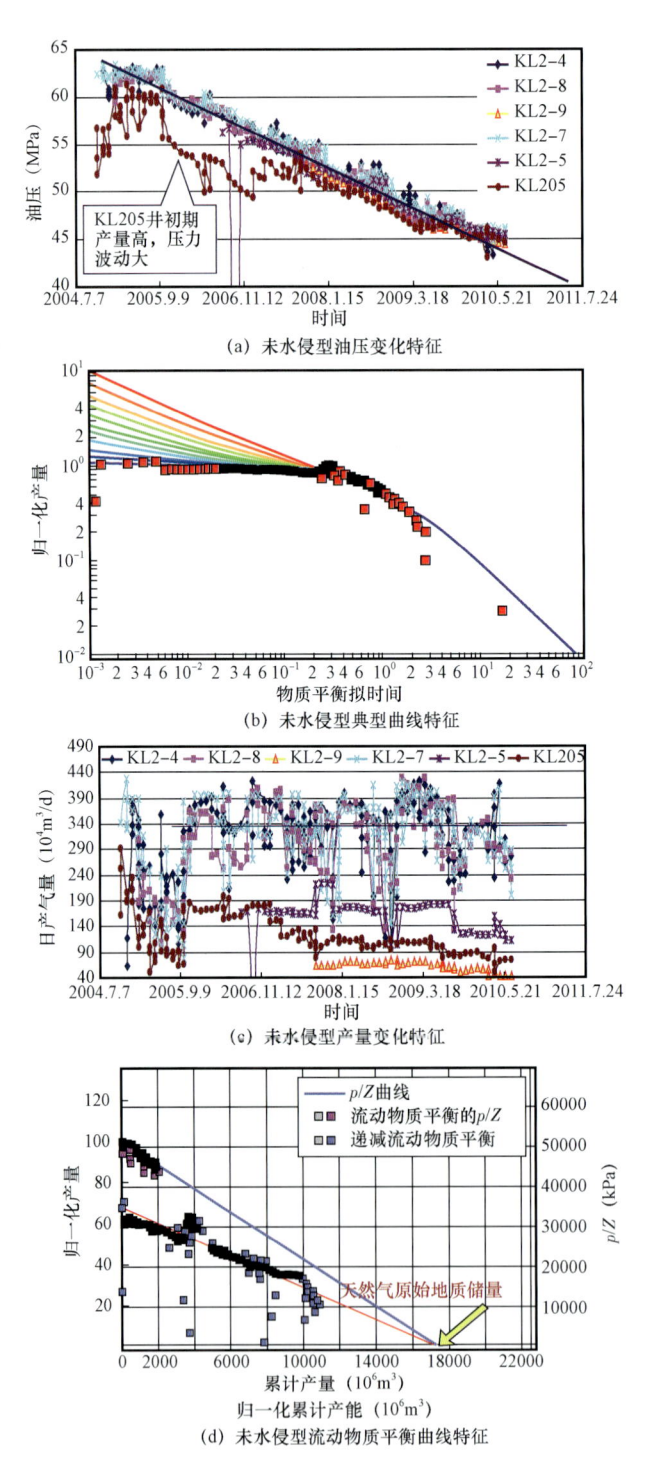

图4.3 未水侵型各曲线特征

水侵初期型共包含4口井,其产量、压力变化特征及产量不稳定分析曲线特征如图4.4所示。

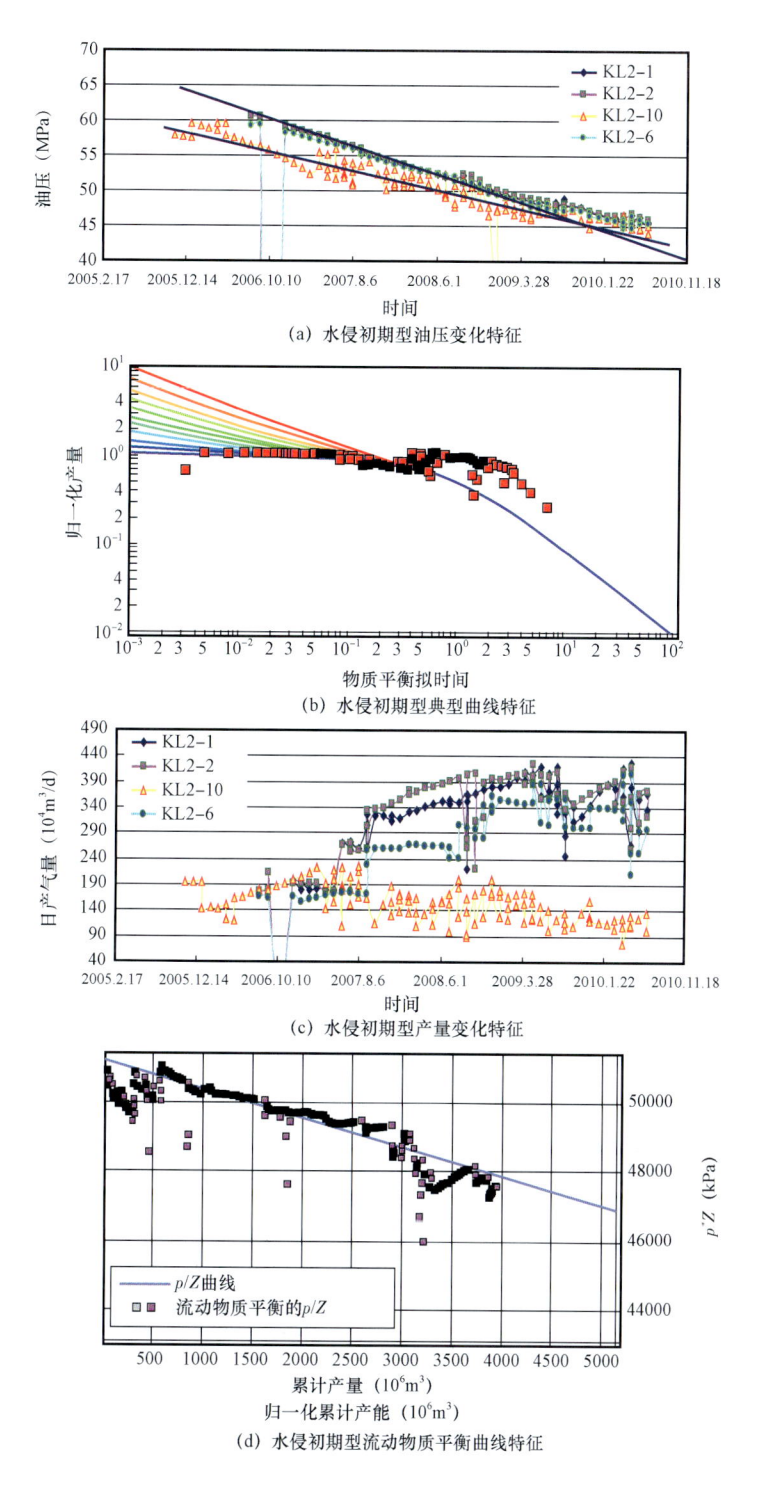

(a) 水侵初期型油压变化特征

(b) 水侵初期型典型曲线特征

(c) 水侵初期型产量变化特征

(d) 水侵初期型流动物质平衡曲线特征

图4.4 水侵初期型各曲线特征

水侵中后期型共包含 5 口井,其产量、压力变化特征及产量不稳定分析曲线特征如图 4.5 所示。

(a) 水侵中后期型油压变化特征

(b) 水侵中后期型典型曲线特征

(c) 水侵中后期型产量变化特征

(d) 水侵中后期型流动物质平衡曲线特征

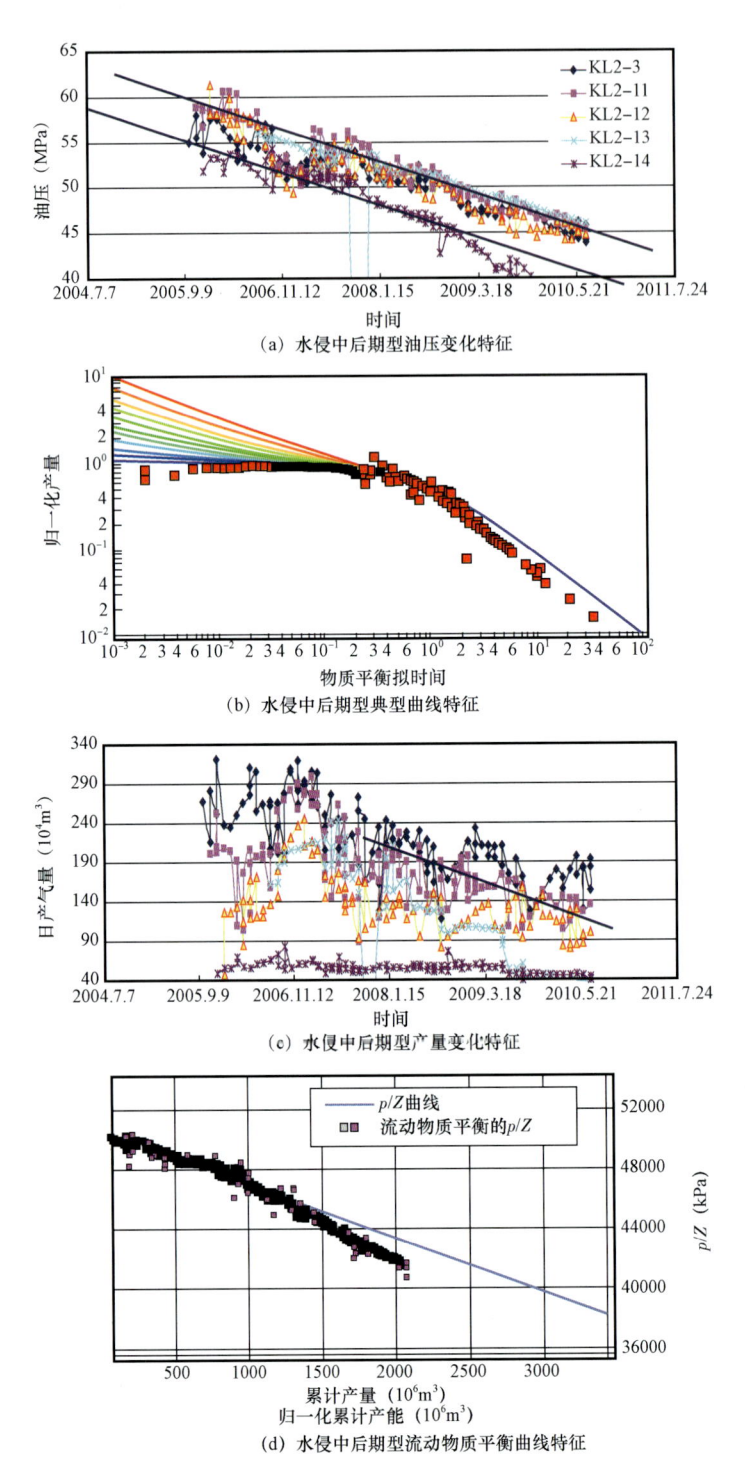

图 4.5 水侵中后期型各曲线特征

已产水型共包含2口井，其产量、压力变化特征及产量不稳定分析曲线特征如图4.6所示。

(a) 已产水型油压变化特征

(b) 已产水型典型曲线特征

(c) 已产水型产量变化特征

(d) 已产水型流动物质平衡曲线特征

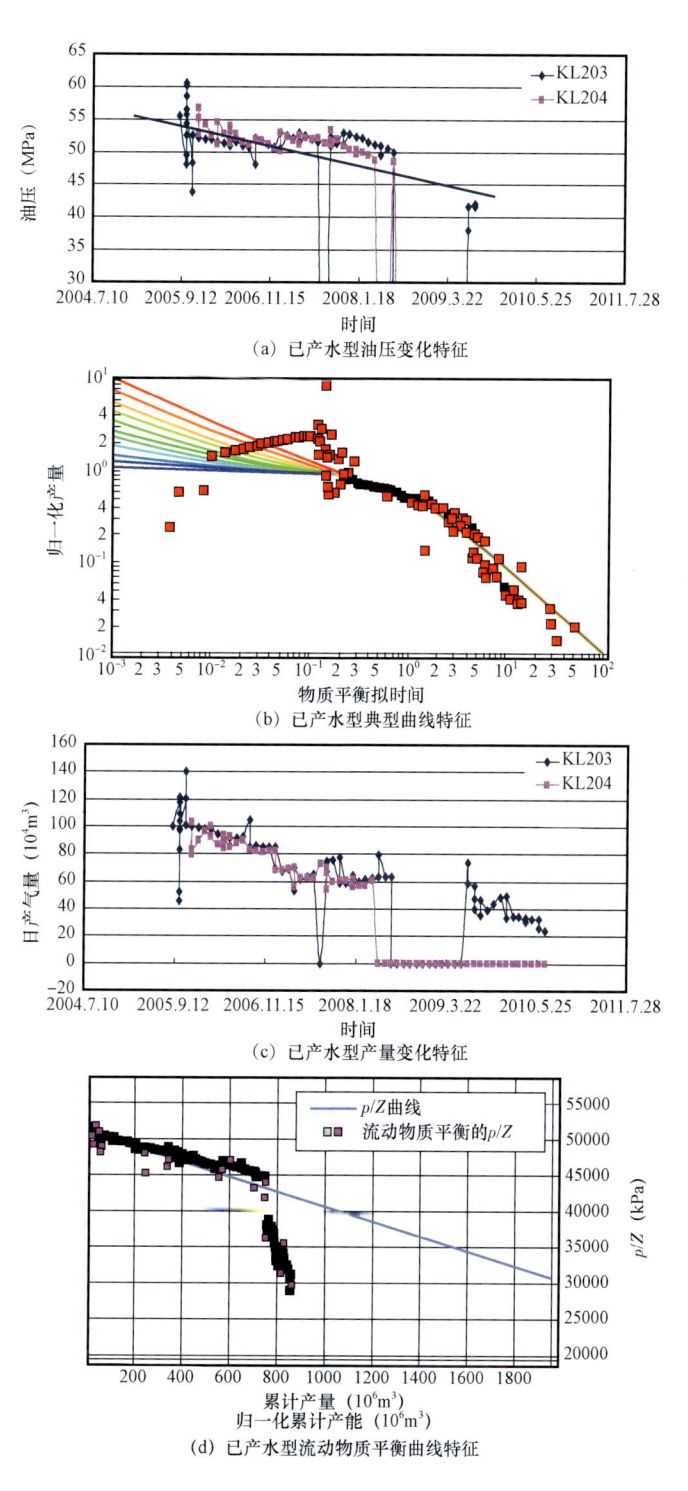

图4.6 已产水型各曲线特征

4.1.3 见水井分布特征

截止到 2015 年 10 月克拉 2 气田有 5 口见水井(KL203、KL204、KL2-12、KL2-13、KL2-14),主要分布在构造的东部、西部及背部,其中西部 3 口、东部 1 口、北部 1 口。见水井为边部井或避水高度较低的井,地质条件上见水井周围断裂系统比较发育(图 4.7)。

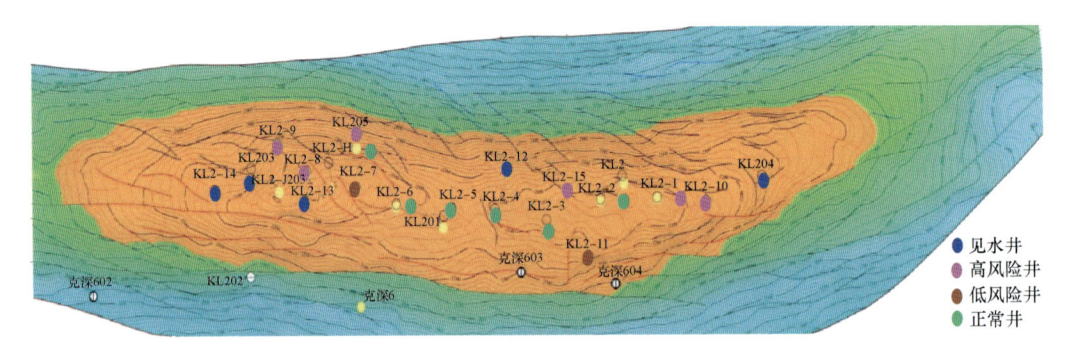

图 4.7 克拉 2 气田见水井分布图

4.2 单井水侵动态及模式

单井水侵分析不仅要对已见水气井的水侵模型进行分析,还要通过已见水气井的水侵模型分析结果对未见水气井的水侵进行预测,尽量延缓气井见水。

4.2.1 单井水侵机理分析

通过已见水井水侵机理分析,初步形成了单井见水时间预测及水侵类型判别方法(图 4.8),为单井合理配产及合理技术政策的制订提供了依据。

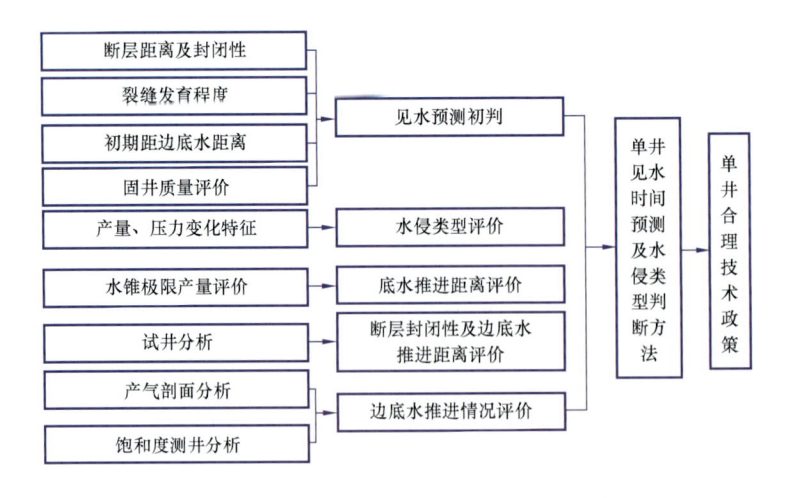

图 4.8 边底水气藏单井水侵规律研究技术路线

该技术路线的具体思路是：

（1）首先利用断层距离及封闭性、裂缝发育程度、初期距边底水距离以及固井质量评价等静态资料对气井进行初步见水预测判断；

（2）根据产量、压力变化特征对水侵类型进行评价，分为未水侵型、水侵初期型、水侵中后期型和已见水型；

（3）根据水锥极限产量评价方法可确定底水推进距离的动态变化；

（4）根据试井分析动态评价断层封闭性及边底水推进距离；

（5）通过产气剖面测试资料及饱和度测井分析进一步落实边底水推进情况。

综合以上结果可以对单井见水时间预测及水侵类型判断，并为单井合理开发技术政策的制订提供依据。

4.2.2 气井见水水侵机理

4.2.2.1 KL204井水侵机理

KL204井距离边水仅有500m、避水高度低（51m），高渗透带（$K > 100\text{mD}$）处于气水界面附近，水体能量充足。该井附近发育正断层（图4.9和图4.10），切穿气水界面、沟通边底水。射孔井段与巴什基奇克组水层之间固井质量好，管外窜可能性不大，由于该井构造位置较低（图4.11和图4.12），隔层在气水界面以下，不具遮挡作用，推断底水以沿断层上窜为主，造成水淹，属边底水综合作用。

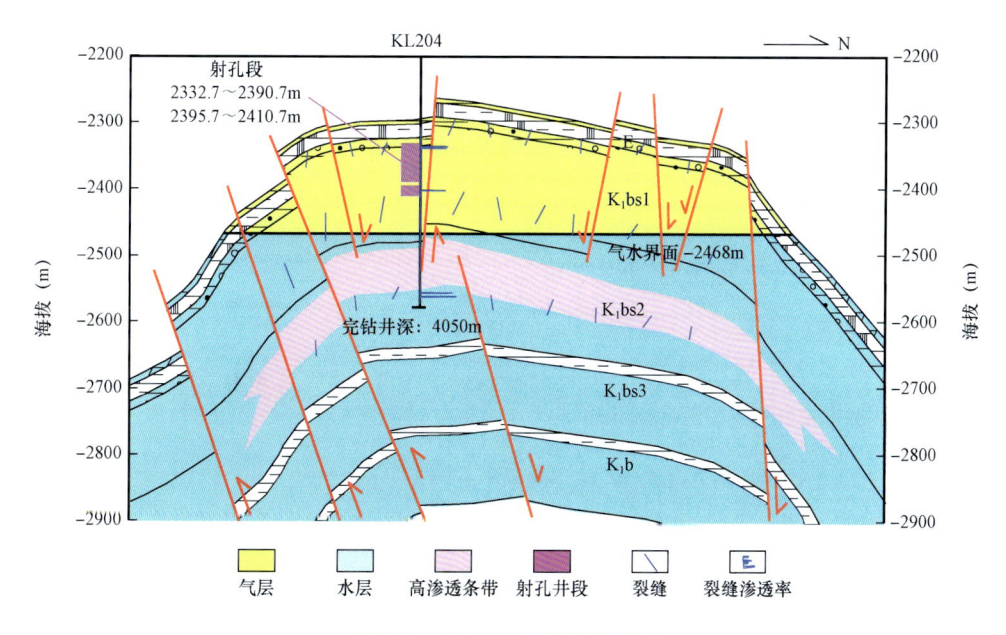

图 4.9 过 KL204 井南北剖面

从 KL204 井产量不稳定分析典型曲线上看（图4.13），数据点先向右上偏移后向左下偏移，向上偏移代表有能量补充，向下偏移代表产气能力变差，是见水的表现。

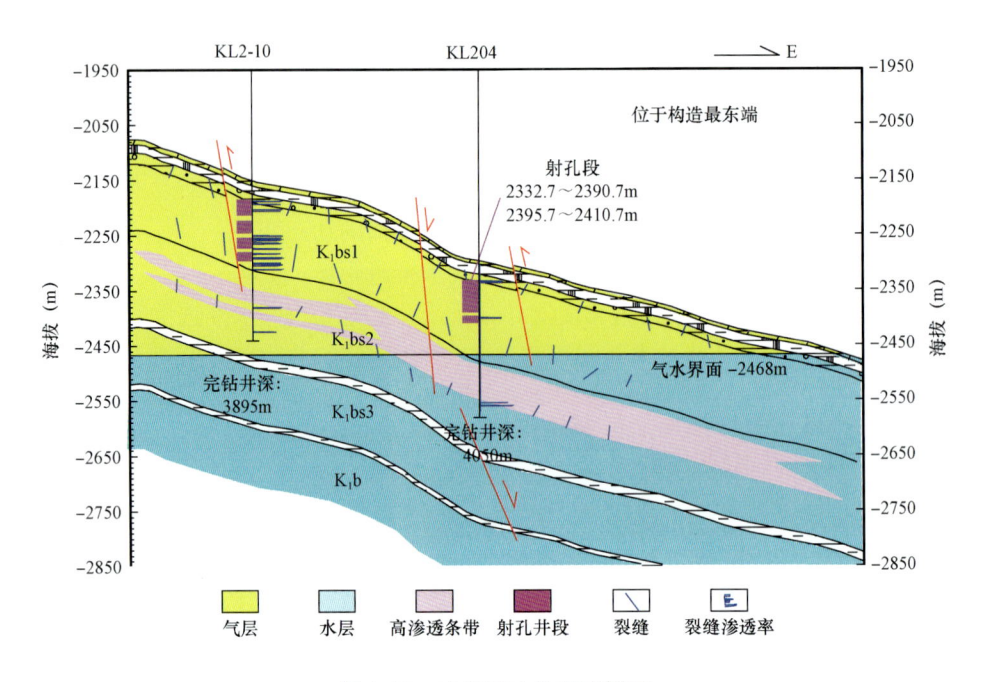

图 4.10 过 KL204 井东西剖面

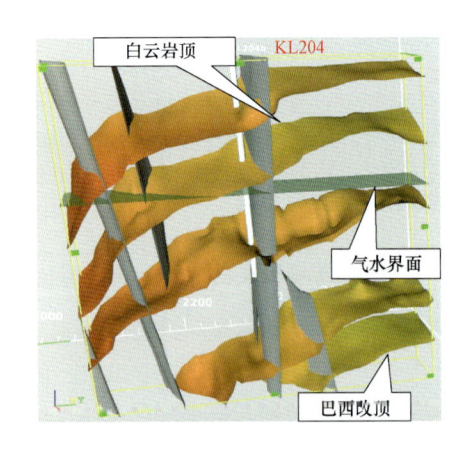

图 4.11 KL204 井局部断层与层面可视化图

图 4.12 过 KL204 井南北方向地震剖面

从流动物质平衡曲线(图 4.14)看,实测数据先偏离直线上翘后下掉(因为见水关井的原因只能看出下掉的趋势),与产量不稳定分析典型曲线对应,说明气井在生产过程中有水体能量补充且已经达到大量产水阶段。

从水锥临界产量曲线(图 4.15)上可以看出,KL204 井实际产量一直高于其水锥临界产量,基本确定底水到达生产层段。

图 4.16 为 KL204 井水侵变化动态,数值模拟结果表明,2010 年 KL204 井附近油水界面抬升了 132m 左右,射孔层位水淹,边底水均到达生产层段,南北方向边水推进比东西方向快,东西方向底水锥进比边水推进快,属边底水综合推进。

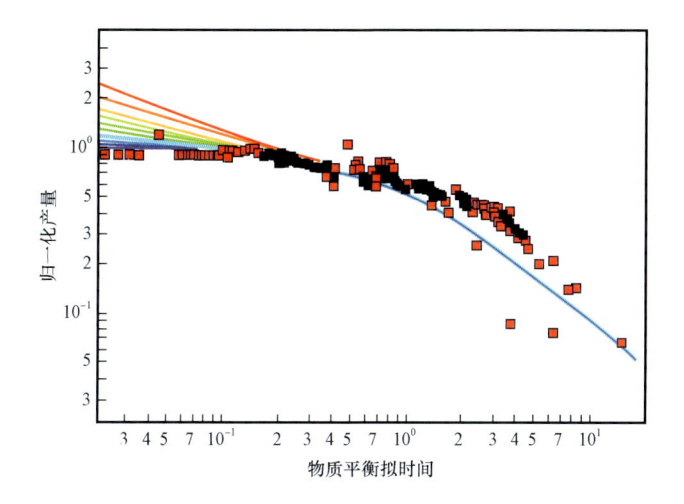

图 4.13　KL204 井产量不稳定分析典型曲线

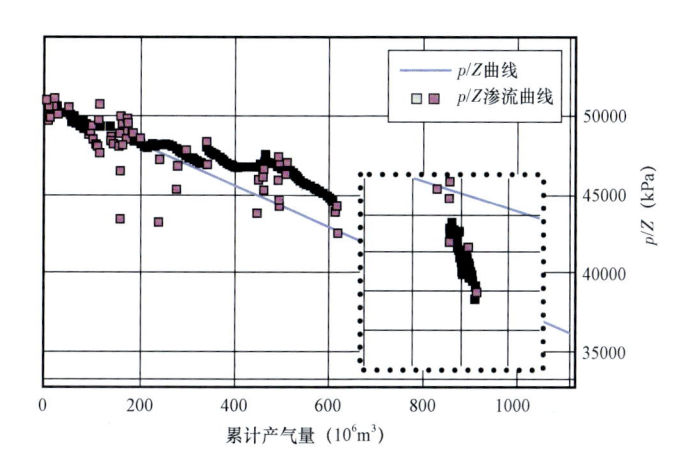

图 4.14　KL204 井流动物质平衡分析曲线

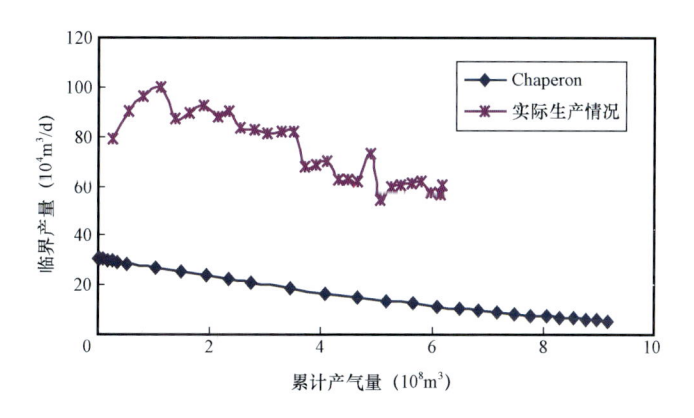

图 4.15　KL204 井水锥临界产量与累计产气量关系

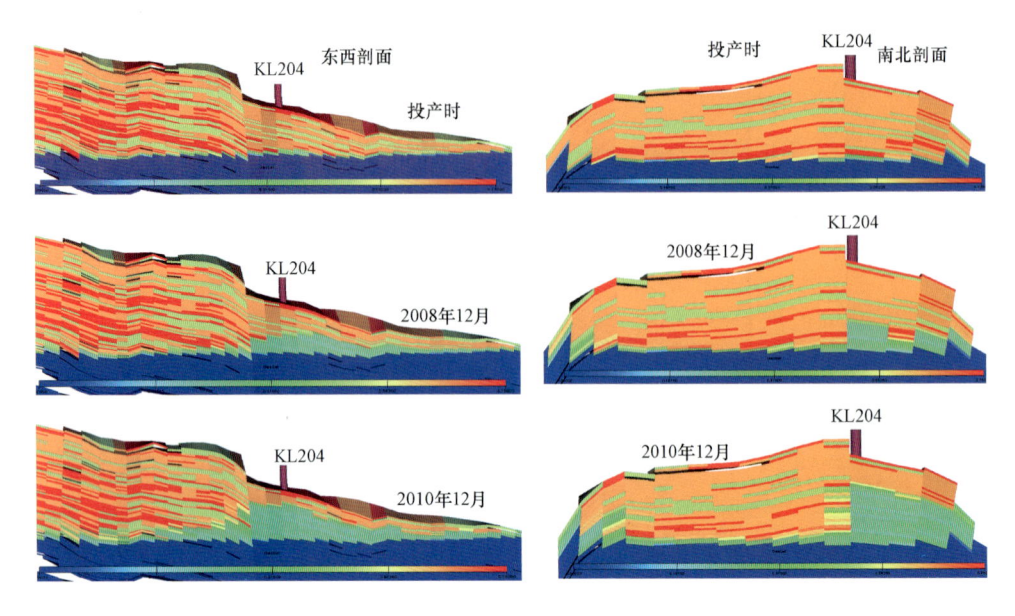

图 4.16　KL204 边底水推进数值模拟图

4.2.2.2　KL203 井水侵机理

KL203 井底部有一条过井断层,并且裂缝发育程度较强、裂缝渗透率较高(100mD 以上,远大于基质渗透率 5～30mD),出水量较大(160m³/d 左右)。井周围裂缝也较为发育,该类型井产水程度决定于基质物性和裂缝的发育程度,初步确定底水是沿断层及裂缝通道到达此层段(图 4.17 至图 4.19)。

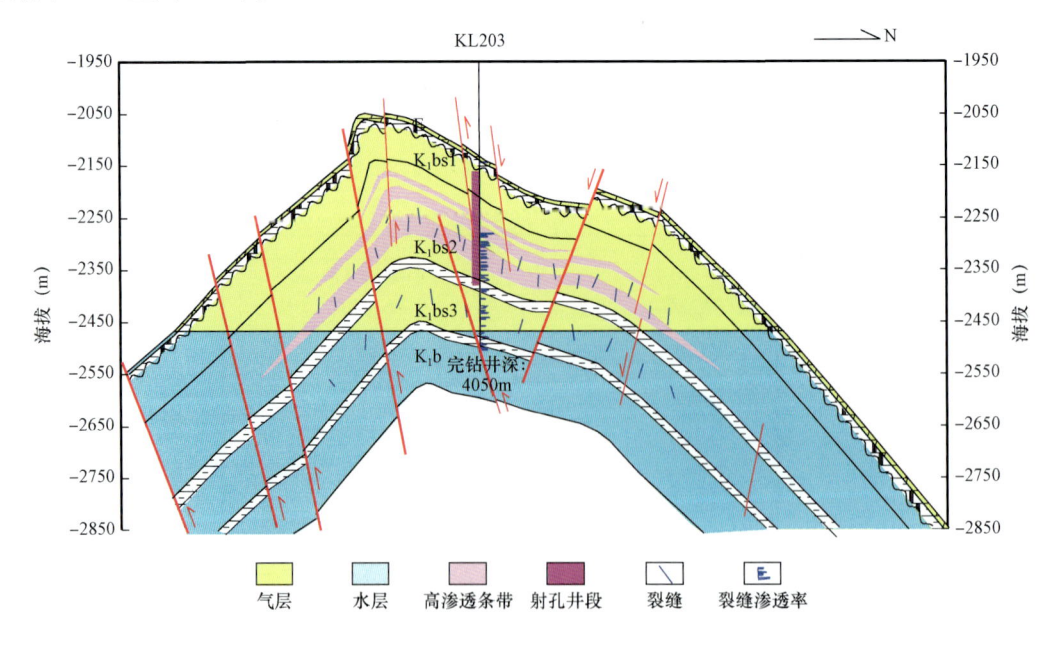

图 4.17　KL203 井南北剖面

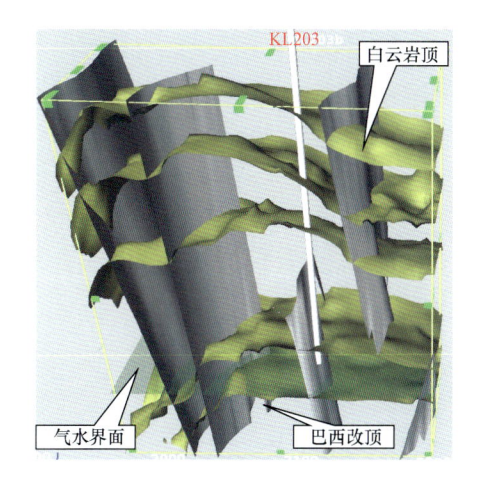

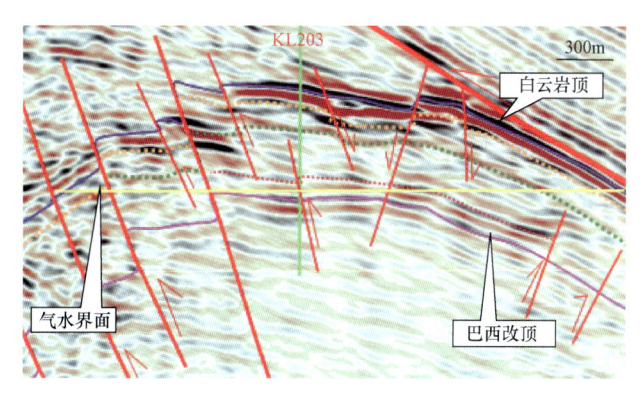

图 4.18　KL203 井断层与层面可视化　　　　图 4.19　KL203 井南北方向地震剖面

从 KL203 井产量不稳定分析典型曲线(图 4.20)上看,数据点先向右上偏移后向左下偏移,向上偏移代表有能量补充,向下偏移代表产气能力变差,是见水的表现。

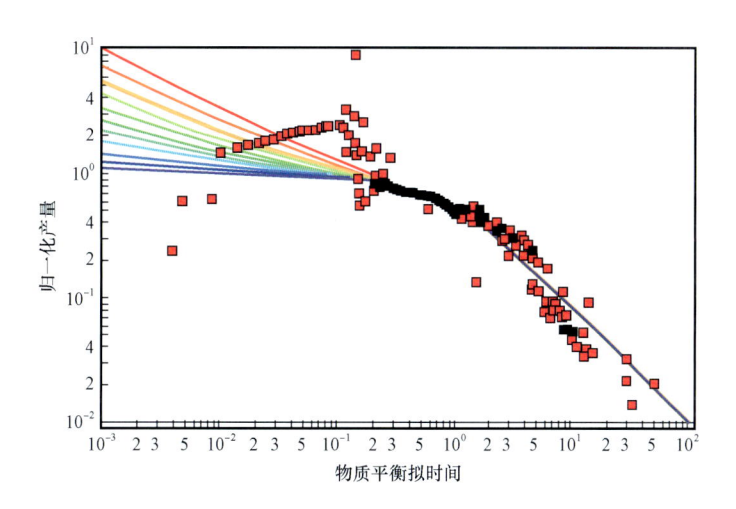

图 4.20　KL203 井产量不稳定分析典型曲线

从流动物质平衡曲线(图 4.21)上看,实测数据先偏离直线上翘后下掉(因为见水关井的原因只能看出下掉的趋势),与产量不稳定分析典型曲线对应,说明气井在生产过程中有水体能量补充且已经达到大量产水阶段。

从水锥临界产量曲线上可以看出(图 4.22),KL203 井实际产量一直高于其水锥临界产量,基本确定底水到达生产层段。

KL203 两次 PNN(Pulsed Neutron - Neutron,脉冲中子 - 中子)饱和度监测结果(表 4.2)表明,到 2009 年底水锥进 163m,2010 年测试表明气水界面比 2009 年抬升 15.5m。通过产气剖面监测也可以看出,KL203 井出水层位于底部,且 2010 年出水量明显高于 2009 年(图 4.23 和图 4.24)。综合 PNN 监测及产气剖面测试,证明出水层段为射孔段底部,属底水锥进。

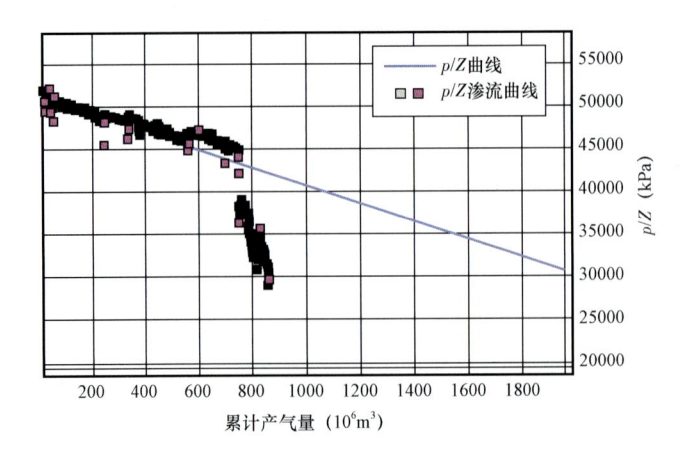

图 4.21 KL203 井流动物质平衡分析曲线

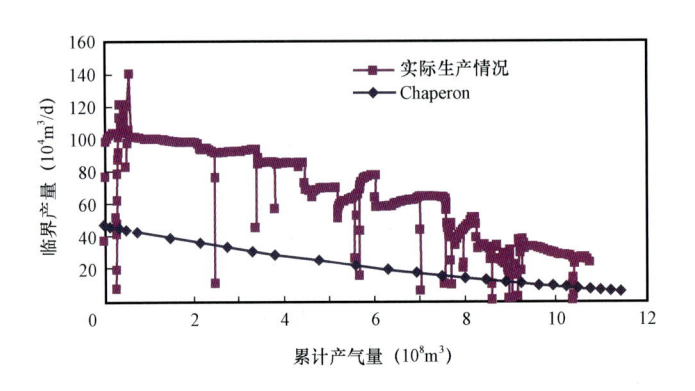

图 4.22 KL203 井水锥临界产量与累计产气量关系

表 4.2 KL203 井 PNN 测试对比表

井段(m)	含气饱和度(%)		
	完井测井	2009 年 PNN	2010 年 PNN
3820.6~3823.6	60	68	51.78
3823.6~3824.8	78	68	20.45
3824.8~3826.5		68	57.24
3826.5~3830.5	64	68	30.57
3830.5~3834.3	73	68	22.67
3834.5~3838.0	68	68	21.76
3838.4~3840.8	62	68	21.23
3841.8~3842.0	69	85	43.65
3842.0~3849.7	73	38	18.87
3850.0~3853.2	59	32	42.67

续表

井段(m)	含气饱和度(%)		
	完井测井	2009年PNN	2010年PNN
3853.6~3858.0	79	42	40.43
3858.0~3863.0	76	41	21.98
3863.0~3866.7	76	25	42.34
3867.0~3870.0	71	25	31.75
3871.5~3872.9	70	32	33.56
3874.3~3876.9	62	33	29.98
3877.4~3879.4	71	32	28.87
3880.9~3881.4	—	—	17.65
3881.8~3888.0	—	—	34.56

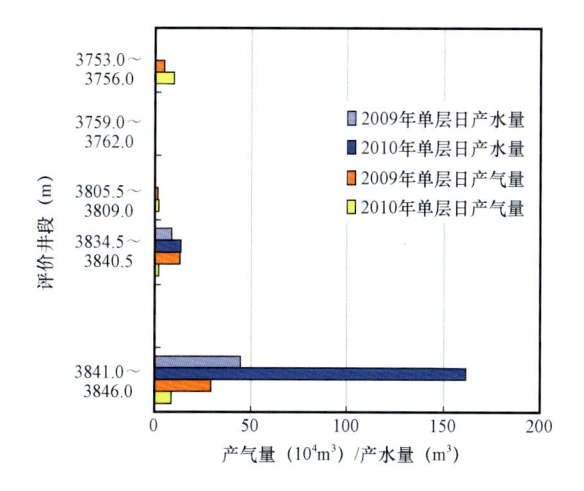

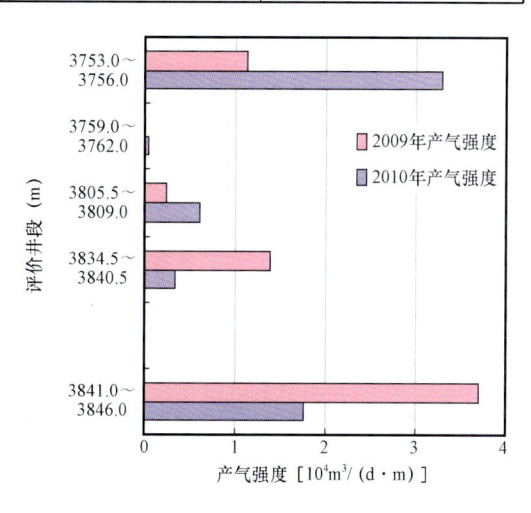

图 4.23　KL203 井产出剖面测试对比图　　图 4.24　KL203 井测试单层产气强度对比图

通过数值模拟的结果来看,从过 KL203 井东西剖面看,底水沿断层及裂缝通道锥进到达井底,从南北剖面看,由于有断层遮挡,边水推进不明显(图 4.25)。

KL203 井 2010 年 8 月显示产水量均来自 3834.5m 以下井段,2012 年 8 月的测试为封堵作业后进行的测量。测量结果显示,KL203 井人工井底密封性良好,达到了预期封堵效果。从测井成果可以看出,涡轮转速曲线在 3751.5~3756.0m、3759.0~3762.0m、3778.0~3783.0m、3785.4~3787.0m 井段有明显的变化;流温在对应井段 3754.6m、3760m、3778.8m、3786.5m 处呈明显降温显示,为典型产气层特征;从流体密度和持气率曲线反映,在 3765m 附近流型没有发生明显变化,均未明确指示出井筒内的气水界面。综合解释:上述层段均为本井产气层段,其中 3751.5~3756.0m 为本井主要产气层,历年测量产气剖面柱状图如图 4.26 所示。

KL203 井于 2012 年 8 月 3 日进行了 PNN 测井,通过 PNN 的测井解释分析,PNN 测量井段均显示了饱满的含气饱和度,PNN 解释为气层。2012 年 PNN 测井在 3660.0~3800.0m 井段内测量,未监测到明显的气水界面。但在2013年两次监测与2014年两次监测中,均发现底部水侵进一步加剧,堵水作业有效时间较短。

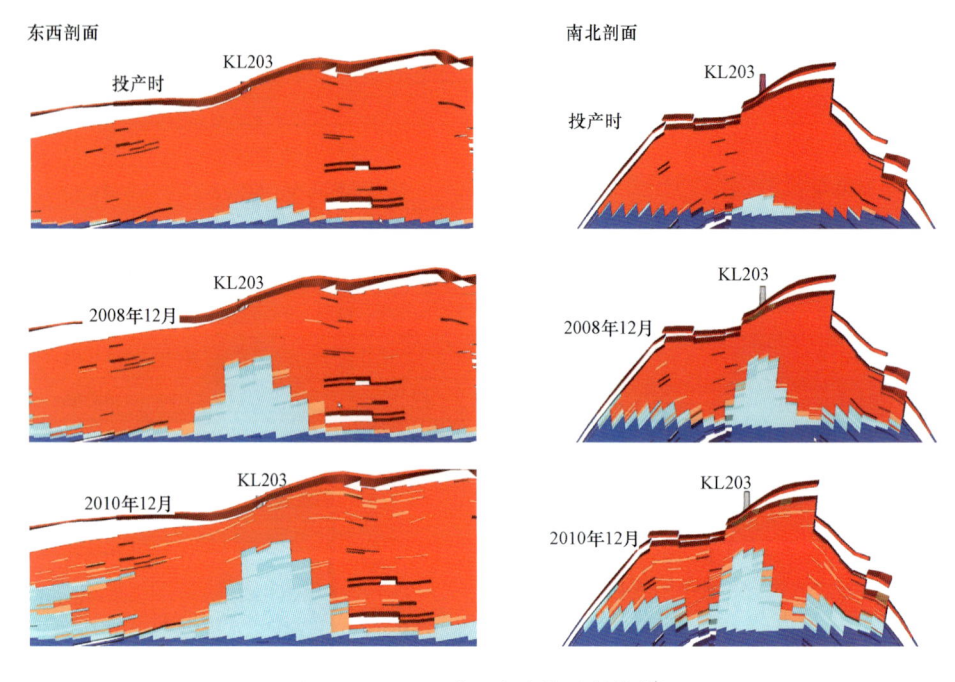

图4.25 KL203井边底水推进数值模拟图

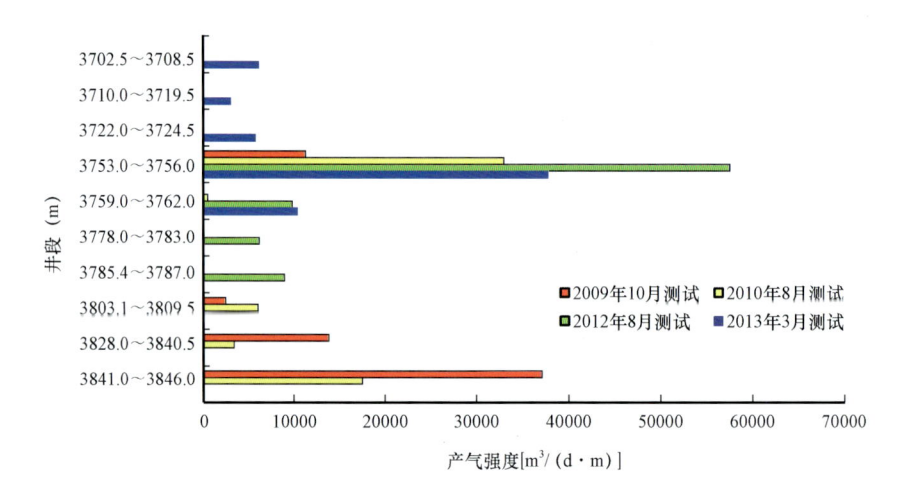

图4.26 KL203井历年采气强度对比图

4.2.2.3 KL2-14井水侵机理

根据地质认识,该井射孔段以下裂缝渗透率与基质渗透率均为10~30mD,不会发生水明显纵向上窜现象。射孔段内基质渗透率10mD左右,水流动难度相对大。该井避水厚度达158m,底水锥进可能性小。目前该井生产压差呈增大趋势,产水量缓慢增加,约为17.52m³/d(图4.27),推测该井产水原因为边水沿高渗透带突进(图4.28至图4.30)。

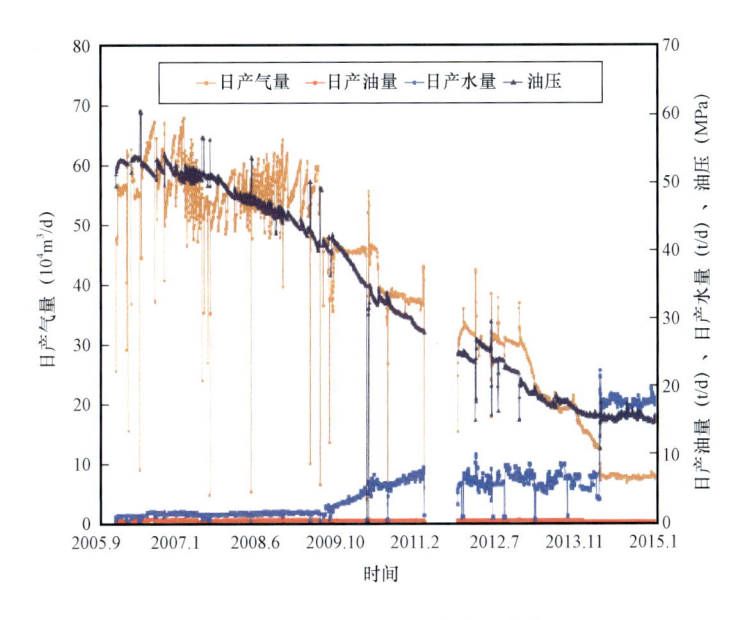

图4.27 KL2-14井生产动态曲线

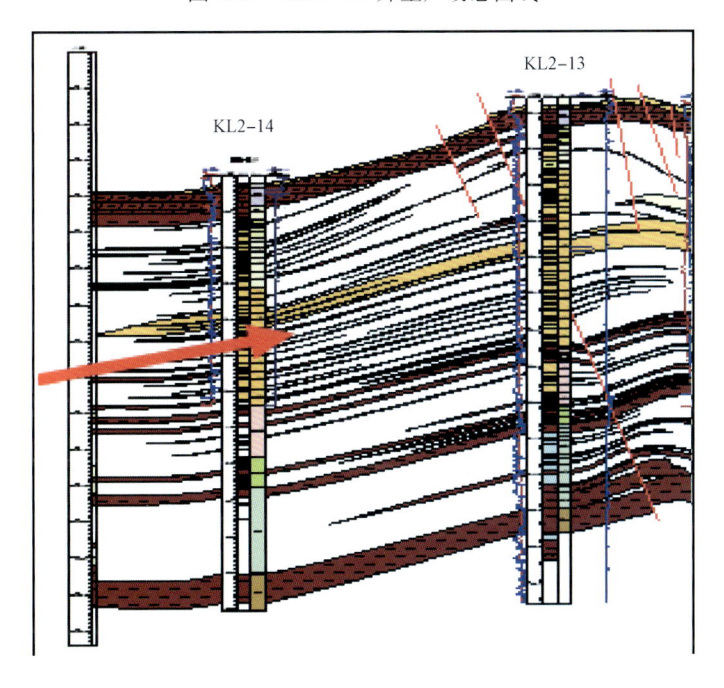

图4.28 KL2-14井高渗透条带分布

从 KL2-14 井产量不稳定分析典型曲线(图4.31)上看出,数据点后期向左下偏移,向下偏移代表产气能力变差,是水侵的表现,表明气井在生产过程中有水侵入导致压差增大、产能降低。

从流动物质平衡曲线(图4.32)上看,实测数据后期偏离直线下掉,与产量不稳定分析典型曲线对应,后期有明显水侵。

从水锥临界产量曲线(图4.33)上可以看出,KL2-14 井实际产量一直低于其临界产量,基本排除底水锥进的可能。

图 4.29　KL2-14 井断层与层面可视化图

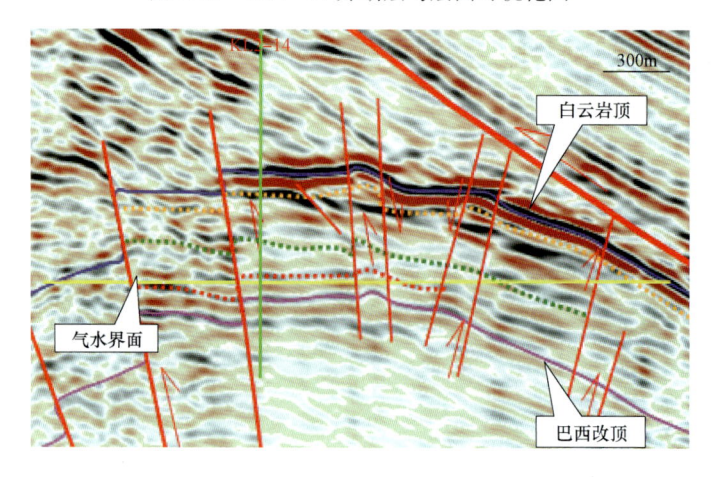

图 4.30　KL2-14 井南北地震剖面

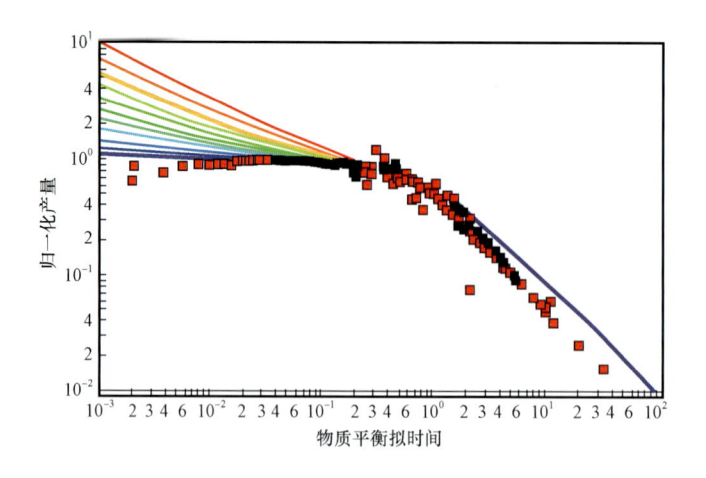

图 4.31　KL2-14 井产量不稳定分析典型曲线

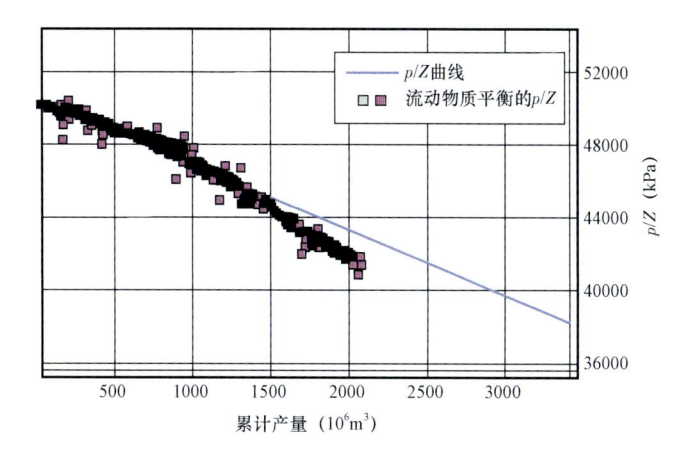

图 4.32　KL2-14 井流动物质平衡分析曲线

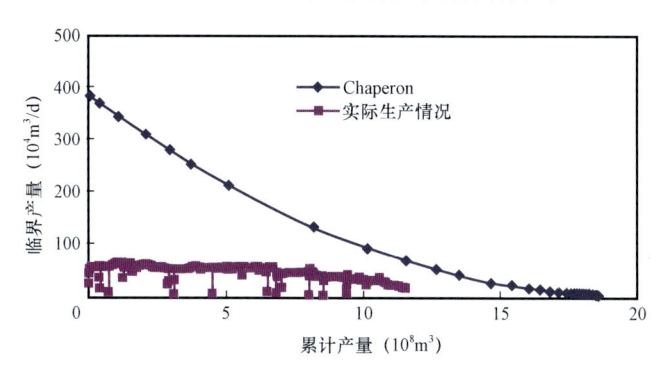

图 4.33　KL2-14 井水锥临界产量与累计产量关系

KL2-14 井四次 PNN 饱和度监测结果表明,2009 年 3774~3780m 为水淹层,2010 年扩大为 3774~3792m。在 2012 年与 2013 年的四次 PNN 测试中,在 3772.5m 以上没有检测到明显的气水界面(图 4.34 和图 4.35)。综合 PNN 监测及产气剖面测试,证明出水层段为中间层,产水属高渗透条带推进。

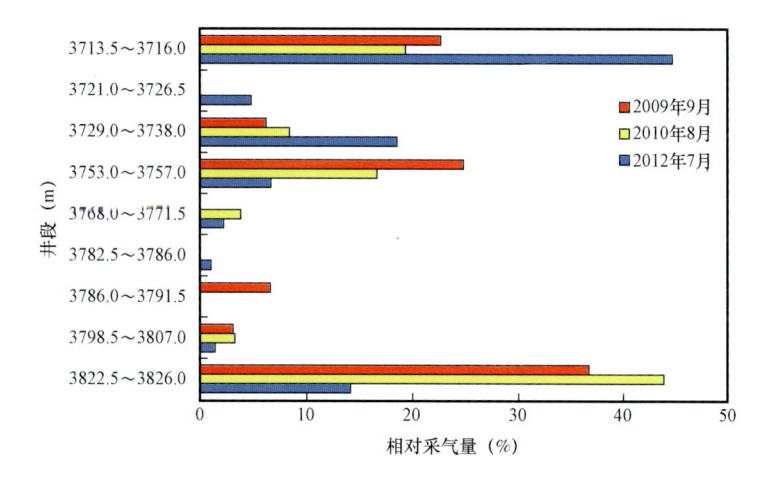

图 4.34　KL2-14 井产出剖面测试对比图

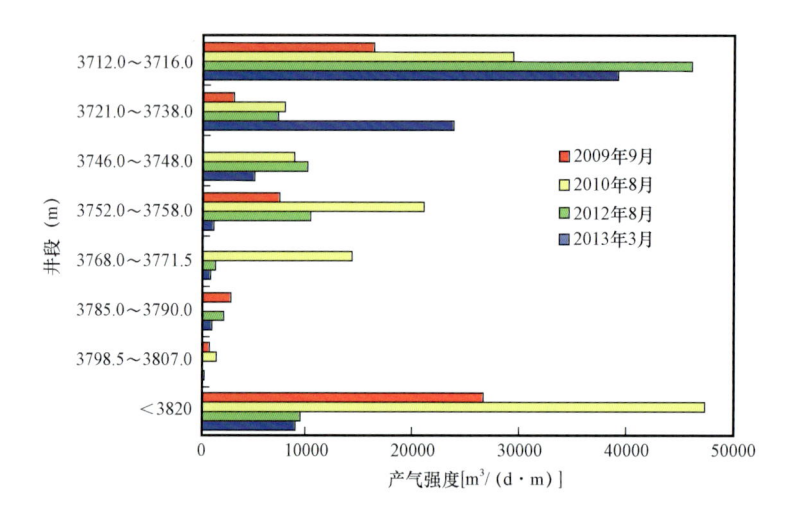

图 4.35　KL2-14 井测试单层产气强度对比图

数值模拟验证：从东西剖面看，地层水有沿高渗透带舌进的趋势，从南北剖面看，没有舌进的趋势，说明水是从东面推进的（图 4.36）。

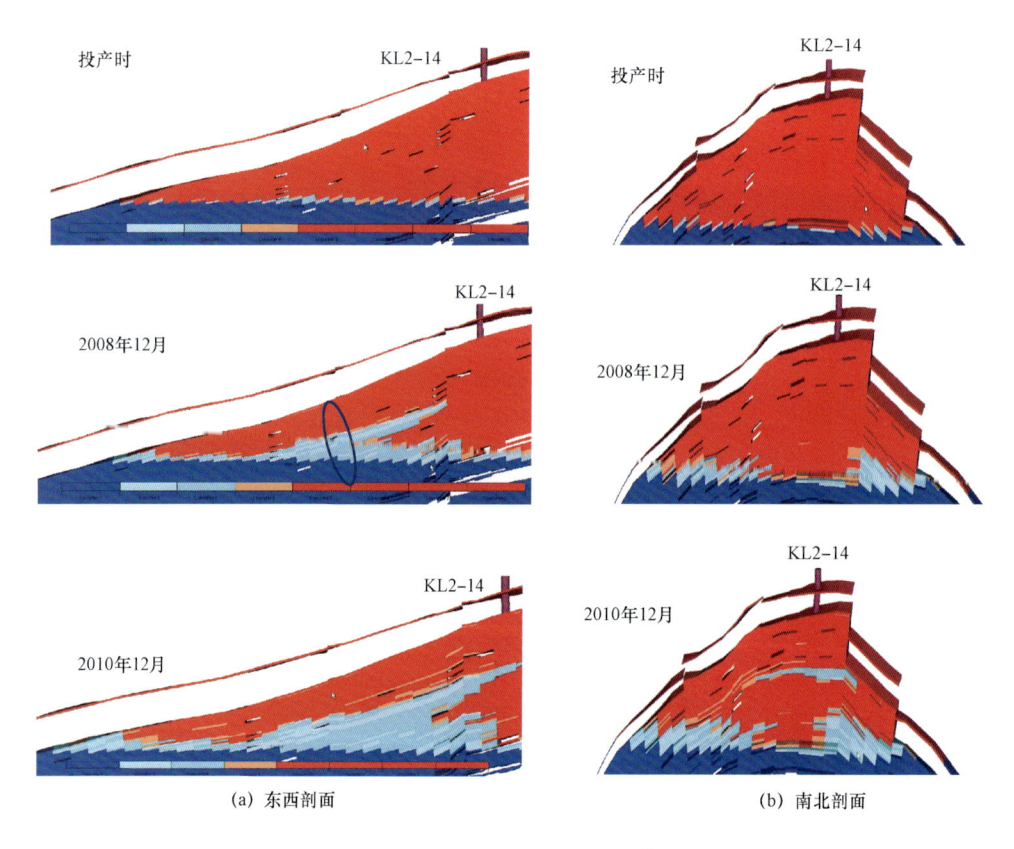

(a) 东西剖面　　　　　　　　　　　　(b) 南北剖面

图 4.36　KL2-14 井边底水推进数值模拟图

4.2.2.4 KL2-13井水侵机理

KL2-13井附近有一条过井断层,切穿气水界面(图4.37至图4.39),沟通底水。并且该井射孔段较低、避水高度小,仅有48m。井周围裂缝较为发育,但差于KL203井。该井位于构造高部位,距边水较远,边水沿高渗透条带舌进至井底可能性较小。

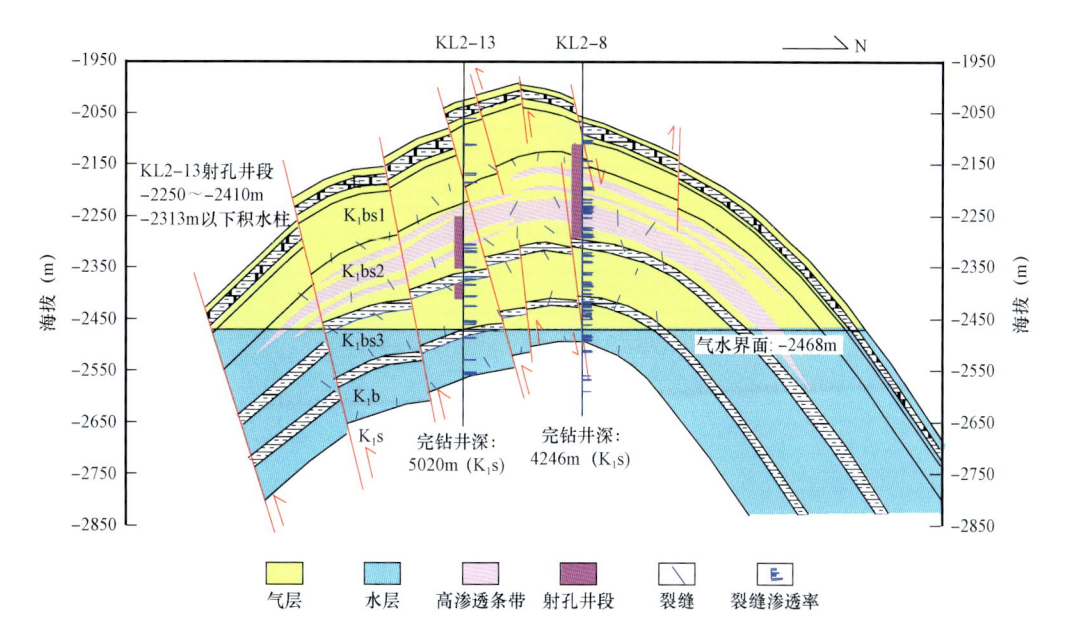

图4.37 KL2-13井过井剖面

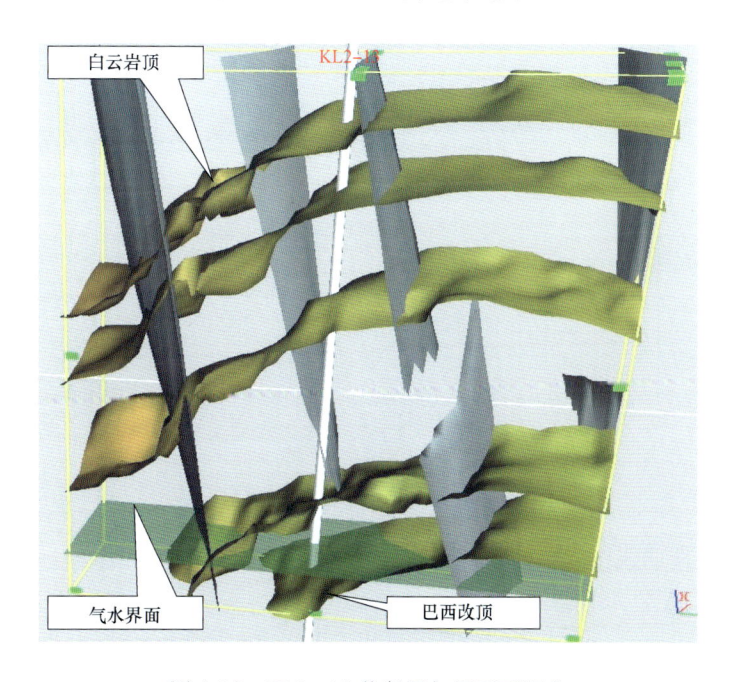

图4.38 KL2-13井断层与层面可视化

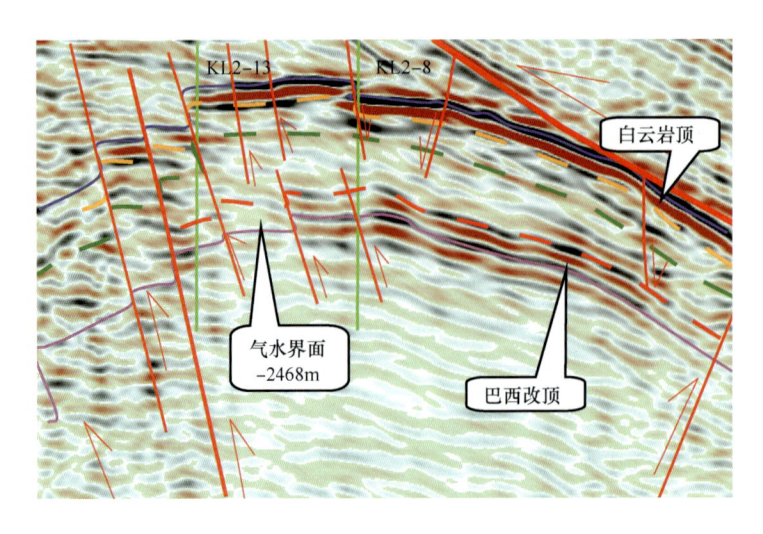

图 4.39 KL2-13 井南北地震剖面

综合地质因素,初步认为该井是底水沿断层上窜所致。水侵模式可能类似于 KL203 井,为沿断层和裂缝综合纵向网状向上侵入出水(裂缝发育程度相对于 KL203 井较差,基质物性也相对较低,因此出水量不大,有别于 KL203 井)。

从 KL2-13 井产量不稳定分析典型曲线(图 4.40)上看,数据点后期向左下偏移,向下偏移代表产气能力变差,是水侵的表现,表明气井在生产过程中有水侵入导致压差增大、产能降低。

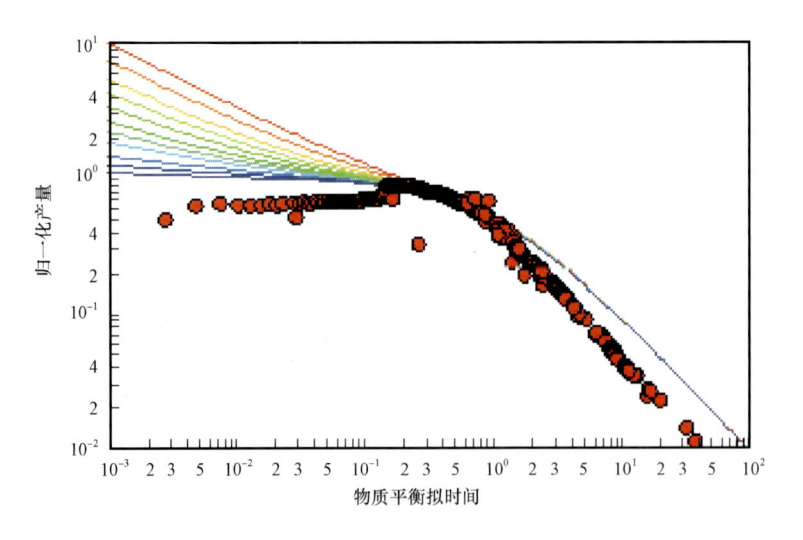

图 4.40 KL2-13 井产量不稳定分析典型曲线

从流动物质平衡曲线(图 4.41)上看,实测数据后期偏离直线下掉,与产量不稳定分析典型曲线对应,后期有明显水侵。

从水锥临界产量曲线(图 4.42)上可以看出,KL2-13 井实际产量一直高于其临界产量,有底水锥进的可能。

KL2-13井历年PNN饱和度监测结果表明(图4.43),KL2-13井于2009年9月6日进行了第一次PNN测井,气水界面为3827.6m;2010年8月进行了第二次PNN测井,气水界面为3796.0m;2011年8月进行了第三次PNN测井,气水界面为3788.0m;2012年测井气水界面为3776.0m,2013年测试气水界面为3767m。

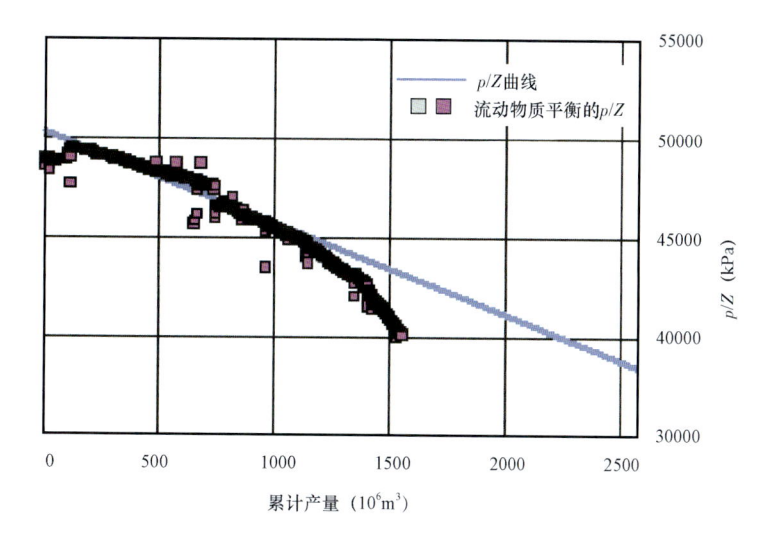

图4.41 KL2-13井流动物质平衡分析曲线

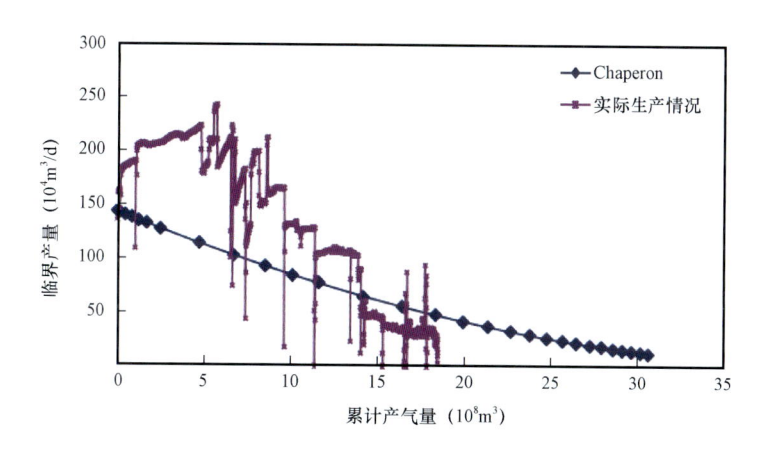

图4.42 KL2-13井水锥临界产量与累计产气量关系

通过KL2-13井2009~2013年5次产气剖面测试可以观察到主力产气层上移,且井筒内液面也在上移(图4.43)。2009年第一次产气剖面测试解释气水界面在3827.0m,2010年通过折算密度显示井筒内气水界面在3803m,2011年井筒内气水界面在3788m,2012年解释气水界面在3775m附近,2013年测试表明气水界面在3767m附近。产气剖面监测出水层位于底部,且2010年以后底部层段基本不产气(图4.44和图4.45)。综合PNN监测及产气剖面测试,证明出水层段为射孔段底部,产水属底水沿断层锥进。从数值模拟剖面图(图4.46)可看出,产水是底水沿断层锥进到达KL2-13井井底。

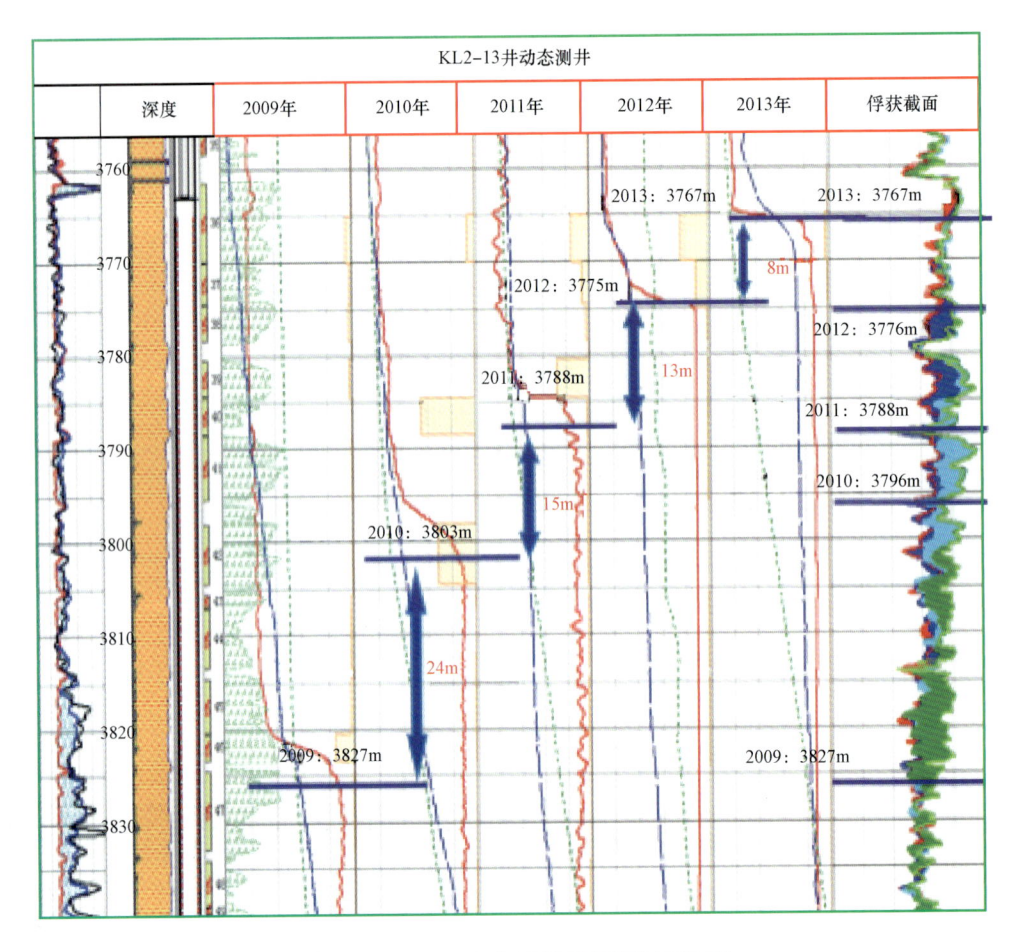

图 4.43　KL2-13 井 PNN 监测历年对比图

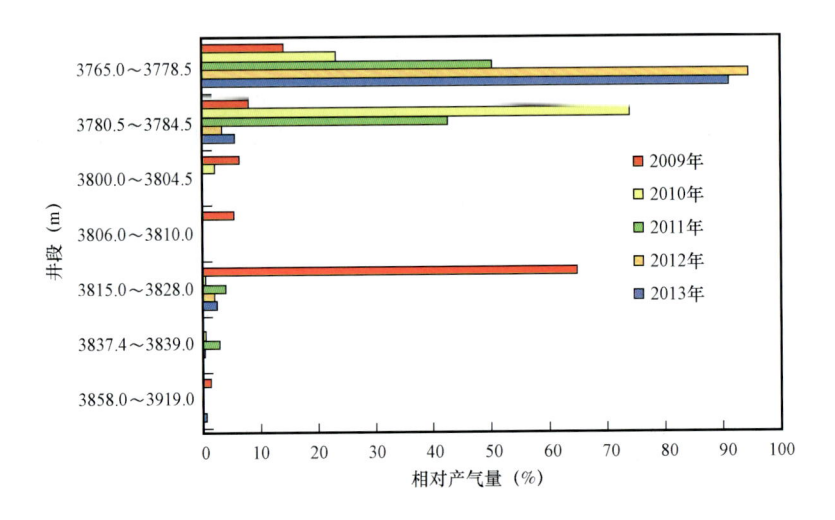

图 4.44　KL2-13 井产出剖面测试对比图

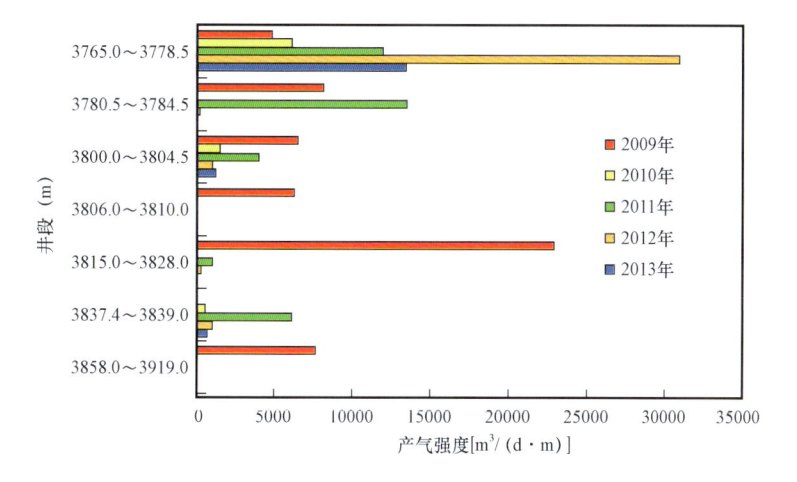

图 4.45　KL2-13 井测试单层产气强度对比图

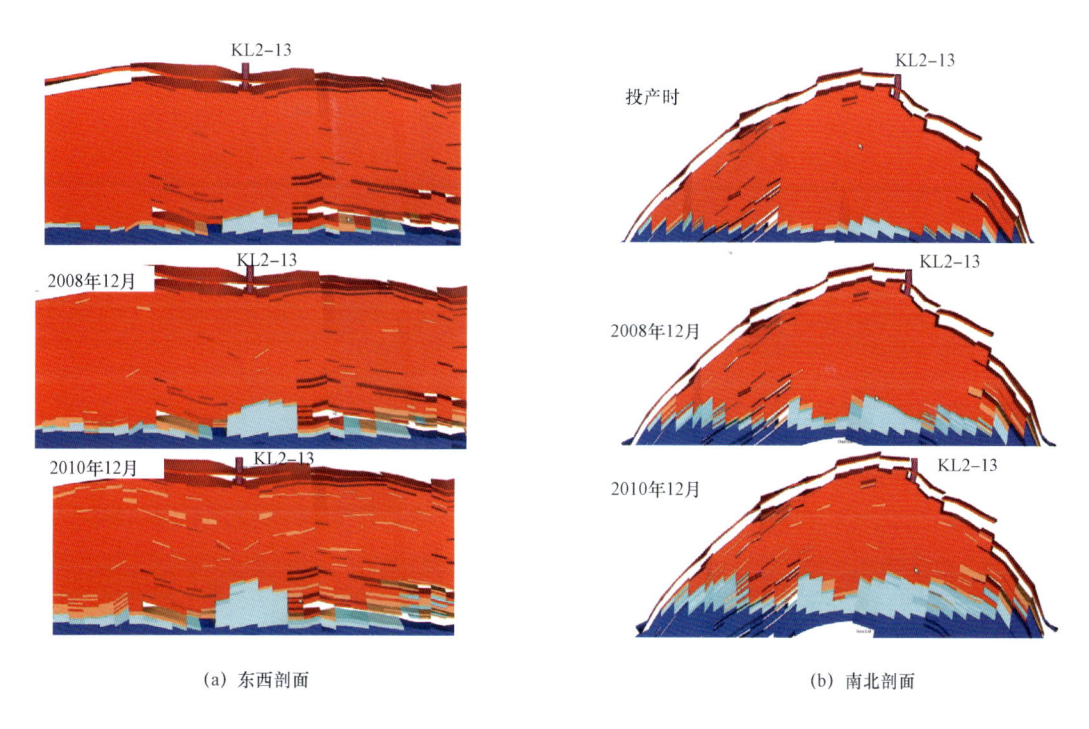

(a) 东西剖面　　　　　　　　　　　　　(b) 南北剖面

图 4.46　KL2-13 井边底水推进数值模拟图

4.2.2.5　KL2-12 井水侵机理

KL2-12 井距离边水仅有 440m、距离底水 102.3m，高渗透带（$K>100$mD）处于气水界面附近，水体能量充足。该井附近发育正断层 1 条，逆断层 4 条（图 4.47 至图 4.49），切穿气水界面、沟通边底水，该井射孔井段与巴什基奇克组水层之间固井质量好，管外窜可能性不大，该井构造位置较低，隔层在气水界面以下，不具遮挡作用，初步判断该井出水原因为边水沿高渗透条带横侵至射孔段底部，造成水淹。

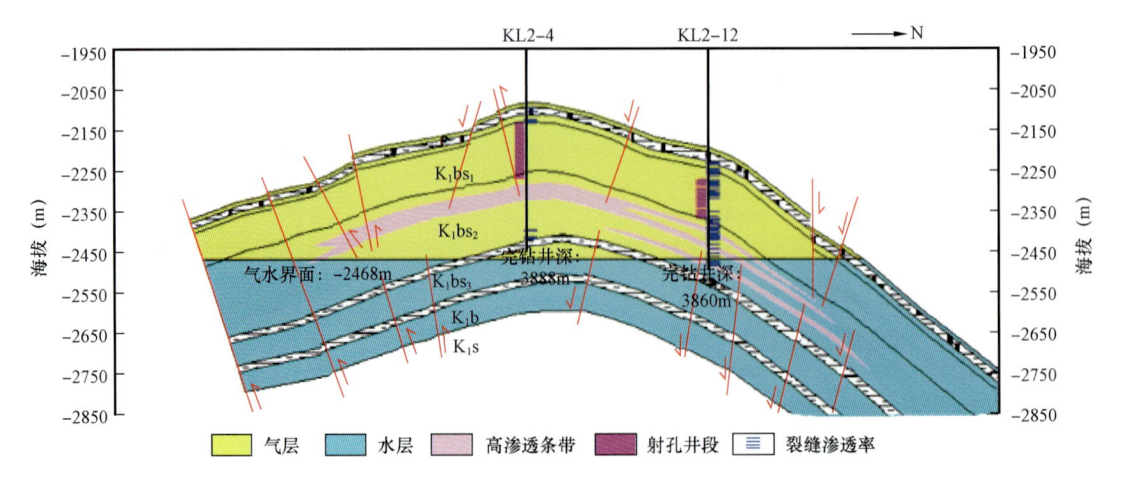

图 4.47　KL2-12 井过井剖面

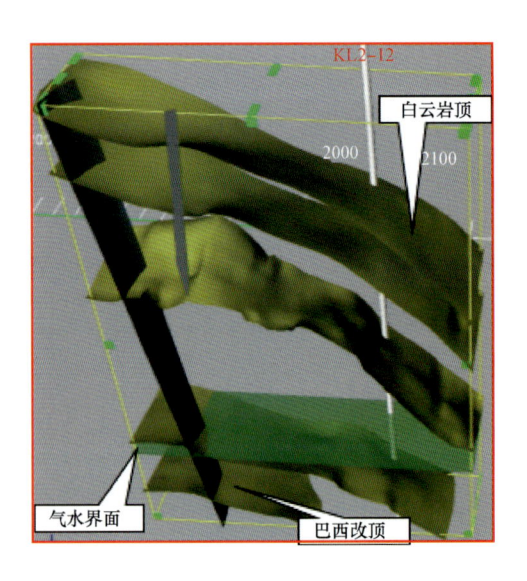

图 4.48　KL2-12 井断层与层面可视化

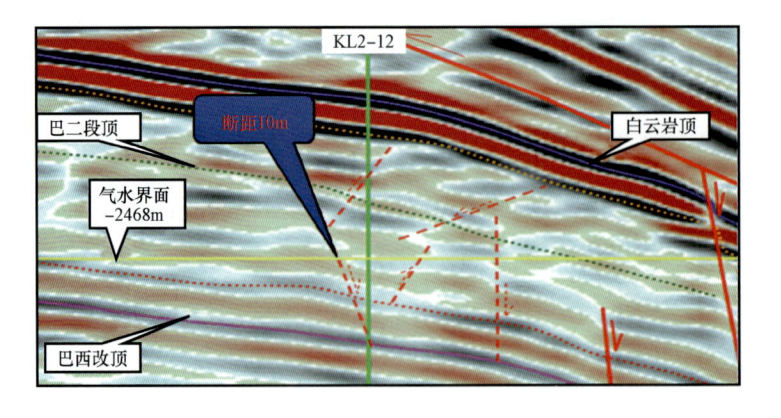

图 4.49　KL2-12 井南北地震剖面

从 KL2-12 井产量不稳定分析典型曲线(图 4.50)上看,数据点后期向左下偏移,向下偏移代表产气能力变差,是水侵的表现,表明气井在生产过程中有水侵入,导致压差增大、产能降低。

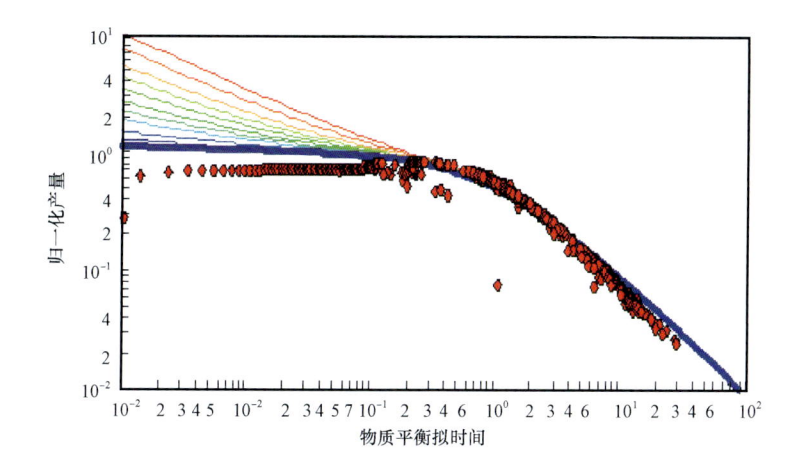

图 4.50 KL2-13 井产量不稳定分析典型曲线

从流动物质平衡曲线(图 4.51)上看,实测数据后期偏离直线下掉,与产量不稳定分析典型曲线对应,后期有明显水侵。

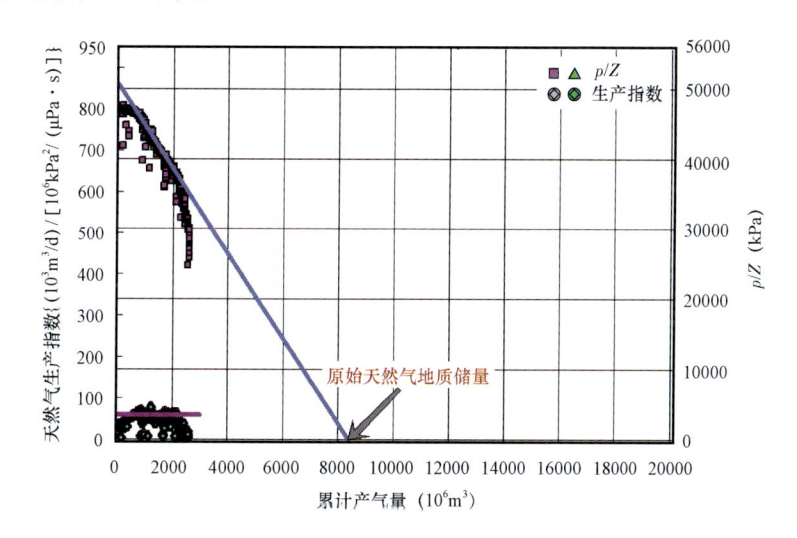

图 4.51 KL2-13 井流动物质平衡分析曲线

从水锥临界产量曲线(图 4.52)可以看出,KL2-12 井实际产量一直低于其临界产量,基本排除底水锥进的可能。

KL2-12 井历年 PNN 饱和度监测结果表明,KL2-12 井气水界面上升较慢,KL2-12 井于 2010 年进行了第一次 PNN 测井,未监测到气水界面,2011 年测试气水界面为 3828.1m,2012 年 PNN 测井测得气水界面为 3819.2m,2013 年 PNN 测井测得气水界面为 3813.5m,2014 年测得气水界面为 3812m。

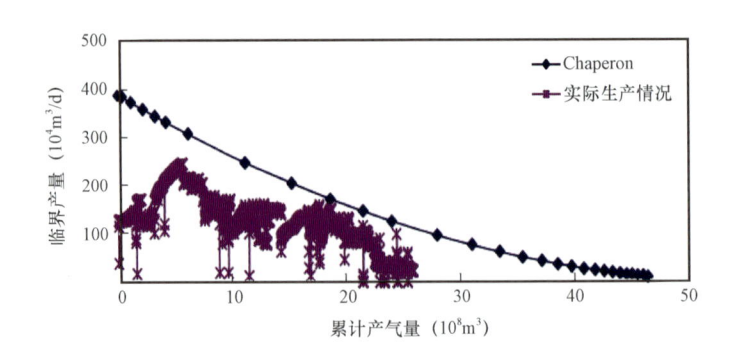

图 4.52　KL2-12 井水锥临界产量与累计产气量关系

通过 KL2-12 井 2012~2013 年 4 次产气剖面测试(表 4.3),可以观察到主力产气层下移,目前上部气层产出很少,产气剖面监测未检测到明显的气水界面。这也是由于边水侵入导致产层中部产气能力变差。

表 4.3　KL2-12 井历年产气剖面测试对比

层号	产层 (m)	2012 年 产气量 (m³/d)	相对产气量 (%)	2013 年 产气量 (m³/d)	相对产气量 (%)	2014 年 5 月 产气量 (m³/d)	相对产气量 (%)	2014 年 10 月 产气量 (m³/d)	相对产气量 (%)
15	3737.5~3743.5	50267	10.7	69236	24.5	0	0	6401	3
19~21	3757.0~3765.0	94455	20.2	18247	6.46	0	0	19609	9.3
24	3774.0~3785.5	48226	10.3	14405	5.1	0	0	0	0
25	3786.0~3795.0	122863	26.3	138891	49.16	182146	86.8	179089	84.6
31	3813.0~3823.2	150585	32.2	41768	14.78	27655	13.2	6589	3.1
32	3824.0~3829.5	1378	0.3	0	0	0	0	0	0

综合 PNN 监测及产气剖面测试,证明出水层段为射孔段底部,产水属边水沿高渗透条带推进到井底。由数值模拟剖面图(图 4.53)可看出,产水原因是边水沿高渗透条带横侵至射孔段底部造成水淹。

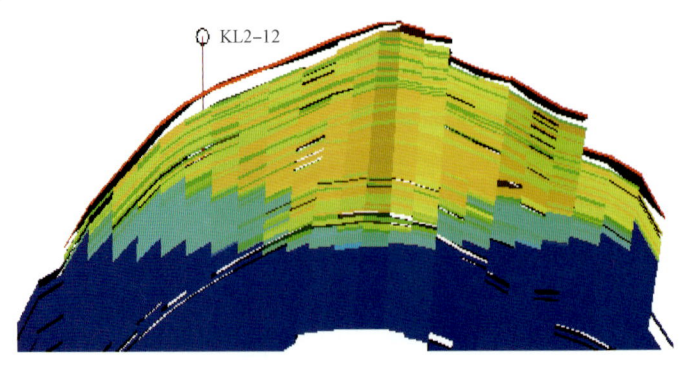

图 4.53　KL2-12 井边水推进数值模拟图

4.2.3 未见水井水侵动态预测

根据 2015 年生产动态数据分析结果,采用产量不稳定分析方法,以及流动物质平衡方法,得到的典型曲线较 2013 年有明显变化的井有 3 口(分别是 KL2-1 井、KL2-9 井,以及 KL2-10 井)。目前 KL2-1 井、KL2-9 井以及 KL2-10 井均由 2013 年评价的水侵初期发展至当前的水侵中后期,流动物质平衡曲线以及产量不稳定分析典型曲线如图 4.54 至图 4.59 所示。

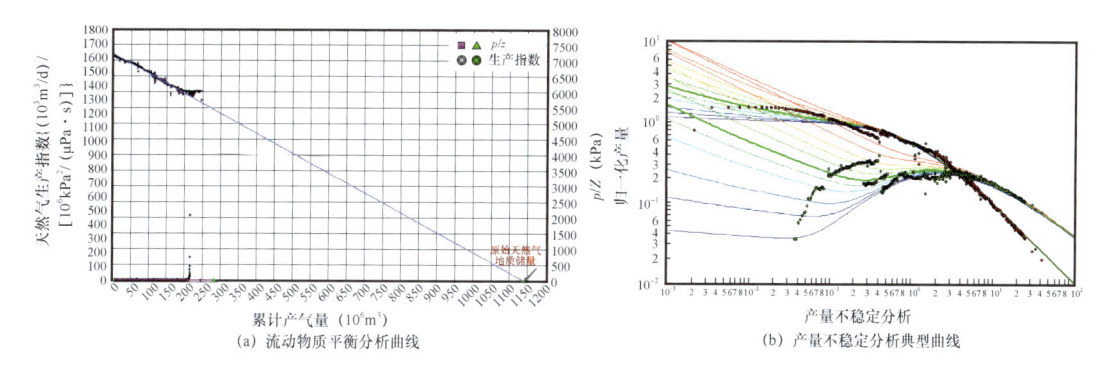

图 4.54　KL2-1 井流动物质平衡曲线以及产量不稳定分析典型曲线(2013)

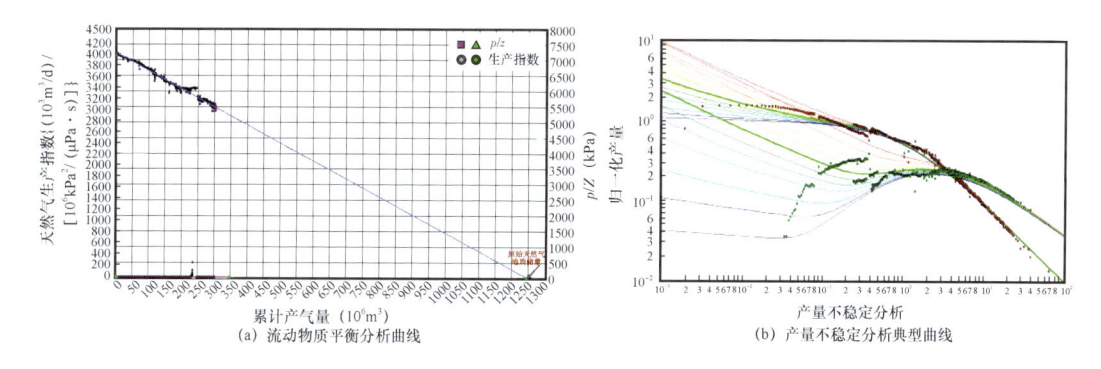

图 4.55　KL2-1 井流动物质平衡曲线以及产量不稳定分析典型曲线(2015)

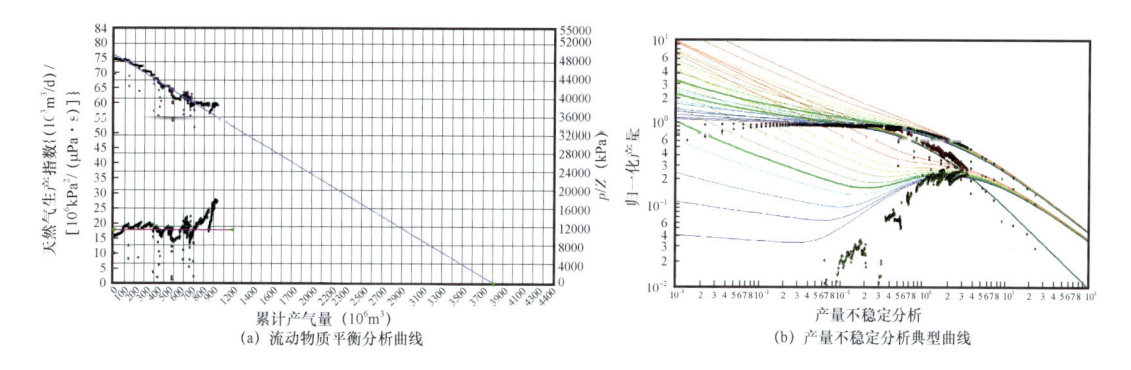

图 4.56　KL2-9 井流动物质平衡曲线以及产量不稳定分析典型曲线(2013)

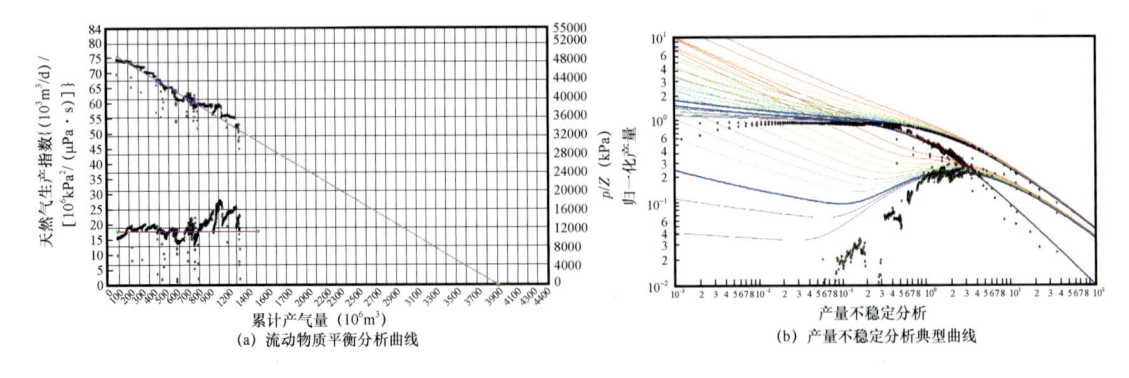

图 4.57　KL2-9 井流动物质平衡曲线以及产量不稳定分析典型曲线(2015)

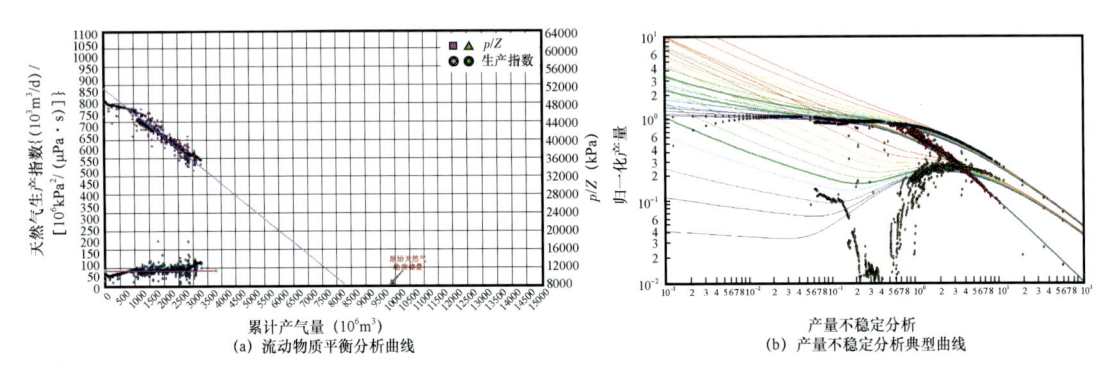

图 4.58　KL2-10 井流动物质平衡曲线以及产量不稳定分析典型曲线(2013)

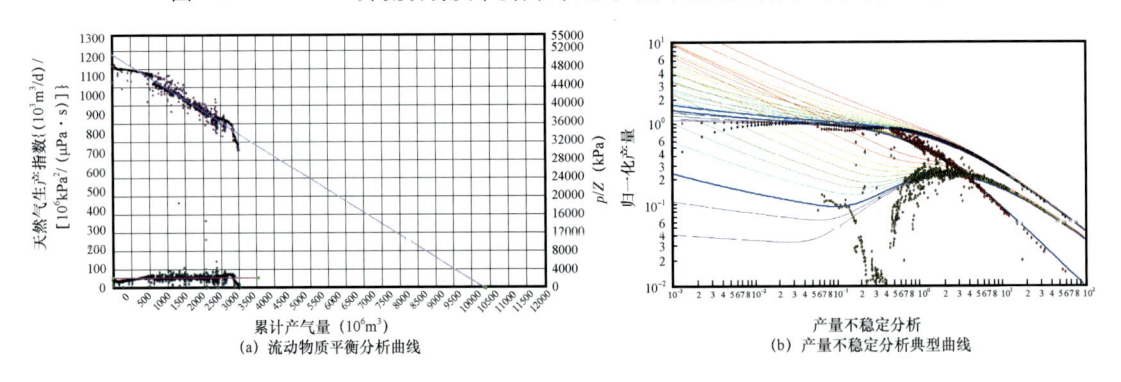

图 4.59　KL2-10 井流动物质平衡曲线以及产量不稳定分析典型曲线(2015)

4.3　气藏整体水侵分析

按照上述方法对克拉 2 气田全气藏的水侵形式进行分析,2013 年测试了 6 口井的气水界面(图 4.60),5 口井(KL203 井、KL204 井、KL2-12 井、KL2-13 井、KL2-14 井)气水界面已高于生产井射孔井段,上升高度在 117~234m 之间,完全淹没生产井段的有 2 口井:KL2-13 井和 KL204 井。

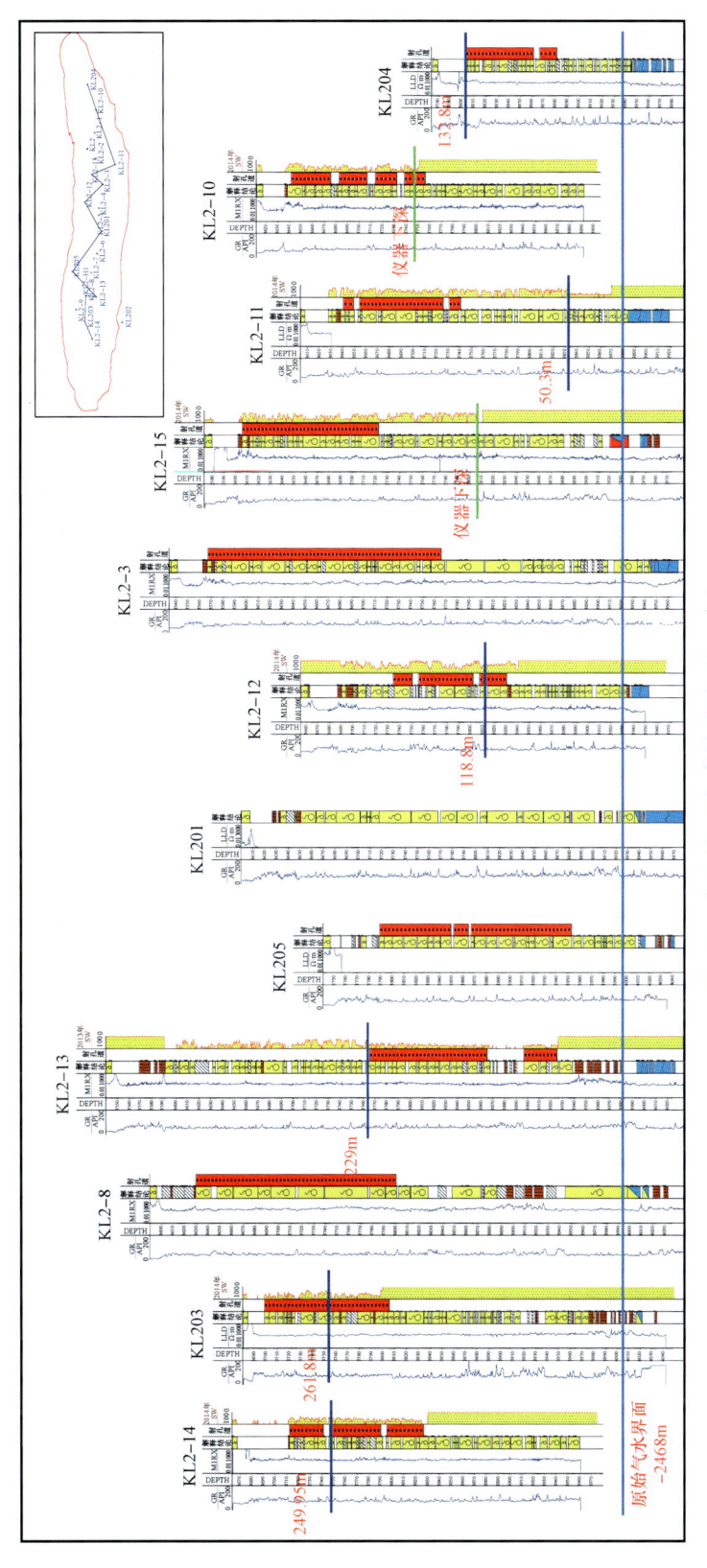

图4.60 克拉2气田气水界面图（2013年）

2014年至2015年,测试了5口井8井次的气水界面,气水界面较2013年上升1.5~24.7m,平均13m,气藏西南翼水淹高度明显大于其他区域。

通过物质平衡方法计算至2015年,气藏整体气水界面抬升较小,平均50m;但是根据历年PNN测试气水界面结果(图4.61),对比分析认为近两年总体上克拉2气田水侵速度有所减缓,但气水界面抬升不均匀,局部水锥严重。

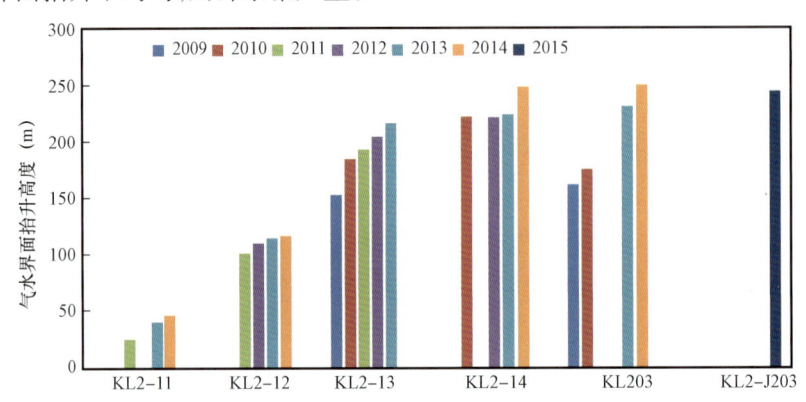

图 4.61 克拉 2 气田历年 PNN 监测气水界面对比图

从克拉2气田不同类型气井的分布图(图4.62)可以看出,与2013年相比,边底水进一步侵入气藏中部,无水区进一步缩小。构造边部井旁断裂以及高渗透条带是局部水锥严重的根本原因,虽然整体水侵速度变缓,但这些部位的生产井依然面临严峻的水淹形势。

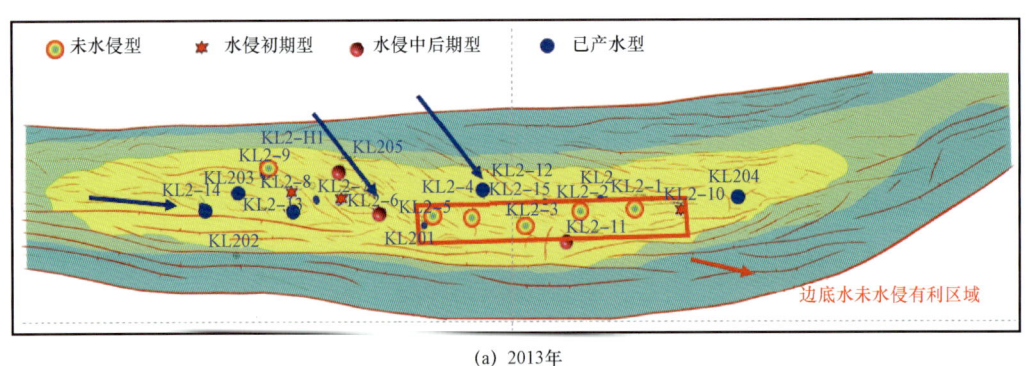

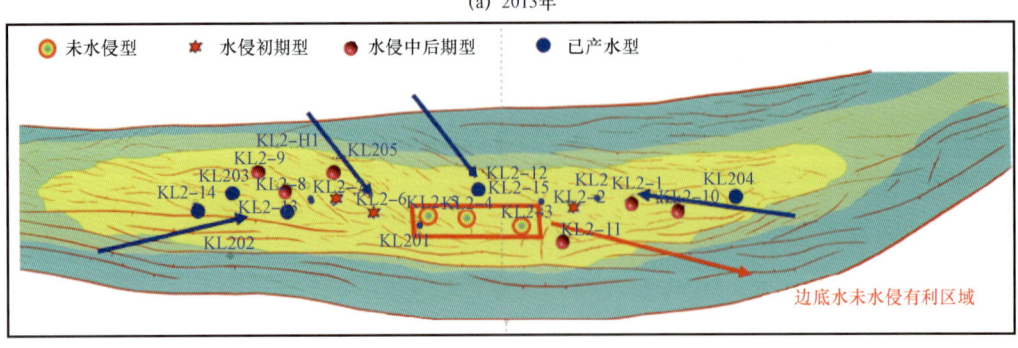

(a) 2013年

(b) 2015年

图 4.62 克拉 2 气田不同类型井分布图

第 5 章 高压气藏防水控水及稳产技术

针对异常高压边底水气藏防水控水及稳产技术问题,基于气藏开发规律的研究以及动态控制储量的计算,结合水侵机理和水侵模式,利用数值模拟和模糊算法,开展边底水气藏防水控水及稳产技术研究,并建立了一套系统的见水风险评价指标体系,提出了超高压气藏防水控水对策。

5.1 生产预警体系

本节提出了一种可靠的判断有水气藏生产预警体系的方法:首先建立一套系统的见水风险评价指标体系,然后再建立该指标体系中通过动态数据进行气井水侵判别的方法,并将层次分析和模糊评价方法应用到气井见水风险评价方法中。通过构造等级模糊子集把反映被评事物的模糊指标进行量化(即确定隶属度),然后利用模糊变换原理对各指标综合。在有水气藏全气田气井见水风险评价中,涉及大量的复杂现象和多种因素的相互作用,而且,评价中存在大量的模糊现象和模糊概念。因此,在综合评价时,需要使用模糊综合评价的方法进行定量化处理,以评价全气田单井见水风险的等级。但各影响因素权重的确定由于使用德尔菲法,需要专家的知识和经验,具有一定的缺陷,而层次分析法是一个系统性的研究方法,它将研究对象作为一个系统,按照分解、比较判断、综合的思维方式进行评判,同时层次分析法把定性和定量方法结合起来。为此,采用层次分析法来确定各指标的权系数,可使其更加合理性,更符合客观实际,并易于定量表示,从而提高模糊综合评判结果的准确性。此外在对模糊综合评价结果进行分析时,在最大隶属度原则方法的基础上使用了加权平均原则。

5.1.1 见水风险评价指标体系的建立

见水风险评价指标体系共由 5 个一级指标与 14 个二级指标构成(表5.1)。

表5.1 见水风险两级评价指标

第一层指标	第二层指标
A 构造与沉积相特征	A_1 构造与圈闭特征 A_2 断裂特征 A_3 岩石类型与沉积相
B 储层特征	B_1 隔夹层特征 B_2 砂体连通性
C 钻完井信息	C_1 钻井质量 C_2 固井质量 C_3 完井参数

续表

第一层指标	第二层指标
D 生产动态及监测	D_1 产气剖面测试结果 D_2 饱和度测井结果 D_3 不稳定试井评价结果
E 动态评价及预测结果	E_1 产量及压力变化特征 E_2 产量不稳定分析结果 E_3 水锥极限产量

5.1.2 动态评价预测气井水侵情况

（1）产量及压力变化特征。

水侵对气井的生产动态实际上也有较大的影响，未水侵时气井未受到任何的能量补充，气井的生产动态表现为封闭气藏的特征。水侵初期气井受到水体能量补充，产量稳定情况下压力会下降比未水侵时慢。水侵中后期时尤其边底水突进至井周围，气体流动明显受到阻力，相同产量情况下气井生产压差明显增大。水侵不同阶段的生产动态特征总结及曲线特征见表5.2。这里只是示例性地说明产量稳定或压力稳定情况下的生产动态变化对水侵的识别，生产动态示例曲线仅为较理想化情况。对于实际气井的产量、压力复杂生产动态变化情况，可以采用该模式进行类似分析。

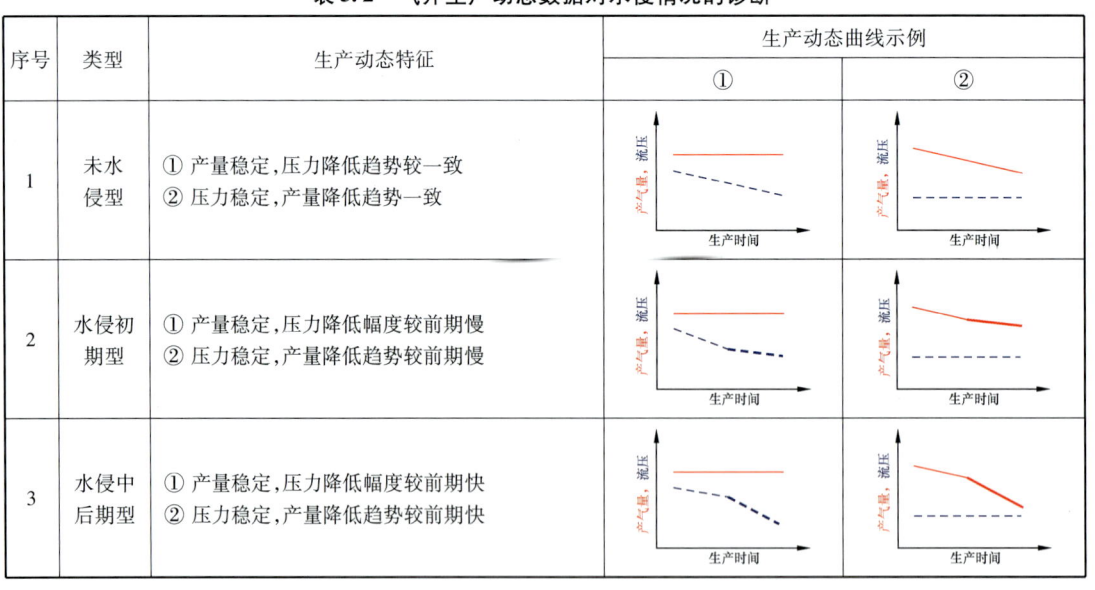

表5.2 气井生产动态数据对水侵情况的诊断

序号	类型	生产动态特征	生产动态曲线示例 ①	生产动态曲线示例 ②
1	未水侵型	① 产量稳定，压力降低趋势较一致 ② 压力稳定，产量降低趋势一致		
2	水侵初期型	① 产量稳定，压力降低幅度较前期慢 ② 压力稳定，产量降低趋势较前期慢		
3	水侵中后期型	① 产量稳定，压力降低幅度较前期快 ② 压力稳定，产量降低趋势较前期快		

（2）水锥极限产量变化评价结果。

通过选择适合本气藏的水锥极限产量评价方法，对单井水锥极限产量进行评价，并绘制单井实际生产日产气量与水锥极限产量的对比曲线，以气井产量与水锥极限产量关系进行气井水侵或见水的识别（图5.1）。

(a) 实际产量一直低于临界产量

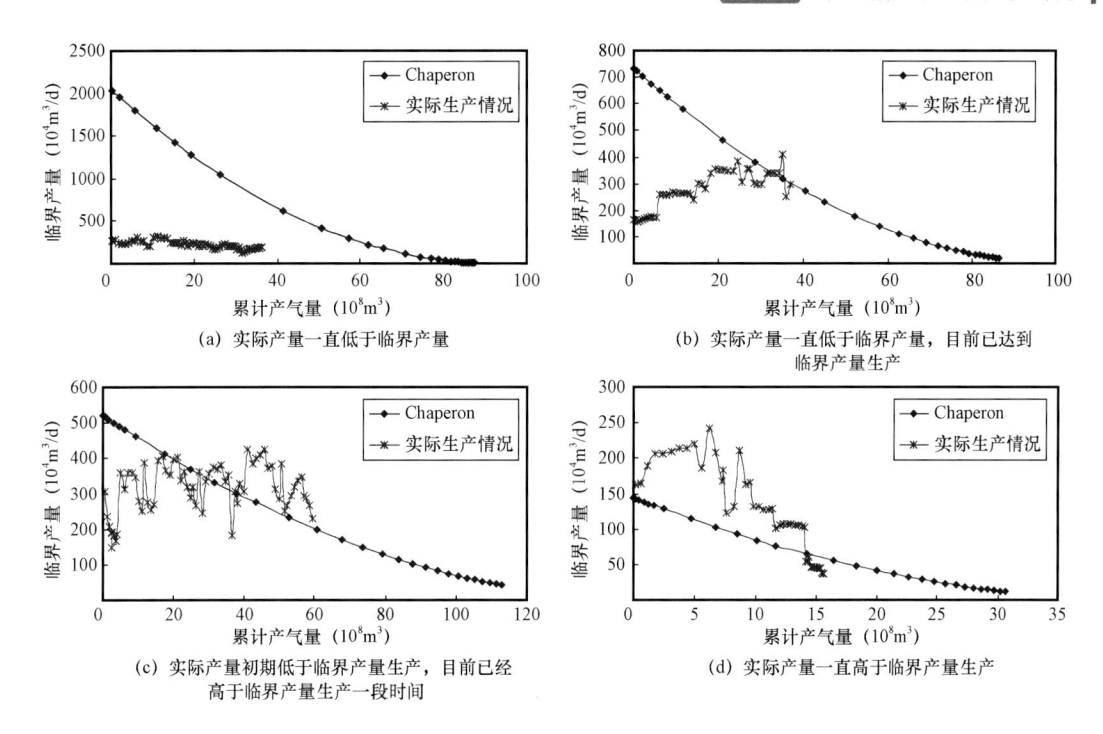

(b) 实际产量一直低于临界产量,目前已达到临界产量生产

(c) 实际产量初期低于临界产量生产,目前已经高于临界产量生产一段时间

(d) 实际产量一直高于临界产量生产

图 5.1　根据实际产量与水锥临界产量关系进行气井水侵判断

同样,对于产量不稳定分析的 Blasingame 产量不稳定分析典型曲线、流动物质平衡曲线等也可以对气井水侵情况进行判断,并对井进行分类,判断气井见水早晚。

5.1.3　利用层次分析法确定各层指标权重

按照 Saaty 提出的 1－9 比率标度法(表 5.3),通过咨询专家,对每层各因素两两进行比较得到量化的判断矩阵 M(式 5－1),其中 m_{ij} 表示指标 i 对于指标 j 的权重。

表 5.3　1－9 比率标度含义

标度 m_{ij}	含义
1	i 与 j 同等重要
3	i 比 j 略微重要
5	i 比 j 重要
7	i 比 j 明显重要
9	i 比 j 极其重要
2,4,6,8 为以上判断之间的中间状态对应的标度值的倒数。若 j 与 i 比较得到的判断矩阵值为 $m_{ji} = 1/m_{ij}$, $m_{ii} = 1$。		

$$M = \begin{pmatrix} m_{11} & m_{12} & \cdots & m_{1n} \\ m_{21} & m_{22} & \cdots & m_{2n} \\ \vdots & \vdots & \vdots & \vdots \\ m_{n1} & m_{n2} & \cdots & m_{nn} \end{pmatrix} \quad (5.1)$$

(1)计算判断矩阵。

计算判断矩阵 M 的最大特征根 $\lambda_{\max}$,及其对应的特征向量 M,此特征向量就是各评价因素的重要性排序,也即是权系数的分配。

(2)一致性检验。

为判断特征向量是否有效,需要对判断矩阵的一致性进行检验,需计算偏差一致性指标 $CI = \dfrac{\lambda_{\max} - n}{n - 1}$ 和平均随机一致性指标 RI。它是用随机的方法构造 500 个样本矩阵,构造方法是随机地用标度以及它们的倒数填满样本矩阵的上三角各项,主对角线各项数值始终为 1,对应转置位置项则采用上述对应位置随机数的倒数。然后对各个随机样本矩阵计算其一致性指标值,对这些 CI 值平均即得到平均随机一致性指标 RI 值。当随机一致性比率 $CR = \dfrac{CI}{RI} < 0.10$ 时,认为层次分析排序的结果有满意的一致性,即权系数的分配是合理的;否则,重新设置判断矩阵 M 的元素取值,并重新分配权系数的值。

5.1.4 确定权重向量

(1)计算判断矩阵的每一行元素的乘积 Q_i,其中 $Q_i = \prod\limits_{j=1}^{n} m_{ij}$。

(2)计算 Q_i 的 n 次方根 $\overline{\omega}_i = \sqrt[n]{Q_i}$,从而获得向量 $\overline{\omega}_i = [\overline{\omega}_1 \quad \overline{\omega}_2 \quad \cdots \quad \overline{\omega}_n]$,对该向量进行归一化处理,即可得到矩阵 M 的权重向量。

5.1.5 全气田气井见水风险的加权平均模糊合成综合评价

模糊综合评价是通过构造等级模糊子集把反映被评事物的模糊指标进行量化(即确定隶属度),然后利用模糊变换原理对各指标综合。

(1)建立模糊关系矩阵。

在构造了等级模糊子集后,逐个对被评事物从每个因素 $u_i (i = 1, 2, \cdots, p)$ 上进行量化,即确定从单因素来看被评事物对等级模糊子集的隶属度($R|u_i$),进而得到模糊关系矩阵:

$$R = \begin{bmatrix} R | u_1 \\ R | u_2 \\ \cdots \\ R | u_p \end{bmatrix} = \begin{bmatrix} r_{11} & r_{12} & \cdots & r_{1m} \\ r_{21} & r_{22} & \cdots & r_{2m} \\ \cdots & & & \\ r_{p1} & r_{p2} & \cdots & r_{pm} \end{bmatrix}_{p,m} \quad (5.2)$$

矩阵 R 中第 i 行第 j 列元素 r_{ij},表示某个被评事物从因素 u_i 来看对 v_j 等级模糊子集的隶属度。一个被评事物在某个因素 u_i 方面的表现,是通过模糊向量 $(R|u_i) = (r_{i1}, r_{i2}, \cdots, r_{im})$ 来刻画的,而在其他评价方法中多是由一个指标实际值来刻画的,因此,从这个角度讲模糊综合评价要求更多的信息。

(2)合成模糊综合评价结果向量。

利用加权平均模糊合成算子将评价因素的权向量 A 与模糊关系矩阵 R 组合得到模糊综

合评价结果向量 B。模糊综合评价中常用的取大取小算法,在因素较多时,每一因素所分得的权重常常很小。在模糊合成运算中,信息丢失很多,常导致结果不易分辨和不合理(即模型失效)的情况。所以,针对上述问题,这里采用加权平均型的模糊合成算子。计算公式为:

$$b_i = \sum_{i=1}^{p}(a_i \cdot r_{ij}) = \min\left(1, \sum_{i=1}^{p} a_i \cdot r_{ij}\right), j = 1,2,\cdots,m \tag{5.3}$$

式中　b_i——隶属于第 j 等级的隶属度;
　　　a_i——第 i 个评价指标的权重;
　　　r_{ij}——第 i 个评价指标隶属于第 j 等级的隶属度。

(3)对模糊综合评价结果进行评级。

使用加权平均求隶属等级的方法,对于多个被评事物可以依据其等级位置进行排序。

5.1.6　生产预警体系的实际应用

对于实际气田中气井的见水风险评价指标,应该根据实际气田的特征及气田实际测试的资料情况进行选取。采用模糊综合评价方法对国内塔里木油田某气田气井见水风险进行了评价。该气田各气井每年均测试了流压、静压、产气剖面、压力关井恢复数据、饱和度测井资料等。因此,综合考虑气井的地质基本情况及测试资料情况选取见水风险评价指标,包括断层是否贯穿气水界面、井周围断层情况及距井距离、井射孔距边底水距离、井周围裂缝发育程度、固井质量等。另外,还有动态识别方法的评价结果作为评价指标,包括试井评价边水推进距离及断层开启情况、水锥极限产量法评价结果、产量不稳定分析典型曲线水侵诊断结果、产气剖面测试评价高产层位置等。表 5.4 给出了各评价指标对气井水侵或见水的影响。

表 5.4　各评价指标对气井水侵或见水的影响

评价指标	相对早见水	相对晚见水
断层是否贯穿气水界面	是	否
井周围断层情况及距井距离	开启且近	封闭且远
井射孔距边底水距离	近	远
井周围裂缝发育程度	发育	不发育
固井质量	差	好
Agarwal-Gardner 流动物质平衡曲线	未水侵或水侵初期	水侵中后期
流动物质平衡水侵诊断曲线	未水侵或水侵初期	水侵中后期
Blasingame 产量不稳定分析典型曲线	未水侵或水侵初期	水侵中后期
产量、压力特征分析	未水侵或水侵初期	水侵中后期
产量与水锥极限产量关系	一直高于极限产量	一直低于极限产量
试井评价目前边底水距离	近	远
产气剖面高产层段位置	低部位	高部位或无高产层

按照本节内容,对克拉 2 边底水气田的 17 口生产井的 14 个指标进行见水风险等级模糊综合判断分析,确定了气井水侵类型及预计气井见水顺序,见表 5.5。

表 5.5 综合各种因素对克拉 2 气田气井见水风险评价结果

井号	W1	W2	W3	W4	W5	W6	W7	W8	W9	W10	W11	W12	W13	W14	W15	W16	W17
断层是否贯穿气水界面	√			√	√	√		√			√						
断层距井最近距离(m)	0	35	50	0	40	44	114	10	0	10	43	22	210	73	82	87	53
井射孔距水底距离(m)	51	81	163	48	90	130	36	184	184	161	218	191	196	146	133	187	169
井射孔距边水距离(m)	430	750	760	570	380	410	300	960	950	430	1030	1100	700	940		820	850
裂缝发育情况	发育	发育	发育	较发育	发育	较发育	不发育	较发育	不发育	不发育	不发育	不发育	不发育	不发育	不发育	不发育	不发育
固井质量	差	好	好	好	差	差	好	好	好	好	差	好	好	好	好	好	好
Agarwal–Gardner 流动物质平衡曲线	水侵中后期型	水侵中后期型	水侵中后期型	水侵中后期型	水侵中后期型	水侵中后期型	水侵初期型	水侵初期型	水侵初期型	水侵初期型	水侵初期型	未见水侵型	未见水侵型	未见水侵型	未见水侵型	未见水侵型	未见水侵型
流动物质平衡水侵诊断曲线	水侵中后期型	水侵中后期型	水侵中后期型	水侵中后期型	水侵中后期型	水侵中后期型	水侵初期型	水侵初期型	水侵初期型	水侵初期型	未见水侵型	水侵初期型	未见水侵型	水侵初期型	未见水侵型	未见水侵型	未见水侵型
Blasingame 产量不稳定分析典型曲线	水侵中后期型	水侵中后期型	水侵中后期型	水侵中后期型	水侵中后期型	水侵初期型	水侵初期型	水侵初期型	未见水侵型	未见水侵型	未见水侵型	未见水侵型	未见水侵型	未见水侵型	未见水侵型	未见水侵型	未见水侵型
产量、压力特征分析	水侵中后期型	已产水型	水侵中后期型	水侵中后期型	水侵中后期型	水侵中后期型	水侵初期型	水侵初期型	水侵初期型	水侵初期型	未见水侵型	未见水侵型	未见水侵型	水侵中后期型	未见水侵型	水侵初期型	未见水侵型
实际产量与水锥极限产量关系	高	高	低	高	等于	低	高	等于	高	低	等于	低	低	低	低	低	低
试井解释井周存在开启断层					√	√	√		√			√					
试井解释边水距井底距离(m)			150	280		300		800		450			670			800	
产气剖面测试主力产层是否在底部		√	√	√	√	√							√				
水侵类型评价结果	已见类型			水侵中后期型	水侵中后期型				水侵初期型						未水侵型		
预计见水顺序	1	2	3	4	5	6	7	8	9	10	11	12	13	14	15	16	17

注:"√"代表"是"。

目前该方法在塔里木油田各大气田应用效果非常好,预测准确率高。通过对各气田气井见水风险综合评价后,优化调整了各大气田气井产量,在保持气田整体产量平稳运行基础上,避免了部分气井提早见水而影响产量及采收率,大大提高了各大气田的开发效果。

5.2 稳产风险因素分析

利用数值模拟技术,对影响边底水气藏稳产的因素进行分析,包括采气速度、边底水大小以及断层。

5.2.1 采气速度对稳产期的影响

图 5.2 及表 5.6 表明,随着采气速度增加,稳产期缩短,稳产期末的累计产气量减少(图 5.3),5%采气速度下稳产期末采出程度仅 49.23%,最终采出程度为 71.07%,远低于方案设计水平。

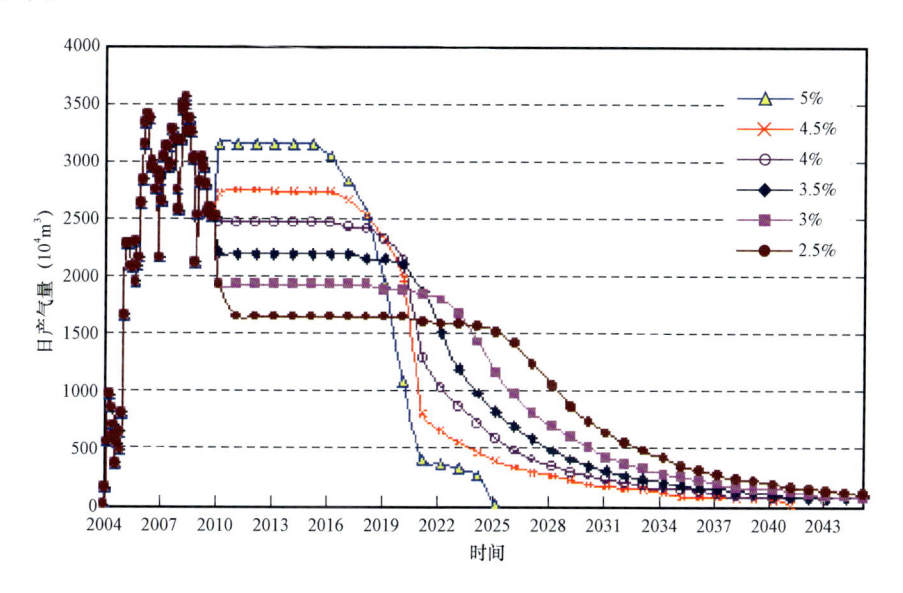

图 5.2 不同采气速度稳产期对比

表 5.6 不同采气速度开发效果对比

采气速度 (%)	年产量 ($10^8 m^3$)	再稳产期 (a)	稳产期累计产气量 ($10^8 m^3$)	稳产期采出程度 (%)	累计产气量 ($10^8 m^3$)	气采收率 (%)
5.0	115	5	1125.30	49.23	1624.68	71.07
4.5	100	6	1148.21	50.23	1705.10	74.59
4.0	90	8	1265.60	55.36	1736.37	75.96
3.5	80	10	1341.18	58.67	1768.26	77.35
3.0	70	13	1441.12	63.04	1781.97	77.95
2.5	60	16	1484.74	64.95	1807.22	79.06

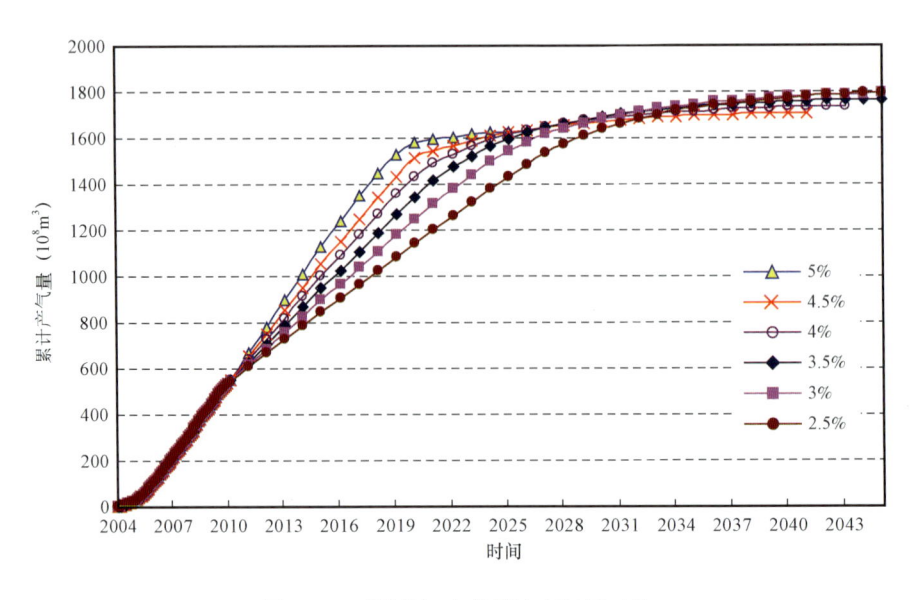

图 5.3 不同采气速度累计产气量对比

采气速度对水侵速度影响较大,随采气速度增加,提前见水(图 5.4),边底水推进速度加快,日产水量升高加快。速度越高,见水井数也越多(图 5.5),稳产期缩短,天然气采收率降低,使气藏整体开发效果变差。

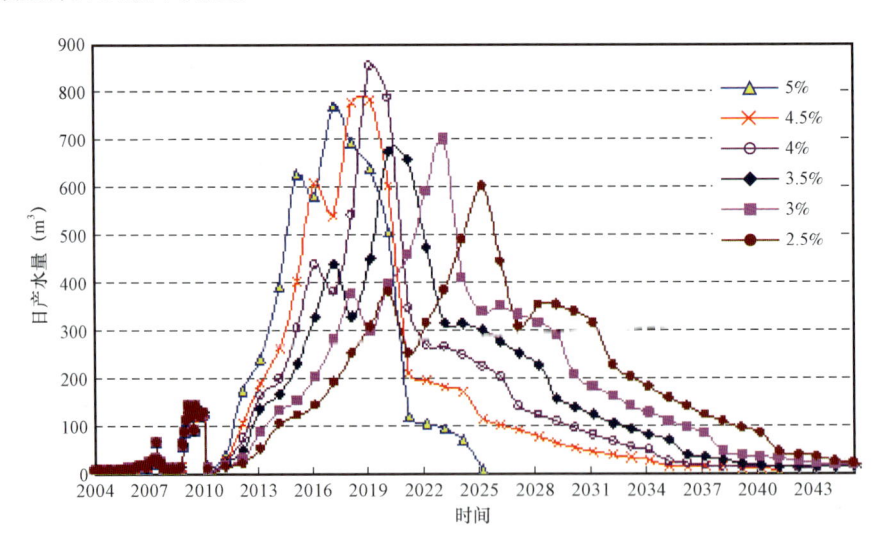

图 5.4 不同采气速度累计产水量对比

5.2.2 水体倍数对采收率的影响

水体倍数从 4 倍增加到 16 倍,无水采气期从 7 年减至 4 年,无水采气期内采出程度从 55.2% 降低到 39.5%,气田废弃压力提高了约 11MPa,采收率降低了 6.7%(表 5.7)。

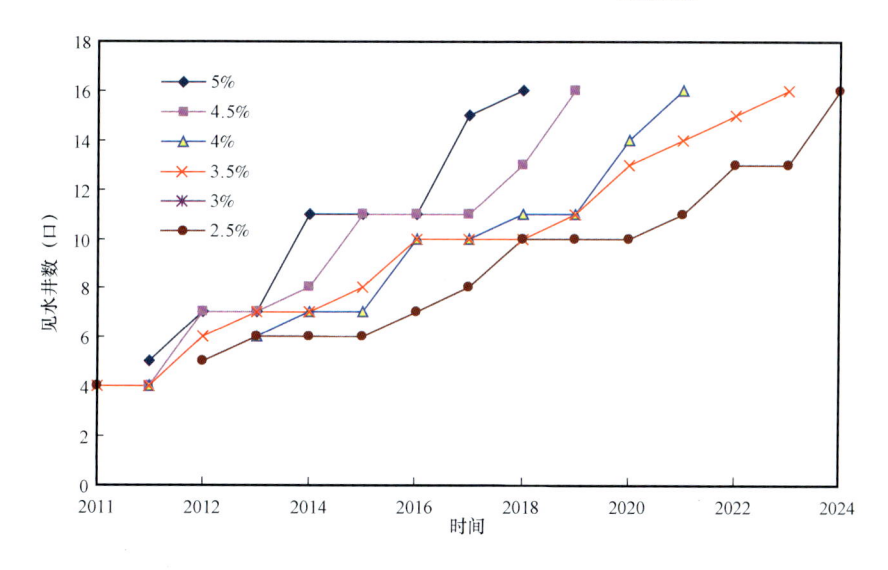

图 5.5 不同采气速度见水井数对比

表 5.7 不同水体倍数下开发指标对比表

水体倍数	无水采气期 (a)	无水采气期采出程度 (%)	最终采收率 (%)	废弃压力 (MPa)	累计产水量 ($10^4 m^3$)
4	7	55.2	72.64	19.73	152.45
6	6	51.3	72.19	21.47	193.70
8	5	47.4	71.50	23.95	274.12
10	4	43.5	68.59	27.42	288.21
16	4	39.5	65.94	30.87	276.32

5.2.3 断层封闭性对稳产期的影响

假设断层封闭与开启两种条件进行模拟对比。在断层封闭条件下,气藏内部连通性变差,日产气量递减快,稳产期变短(图5.6),累计产气量比断层开启时减少 $31.02 \times 10^8 m^3$,气采收率下降 1.35%。

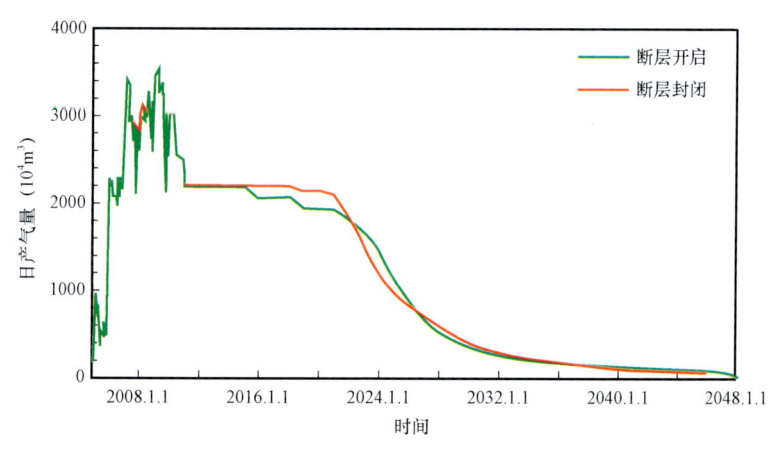

图 5.6 断层封闭与开启时气藏日产气量对比

断层封闭条件下,气藏整体见水时间提前,影响较大的为边部部分井(图5.7)。同时,对一部分井也有阻挡边水推进、延缓见水的效果。表5.8中列出了受断层影响的所有井,断层如果封闭,使生产井提前见水的有9口井,例如KL2-9井(图5.8),断层封闭导致边水推进加快,提前两年见水,约2010年见水,与目前开发动态不符;延缓见水的5口井,例如KL2-12井(图5.9),断层封闭使边水推进变缓,延迟两年见水;受断层影响较小的有3口井。

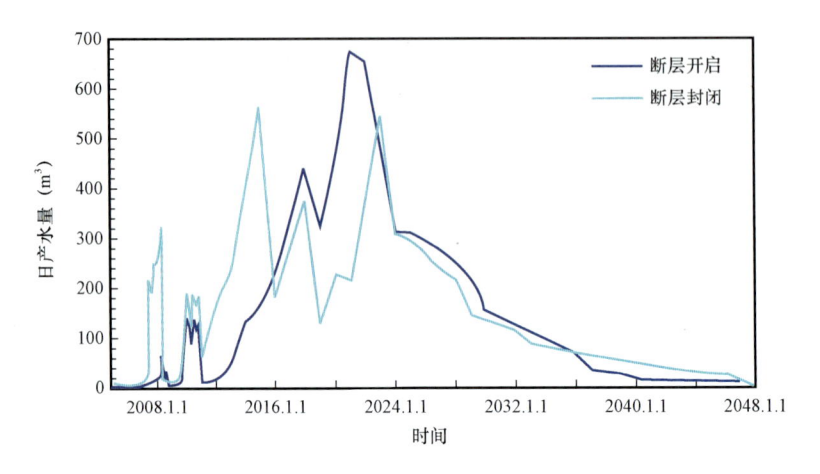

图5.7 断层封闭与开启时气藏日产水量对比

表5.8 断层封闭与断层开启生产动态的对比

类别	见水提前,或使储层连通性差,产气递减快,效果变差	延缓见水,开发效果变好	变化不大
井数	9	5	3
井号	KL205、KL2-3、KL2-5、KL2-6、KL2-7、KL2-9、KL2-11、KL2-13、KL2-H1	KL2-1、KL2-2、KL2-4、KL2-12、KL2-15	KL2-8、KL2-10、KL2-14

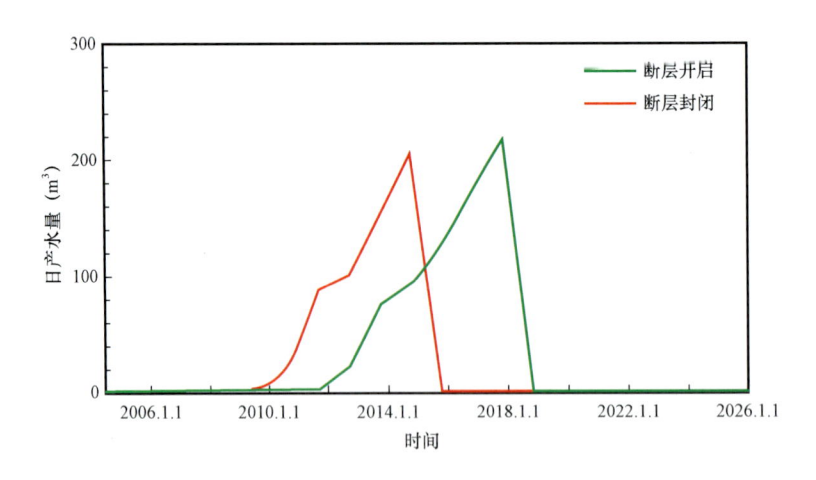

图5.8 KL2-9井日产水量预测

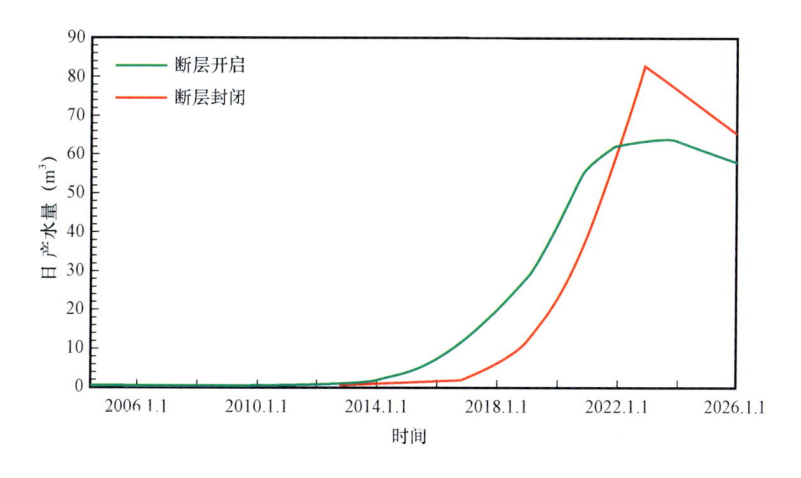

图 5.9　KL2－12 井日产水量预测

5.3　合理开发技术界限

以动态特征分析为基础,应用油藏数值模拟技术,制订边底水气藏防水控水的合理开发技术政策。

5.3.1　开发层系和井网调整

通过动态特征分析确定井网控制不完善区域,并且实现气田的均衡开采,优选井位,增加补充井,以达到稳产、高产的目标。

5.3.1.1　井位优选

新井区域首先应具有一定控制储量,通过单井控制储量分析及目前地下储量分布研究认为:

(1)克拉 203 井西侧目前天然气储量为 $180×10^8 m^3$,克拉 203 井因产水高而关井,正进行堵水作业;KL2－14 井也见水,控制储量为 $35×10^8 m^3$,因此克拉 203 井西侧储量控制较差,可以考虑在克拉 203 井以西,KL2－14 井北侧,在 －2250m 等高线以内,避开断层位置新钻一口井,以增加动用程度,如图 5.10 所示;

(2)克拉 205 井与 KL2－4 井之间目前储量为 $461×10^8 m^3$,区域内井控制储量约为 $539×10^8 m^3$,单井控制程度较高,探测半径距边界距离较远,可以在克拉 205 井与 KL2－4 井之间,KL2－5 井、KL2－6 井北侧新钻一口井,在等高线 －2250m 以内,且避开断层,以降低部分井采气强度,达到均衡开采的目的;

(3)目前 KL2－1 井、KL2－2 井南侧存在着构造高点,气层厚度较大,且距南侧边水距离较远,可考虑在高点位置增加一口新井,新井井位如图 5.10。

5.3.1.2　井型设计

根据以上确定的井位,分别进行水平井与直井产能分析,认为在气层厚度小于 275m 时适

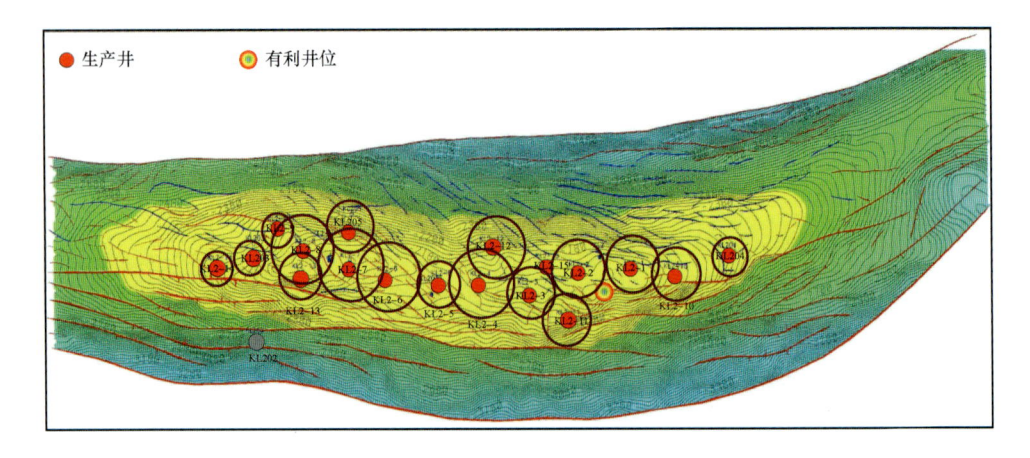

图 5.10 克拉 2 气田井位分布图

合于水平井开发。如 KL2-20 井处于边部,目前气层厚度 103m,水平井与直井采气指数比达到 3.71,鞍部 KL2-18 井采气指数比为 1.13(表 5.9)。而 KL2-16 井处于构造高部位,气层厚度较大,直井射开 30% 时采气指数高于水平井。因此推荐 KL2-18 井、KL2-20 井位置设计水平井,KL2-16 井为直井。

表 5.9 水平井与直井采气指数对比

井号	目前气层厚度 (m)	采气指数($10^4 m^3/MPa^2$) 水平井	直井	水平井与直井采气指数比
KL2-16	381	1.97	5.92	0.33
KL2-18	275	3.19	2.81	1.13
KL2-20	103	2.01	0.54	3.71

通过模拟研究得出,KL2-16 井位置水平井稳产期比直井多两年,累计产气量高 $0.3 \times 10^8 m^3$,累计产水量减少 $30.49 \times 10^4 m^3$。日产气量 $100 \times 10^4 m^3$ 条件下生产压差水平井为 0.12MPa、直井为 0.16MPa(图 5.11 至图 5.13)。

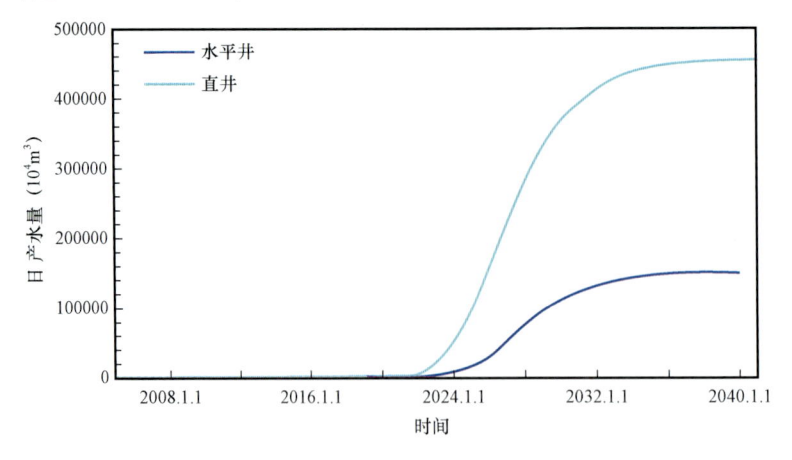

图 5.11 KL2-16 井水平井与直井日产水量对比

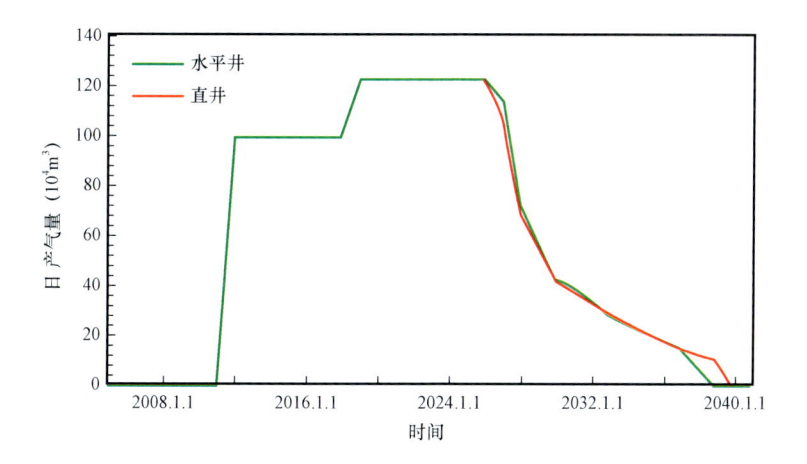

图 5.12　KL2-16 井水平井与直井日产气量对比

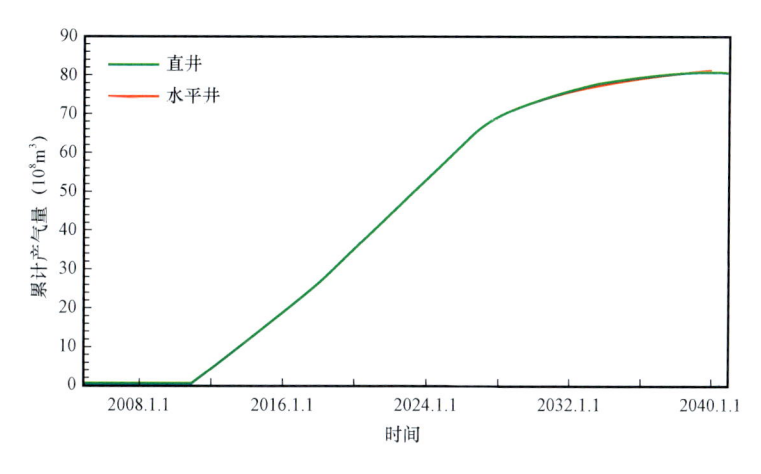

图 5.13　KL2-16 井水平井与直井累计产气量对比

KL2-18H 井水平井开发效果好于直井,水平井稳产期比直井多两年,累计产气量高 $0.91 \times 10^8 m^3$,累计产水量减少 $3 \times 10^4 m^3$。日产气量 $120 \times 10^4 m^3$ 条件下生产压差为水平井 0.37MPa、直井 0.43MPa(图 5.14 至图 5.16)。

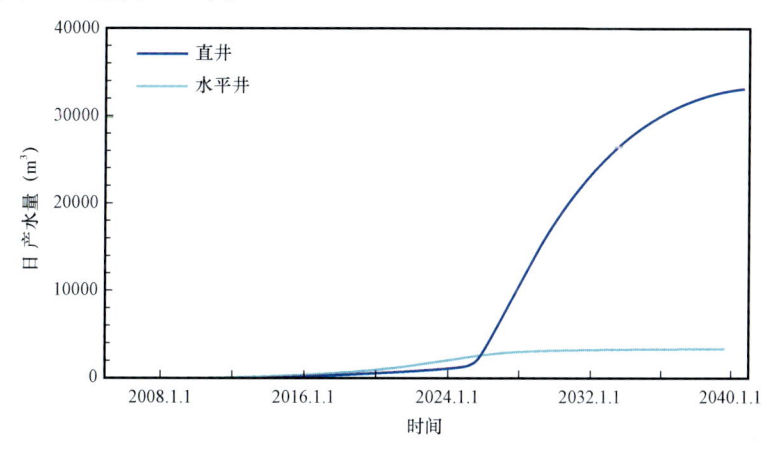

图 5.14　KL2-18H 井水平井与直井日产水量对比

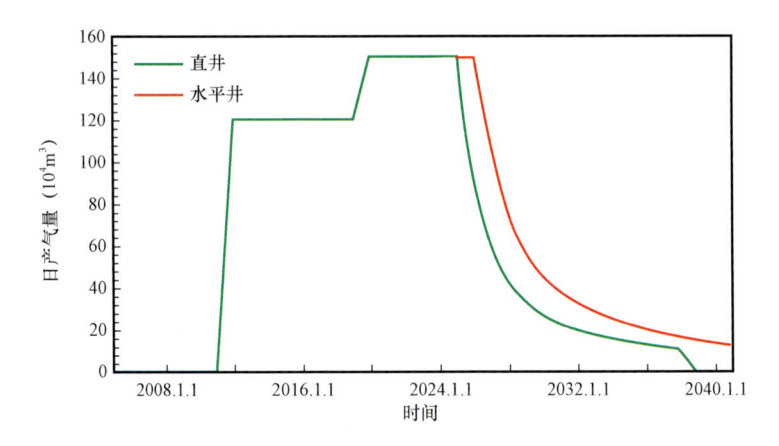

图 5.15　KL2-18H 井水平井与直井日产气量对比

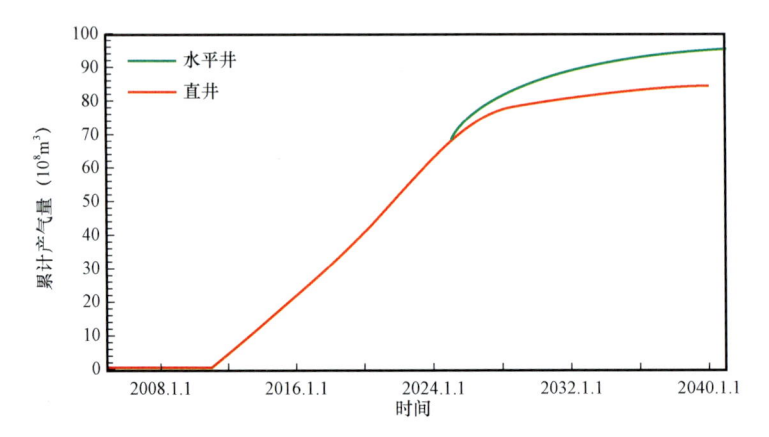

图 5.16　KL2-18H 井水平井与直井累产气对比

KL2-20H 井水平井开发效果明显优于直井,水平井稳产期比直井多两年,累计产气量高 $0.6\times10^8\mathrm{m}^3$,累计产水量减少 $0.14\times10^4\mathrm{m}^3$。日产气量 $120\times10^4\mathrm{m}^3$ 条件下生产压差水平井为 0.58MPa、直井为 3.5MPa(图 5.17 至图 5.19)。

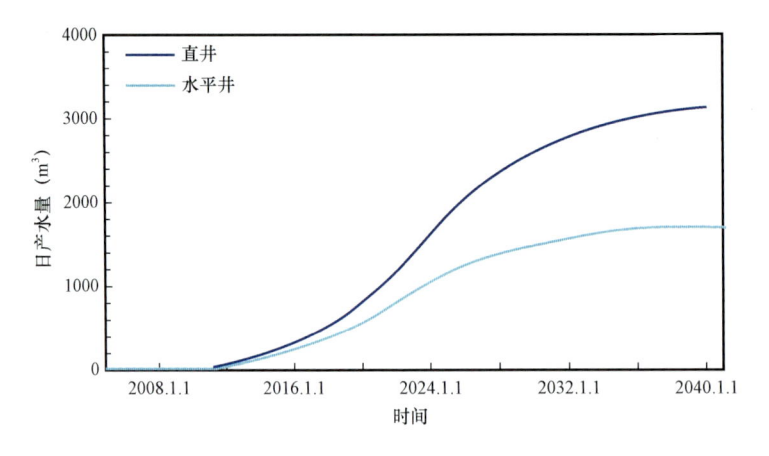

图 5.17　KL2-20H 井水平井与直井日产水量对比

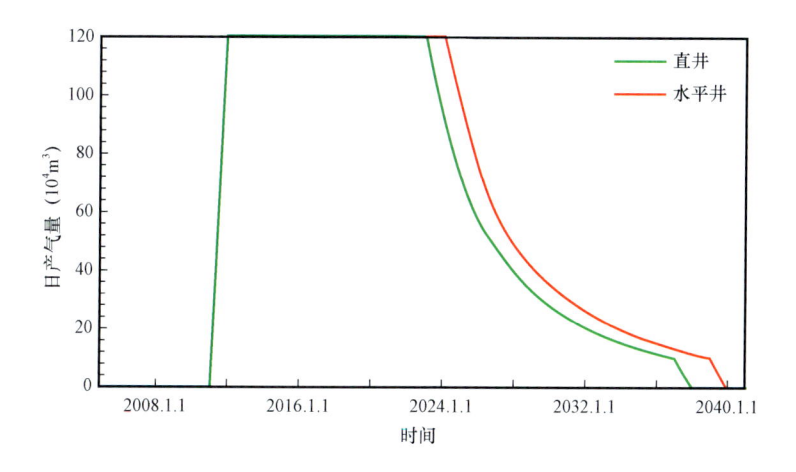

图 5.18　KL2-20H 井水平井与直井日产气量对比

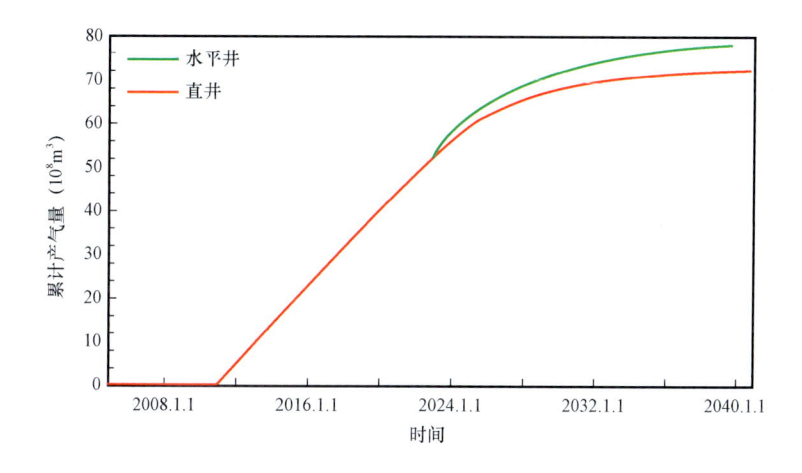

图 5.19　KL2-20H 井水平井与直井累计产气量对比

5.3.1.3　水平井长度及射开层位优选

（1）水平井纵向位置优选。

图 5.20 至图 5.22 对比表明，鞍部 KL2-18H 井水平段可设计在巴 1 段中上部，射孔在巴 1 段下部及巴 2 段上部时见水风险较大，产水上升较快，稳产期短。边部 KL2-20H 井气层厚度小，适宜射开在巴 1 段上部，射孔在巴 1 段中部以下均有见水风险。

综合分析，水平段应尽量设计在储层上部，避水高度大，见水风险较小，稳产期长，易于气藏整体的动用。

（2）水平段长度优选。

水平段长度小于 700m 时，随着水平段长度降低，生产压差增加幅度较大（图 5.23）。在相同生产压差下，水平段增加，日产气量增加，长度大于 700m 时增加幅度变缓（图 5.24 和图 5.25），推荐水平段长度为 700m。

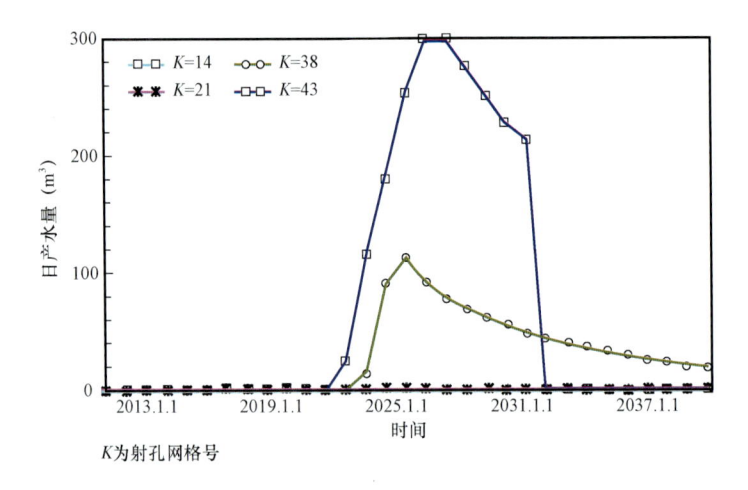

图 5.20　不同射开层位 KL2-18H 井日产水量对比

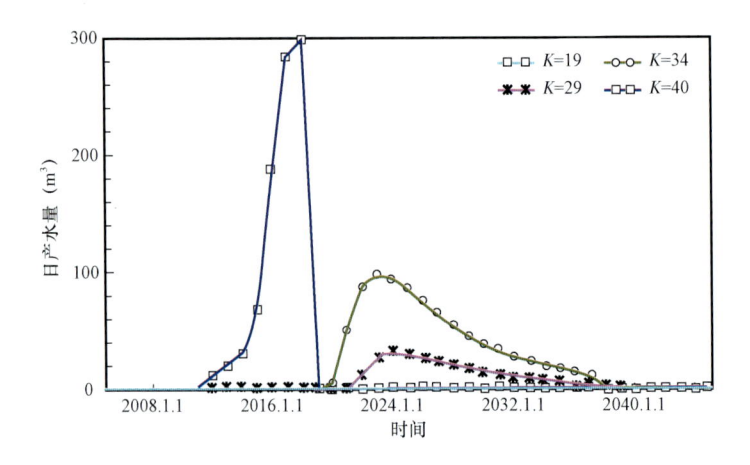

图 5.21　不同射开层位 KL2-20H 井日产水量对比

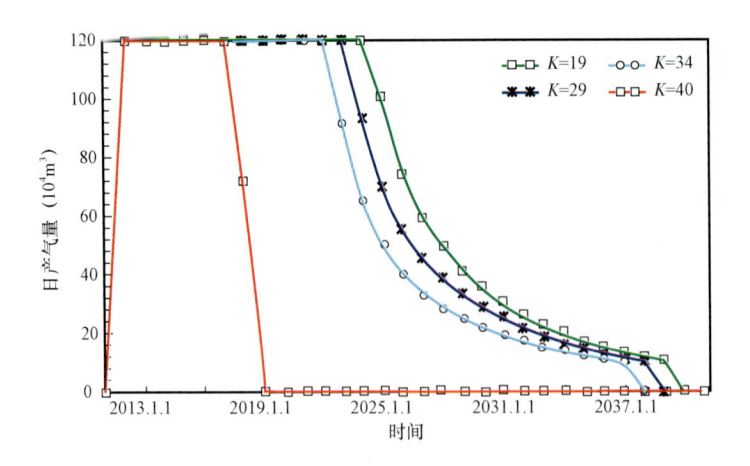

图 5.22　不同射开层位 KL2-20H 井日产气量对比

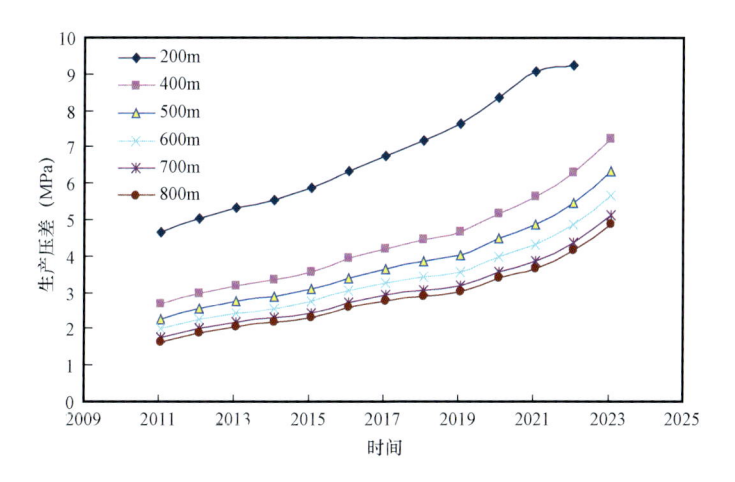

图 5.23 不同水平井长度生产压差对比

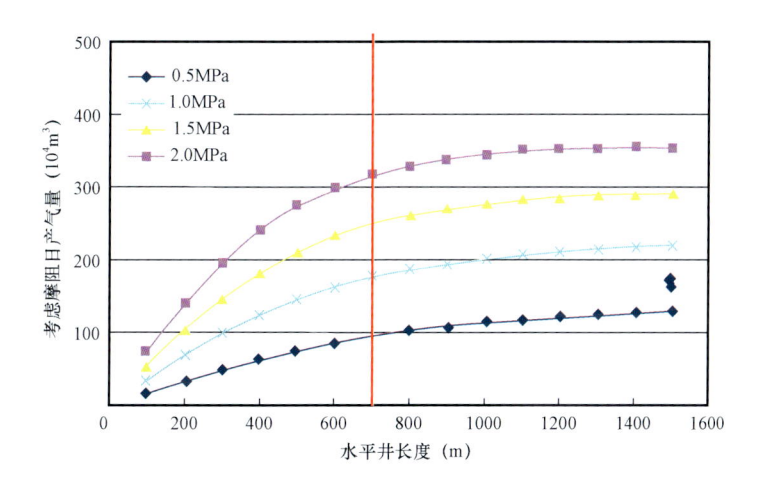

图 5.24 不同生产压差在不同水平井长度下产气量对比

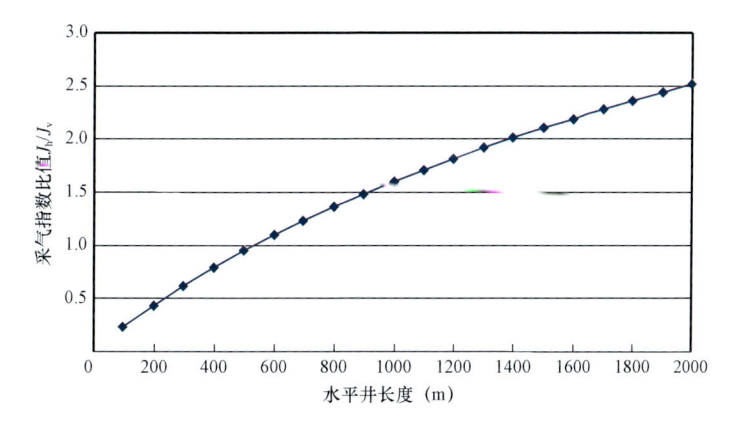

图 5.25 不同水平井长度下水平井与直井产能对比

5.3.1.4 直井射开程度分析

KL2-16井设计射开程度分别为20%、30%、50%、60%、90%。图5.26表明,射开程度高于30%时产水较早,且产水上升也较快。图5.27表明日产气量$100 \times 10^4 \text{m}^3$条件下,射开程度大于30%后生产压差减小幅度明显变缓。因此,推荐直井射开程度为30%左右,射孔层位为巴1段。

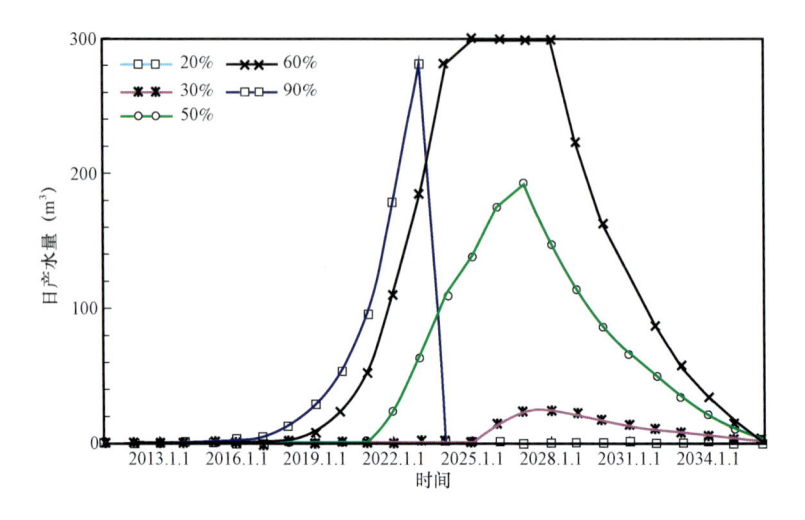

图5.26 KL2-16井不同射开程度日产水量对比

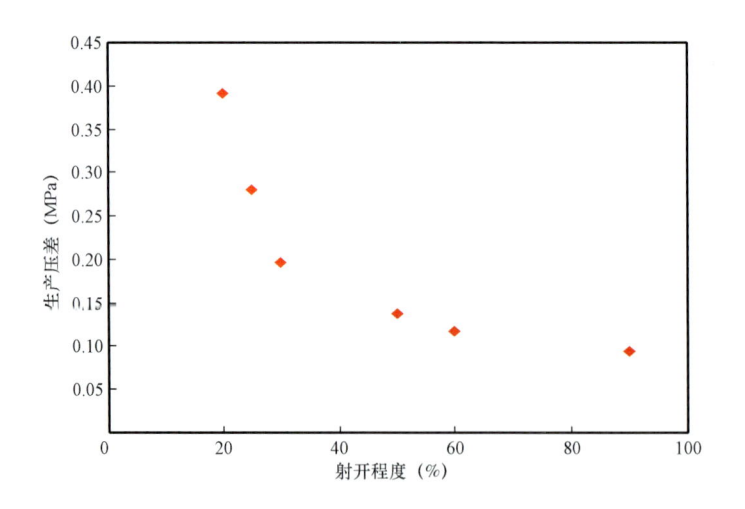

图5.27 KL2-16井不同射开程度生产压差对比(日产气量$100 \times 10^4 \text{m}^3$)

5.3.2 单井合理采气速度研究

研究依靠加密断层周围的网格来近似模拟底水沿断层窜入气藏的情况,模型如图5.28所示。模型储量$100 \times 10^8 \text{m}^3$,网格数$31 \times 47 \times 100$,$\Delta X = \Delta Y = 100\text{m}$,断层加密前,模型见水时间与实际出入很大;断层加密后网格为$\Delta X = 1\text{m}$,加密网格渗透率为1D,相渗采用对角线形式,模型气藏压力、井口压力、见水时间等生产指标基本与实际资料相符。

表 5.10、图 5.29 显示,采气速度大,无水采气期短,5% 采气速度下,无水采气期约为 3 年,无水期采气程度为 11.86%。采气速度 3.5% 下,无水采气期 13 年左右;采气速度超过 3.5% 时,气藏无水采气期及对应采出程度大幅度降低。

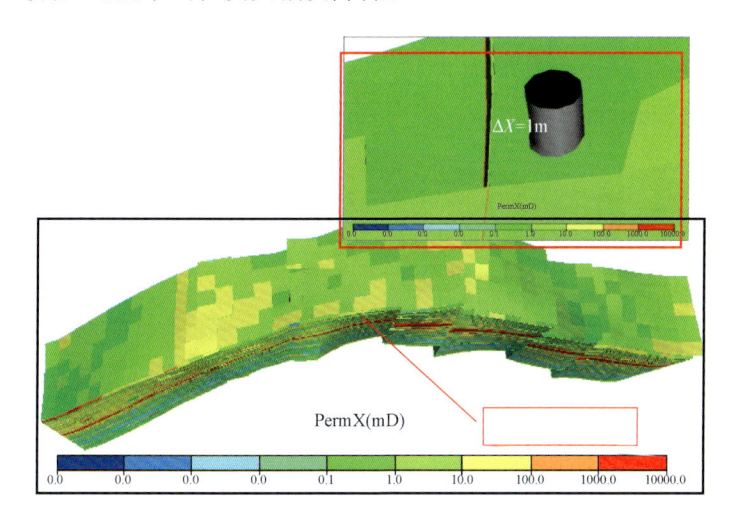

图 5.28 单井模型

表 5.10 单井模型不同采气速度下开发指标对比表

采气速度 (%)	无水采气期 (a)	无水采气期采出程度 (%)	最终采收率 (%)	废弃压力 (MPa)	累计产水量 ($10^4 m^3$)
2.5	18	45.14	76.48	20.72	29.95
3.0	14	45.14	76.25	20.90	30.22
3.5	13	43.40	75.64	21.06	31.74
4.0	10	36.11	74.10	22.04	36.11
4.5	8	28.42	72.47	23.15	39.46
5.0	3	11.86	71.24	24.44	40.43
6.0	0	0	68.77	26.05	41.94

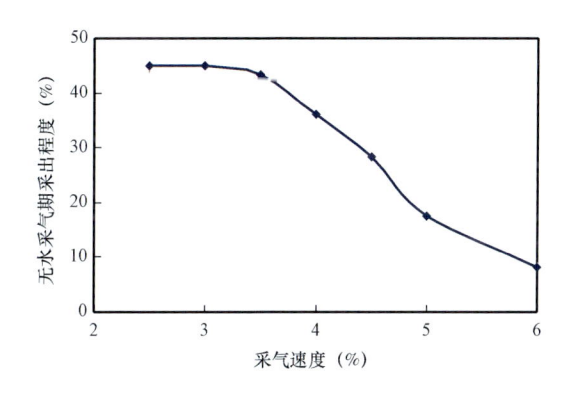

图 5.29 不同采气速度下无水采气期采出程度对比

当高速开采时,地层水沿断层及高渗透带窜入,天然气被封闭成死气区(图5.30),废弃压力增高,采收率降低(图5.31),采气速度高于3.5%时,采收率下降幅度增大,累计产水量大幅度增加(图5.32)。

综合分析,气藏合理采气速度为3.5%,年产规模为 $80 \times 10^8 \mathrm{m}^3$。

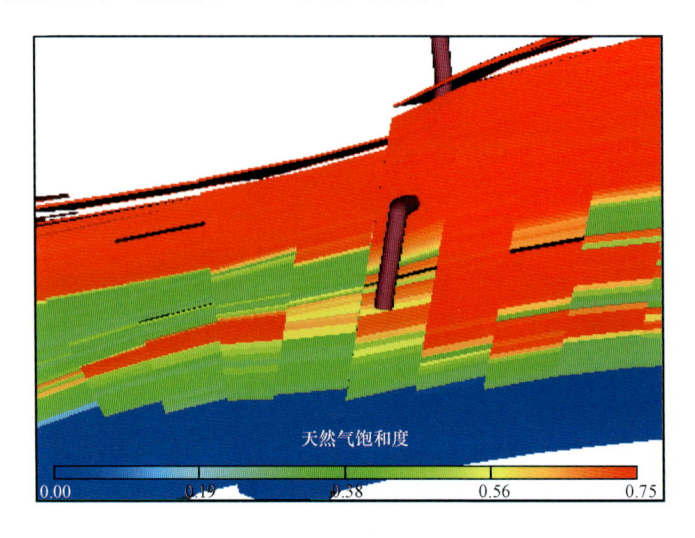

图 5.30　气体封闭示意图

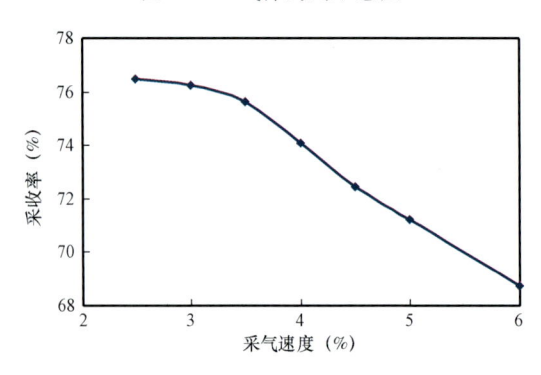

图 5.31　不同采气速度下采收率对比

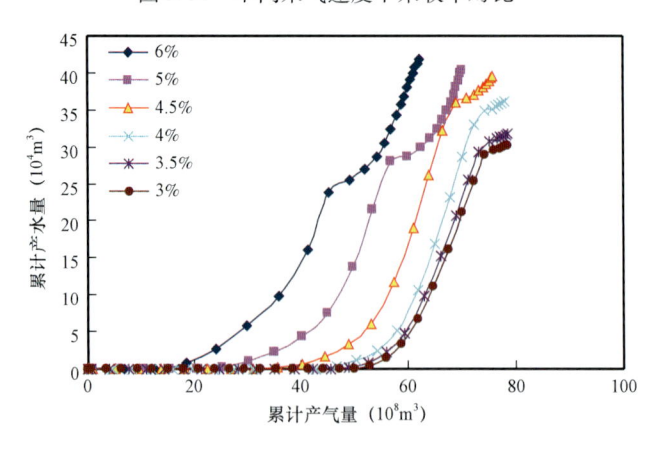

图 5.32　不同采气速度下累计产水量变化曲线

5.4 防水控水对策

根据克拉2气藏的生产动态特征分析,结合合理的开发技术政策,对气田中的典型已见水气井提出建议,并对利用新钻井控水的可行性进行了论证。

5.4.1 已见水井控水建议

5.4.1.1 克拉203井、克拉204井关井好于开井

克拉203井、克拉204开井生产时,日产气量有限(图5.33和图5.34),日产水量大幅度增加,气藏累计产水量增加$4.4 \times 10^4 \mathrm{m}^3$(图5.35)。气藏整体累计产气量比关井时少产气$4.77 \times 10^8 \mathrm{m}^3$,天然气采收率降低0.2%。

因此,水气比比较高时建议关井。

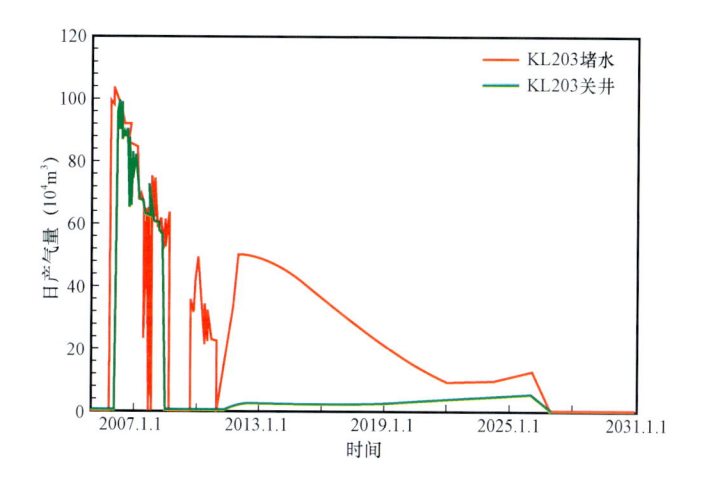

图5.33 克拉203井、克拉204井继续开井时日产气量预测

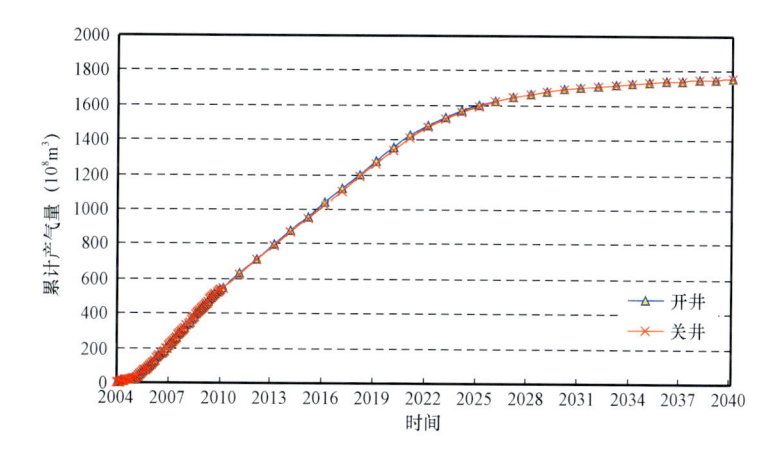

图5.34 克拉203井、克拉204井继续开井与关井时气藏累计产气量对比

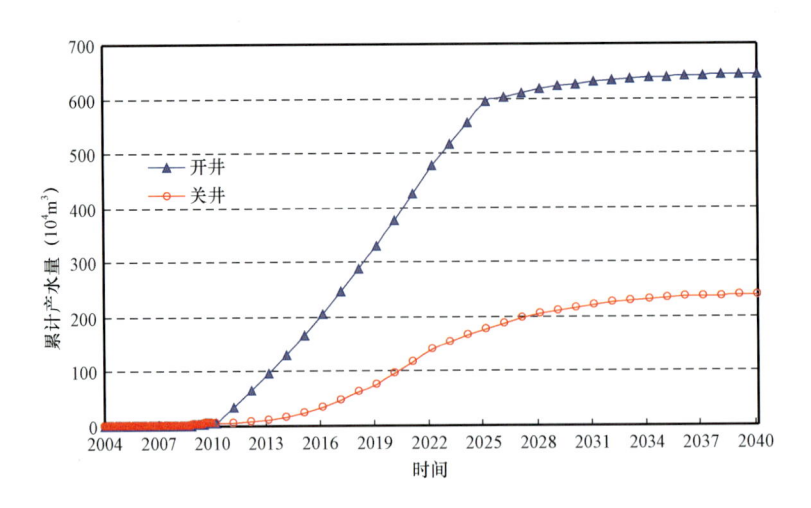

图 5.35　克拉 203 井、克拉 204 井继续开井与关井时气藏累计产水量对比

5.4.1.2　克拉 203 井堵水好于关井

2010 年 8 月产气剖面测试表明(表 5.11),克拉 203 井 3753.0～3756.0m 为主产气层,产气量 98893m³/d、产水量 0m³/d,产气量占全井产量的 43.1%,孔隙度 16.7%,渗透率 2.7mD。3841.0～3846.0m 也为主力产气层,产气量 87763m³/d、产水量 161.7m³/d,相对产气量 38.2%,孔隙度 16%,渗透率 21～47mD。通过堵水作业,封堵 3820m 以下水淹层,仅上部气层生产。

表 5.11　克拉 203 井产气剖面测试成果表(2010 年 8 月)

射孔井段 (m)	评价井段 (m)	单层日产量 日产水量 (m³)	单层日产量 日产气量 (m³)	相对产气量 (%)	产气强度 [m³/(d·m)]
3698.3～3916.5	3753.0～3756.0	0	98893	43.1	32964
	3759.0～3762.0	0	1357	0.6	452
	3805.5～3809.0	0	21269	9.3	6077
	3834.5～3840.5	13.9	20319	8.8	3387
	3841.0～3846.0	161.7	87763	38.2	17553
	合计	175.6	229601	100	

克拉 203 井堵水后主要生产层位为巴 1 段,物性较差,产气量(10～20)×10⁴m³/d(图 5.36)。

5.4.2　利用新钻井控水的可行性

为减少边底水侵入气藏,可以考虑在水区部署控水井排,降低水区与气区的压力差,从而达到降低水侵量、延长见水时间、降低废弃压力、提高采收率的目的。根据产水量的不同而设计以下两个排水方案:10 口井,产水量 600m³/d;20 口井,产水量 600m³/d。10 口井方案井位部署如图 5.38 所示。

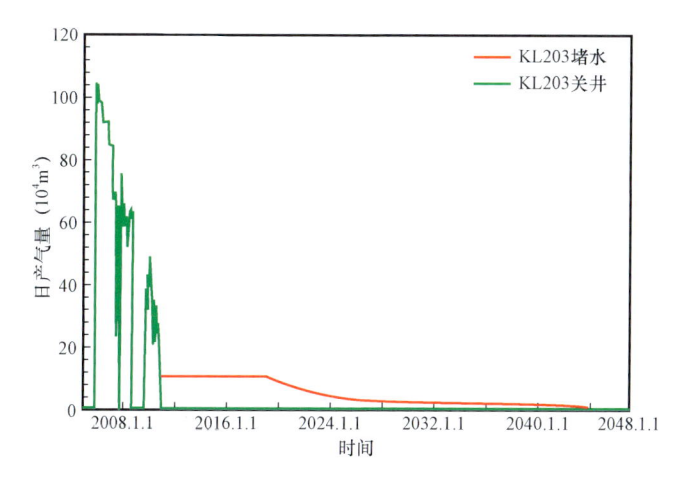

图 5.36　克拉 203 井堵水后日产气量预测

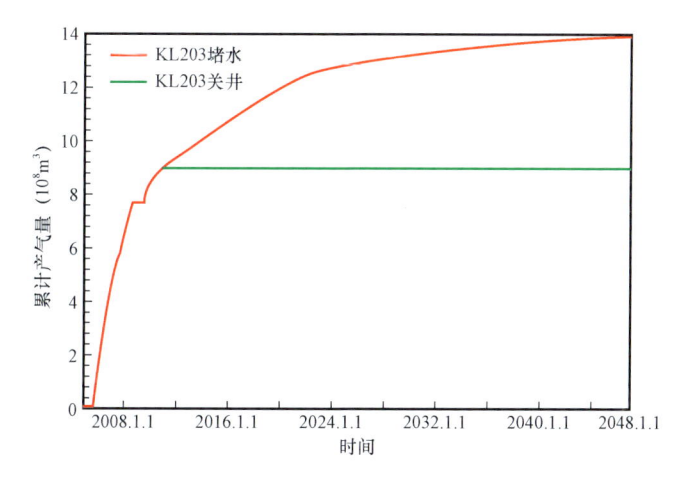

图 5.37　克拉 203 井堵水后累计产气量预测

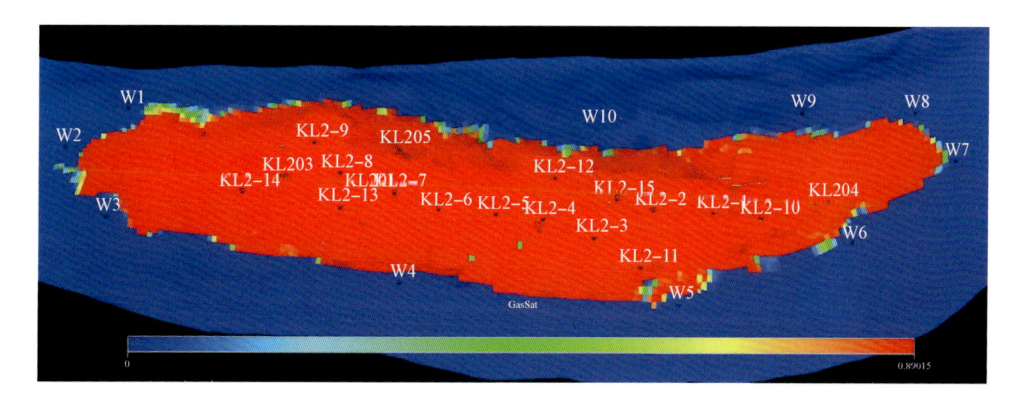

图 5.38　新钻产水井井位部署（10 口）

对比研究表明，排水措施使得气层与水层压差逐步减小(图5.39)，从而废弃压力降低，20口井时最大降低1.3MPa，采收率提高2.2%左右(图5.40)，具有一定的效果。

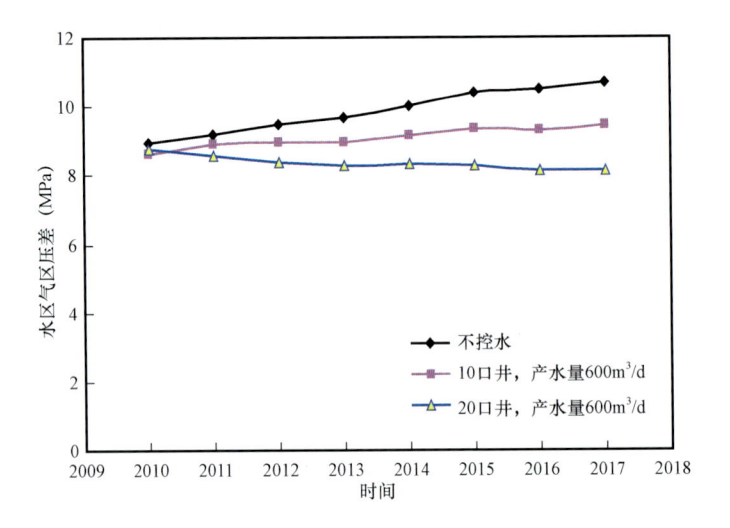

图5.39 不同控水方式下水区与气区压差对比

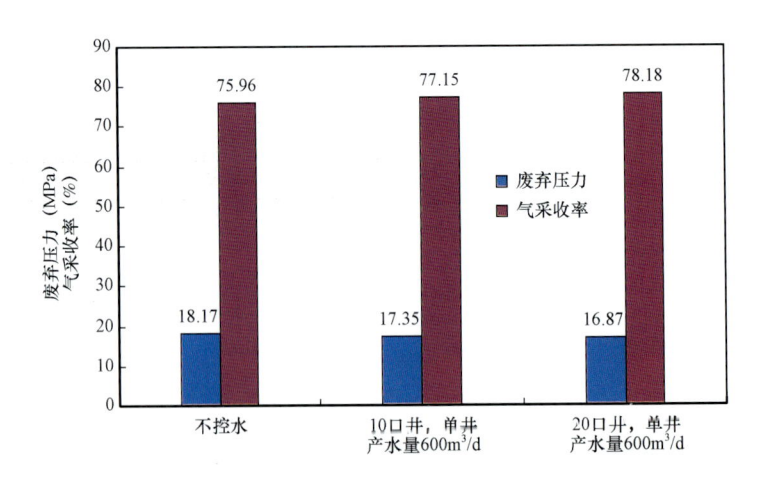

图5.40 不同控水方式天然气采收率对比

但考虑到打排水井的费用以及排水量增加后需要较大的地面处理能力，需要地面改造，因此，推荐在近几年内不考虑新钻井排水采气。

第6章 高压气藏动态监测技术

借助仪器、仪表以及相关设备,对克拉2气田的地层和井筒的有关信息进行录取、处理和分析,认识气藏的渗流规律,分析井筒技术状况,指导气田开发,提高开发水平。气藏动态监测是一项系统工程,贯穿于气田开发的整个过程。对于超高压气藏动态监测,具有特殊性,本章将介绍高压气井压力系统监测方法优选,包括异常高压气藏有缆测试工艺及开发、技术挑战,异常高压气藏井口动态监测技术以及在克拉2气田的具体应用,高压高产、高含 CO_2 气井安全风险等级评价研究以及评价方法等。

6.1 国内外高压气井压力监测新技术

高压有水气藏气井的压力监测对于气藏水侵的研究和气井工作制度的调整具有指向性的作用。

6.1.1 高压气井压力监测新设备

高压气井压力监测新技术的发展主要体现在压力计精度的准确性、便捷性等方面上。

6.1.1.1 高精度井口电子压力计

把高精度电子压力计直接安装在井口,利用相关仪器、仪表记录压力数据进行试井工作,克服了超高压气井井下无法下入压力计进行测试的问题。

难点在于干气气藏压力折算到地层中部受到井口温度、井筒温度剖面变化、摩阻系数等不确定性参数的影响,测试结果在折算方法、精度上需验证。

6.1.1.2 PPS31系列井口电子压力计

PPS31系列井口电子压力计(图6.1)是由加拿大先锋石油公司研制开发的高精度压力监测设备,整套系统采用了先进的压力传感器和GPRS无线传输技术。PPS31监测系统可通过GPRS实现数据的实时无线传输,监测系统自身也可存储50万组数据,并具备井口数据的实时显示功能,该仪器具体性能指标参数见表6.1。

该套系统分为压力计和无线传输两部分。PPS31系列井口电子压力计采样率范围为1s~18h一组数据点(时间、压力和温度),并且可以通过客户终端实时控制井口监测系统,随时改变压力计的采样率。

图6.1 PPS31井口电子压力计图

表 6.1　PPS31 井口电子压力计性能指标参数表

项目	性能	项目	性能
压力计材质	硅—蓝宝石	存储容量	50 万组数据点
压力量程	15000psi	数据格式	时间/压力/温度
压力精度	0.02%	存储器类型	永久式闪存
温度量程	−40～80℃(−40～176℉)	电源	12V 直流电
温度精度	0.20℃	采样间隔	(1s～18h)/点
温度分辨率	0.01℃	连接扣型	½in NPT
显示方式	20 个字符液晶显示	安全等级	一级、一类(加拿大标准协会)

6.1.1.3　毛细管永久压力监测技术

毛细管永久压力监测技术是一项永久动态监测技术。在克拉 2 气田应用的毛细管永久压力监测系统是哈里伯顿公司的 EZ‑Gauge 系统,该系统可以对井下压力进行实时监测,而井下不需要电源、电子设备和活动的部件。

毛细管永久压力监测系统是一种井下压力监测系统,在其他电子设备无法工作的恶劣工况下,它是长期监测的一种选择。该系统利用填充了惰性气体的小直径毛细管线连接井下的传压工作筒,将井下任意点的压力传送到地面采集器。

地面压力传感器绑在毛细管上,整套系统使用轻的惰性气体(例如氦气),并配备完善吹扫系统。安装好系统后,通过校正毛细管内氦气柱附加的流体压力,得到井下压力,避免了常规井下电子仪器总会经历的各种困难。流体压力校正是通过在井内压力、温度作用下氦气密度的反复计算来完成的。

(1)毛细管压力计监测的技术特点。

在完井时,即把毛细管监测系统随完井管柱下入井筒中,地面安装数据录入仪器,工艺上简单、方便、安全。

缺点是该套系统需要定期维护,录取的数据需要解决如何进行标定的问题。优点是井下无电子元件,从地面检测系统的性能,灵活、精确、持久耐用,适应环境。

(2)应用范围。

① 油气藏动态实时监测:毛细管永久压力监测系统具备地面直接读取测试设备的所有性能,可满足对油气藏动态实时监测的条件。

② 阀门或封隔器以下压力测量。

③ 通过不同位置设置多个工作筒,达到多层或多点监测的目的。

(3)工作原理。

毛细管测压的基本原理:基于一个上部封闭、下部开口的系统,例如,用手指捂住空心管的上头,即其上部封闭,将其下头插入液体中,只有少量液体进入空心管,在空心管的上部会感觉到力的作用;如果上部不封闭,流体就会进入空心管内,达到和管外流体一样的高度(图 6.2)。

毛细管地面一端与地面采集系统连接并保持密封状态,将另一端和接近产层的传压筒(或者称工作筒)连接。通过石英感应仪接收的压力信号,并附加通过数据分析器校正的惰性气体气柱压力,形成传压筒处压力数据存储于可移动存储模块,同时通过显示器可进行实时数据的读取。根据测压深度和井筒温度完成由井口惰性气体压力向井下测点压力的计算(图6.3)。

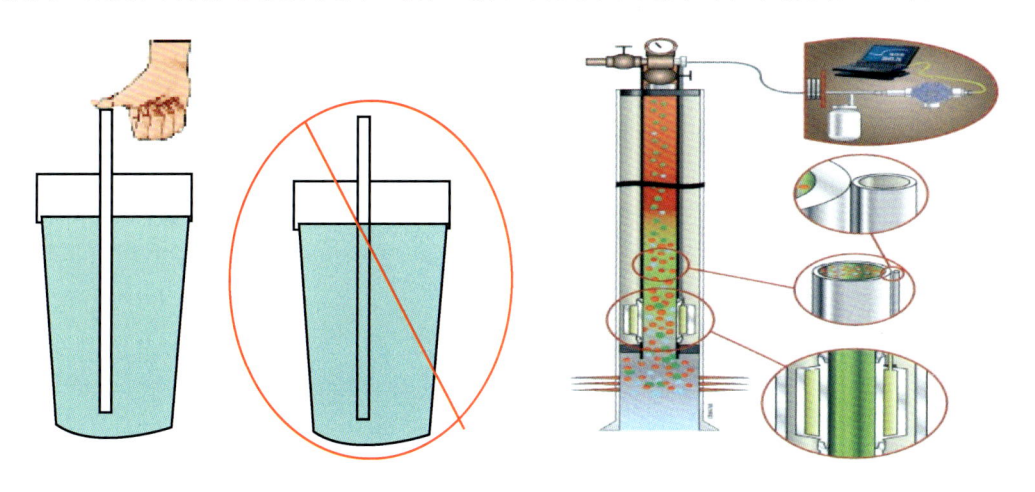

图 6.2 毛细管测压原理示意图　　图 6.3 毛细管测压系统装配结构示意图

(4)毛细管监测装置的优点。

毛细管测压装置是把传压筒下到油气层中部,并通过毛细管把井底压力传送到井口,测取相应生产层压力数据的半永久性固定式测压装置,分为单层或者多层生产测压装置。多层生产测压装置(图6.4)是在同一口井中,利用同一组生产管串进行多层合采,它适用于各种类型油气水井的长期压力监测,为及时调整油气产量、分析油气层生产状况,提供直接和精确的压力数据,同时为使用者提供良好的经济效益。同时应用毛细管测压装置时,应及时对毛细管进行吹扫(一季度吹扫一次),保证毛细管内惰性气体充足,防止井内流体通过传压筒进入毛细管,影响测试资料的准确性。通过吹扫将工作筒内的液体全部挤出去,这样在校正时只需考虑氮气静压力。

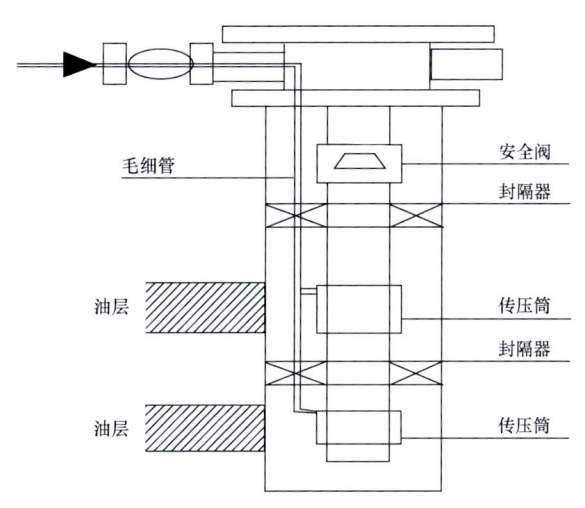

图 6.4 多层毛细管测压井下管柱图

6.1.1.4　井下压力计测试技术

半个世纪以来,从用一支记录笔仅能记录井下最高压力的一种简单的玻登管压力计发展到现在,压力计的设计和制造已十分精细,并日臻完美。由记录、走时和感压三大关键系统组成的机械压力计已能录取井下压力变化的各种特征,测量精度达到 0.02%,井下工作时间可达 360~480h,其工作温度达到 150~370℃,种类已达几十种之多。20 世纪 60 年代末美国 HP 计算机公司研制成功的世界上第一支石英晶体电子压力计(图 6.5),测量精度达到 0.02%。

目前电子压力计品种有几十种,有的可在地面直接读井下压力、温度参数;有的可将录取资料在井下储存起来,仪器取到地面后再进行回放等,迄今为止,石英晶体压力计仍是精度和灵敏度最高的一种。

(1)井下压力计测试的技术特点。

把压力计下入井底进行试井是常规的压力测试工艺技术,能够直接获取井下近产层压力资料,不受温度的影响,符合试井理论的等温过程,资料可靠,不用进行折算即可直接用于分析解释。但在有些情况下,存在许多风险,甚至无法开展。首先是测试的工艺;其次是资料分析处理;第三是安全上的挑战。

(2)测试原理。

地面直读式电子压力计测试系统是利用物理原理制成的某种类型的压力传感器(应变式、压电式、电容式、振弦式、固态压阻式),用单芯电缆下入井内预定深度,通过该压力传感器将被测压力转换成与压力呈一定关系的电信号,经单芯电缆传输至地面,由地面压力测读系统将信号放大,经模/数转换成数字形式,实时显示、打印、绘图和处理,同时可把数据记录在磁盘上。

地面直读式电子压力计测试系统有以下特点:

① 在测试过程中压力、温度数据可直接在地面仪表上显示,因此,测试人员可根据测试资料适时终止测试或延长测试时间;

② 采样率可根据需要由地面仪表控制调整;

③ 可以随时掌握仪器在井下的工作状态,避免因仪器故障而造成的损失。

地面直读式电子压力计测试系统通常由井下电子压力计、单芯铠装电缆和地面压力测读系统三部分组成。

井下存储式电子压力计测试系统,是将已编程的井下压力传感器、电子存储器和电源一起用测井钢丝下入井内预定深度,压力传感器将被测压力转换成与压力成一定关系的频率电信号,经电子存储器处理成数字形式后,储存在记忆块上;测试完毕,仪器起出井筒后,再通过地面回放设备,将存储器记忆模版的数据回放出来,进行打印、处理和解释。

井下储存式电子压力计系统通常由四部分组成:压力(温度)传感器、电子存储器、电源(电池组和供电器)、地面回放设备,前三部分在一起组成井下仪器。

(a)压力计　　(b)表芯

图 6.5　石英压力计及其表芯

6.1.2 其他压力监测技术

由于压力监测原理的不同,还存在以下几种高压气井压力监测技术。

6.1.2.1 压力永久监测技术

压力永久监测技术主要应用于水平井和大斜度井。油田压力永久监测技术发展主要经历了三个阶段:吊挂式监测工艺技术,预置式监测工艺技术,智能井技术。

(1)吊挂式永久监测技术。

吊挂式永久监测技术是将标准压力计置于完井管柱的末端下井,通过电缆来供应电力及传输数据,用来监测井下压力和温度变化情况。

(2)预置式永久监测技术。

将仪器预置于管柱外侧,随管柱整体下入套管中,采用电缆与地面通信的工作方式。少数公司将传感器置于井下,电路部分放置于地面,通过光纤进行信号的传输,解决了电子电路长期在高温高压下容易损坏的问题。

(3)智能井监测技术。

永久监测技术和井下分层调控相结合的技术,即智能井监测技术。井下分层调控管柱实现了井下分层开采、分层测试,可控制井下任意封堵层位的打开或关闭。

(4)ERD™压力温度传感器。

美国 CORELAB 公司永置式监测技术的核心是采用了 ERD™电子谐振膜片(Electrical Resonating Diaphragm)压力温度传感器技术。电子谐振膜片是井下感应组件,是由地面供电激发的共振膜片。压力温度传感器受地面激发后,将与测点压力和温度相关的毫伏级的频率振荡信号通过电缆上传至地面采集系统,经地面解算处理得出该探测位置的压力和温度数据。ERD™传感器能在高达260℃温度环境中稳定地连续工作,关键在于井下设备无电子器件。

主要技术指标如下。温度测量范围:-30~250℃,测量精度:2℃,测量分辨率:0.050℃。压力测量范围:0~172MPa,测量精度:0.1% F.S,测量分辨率:0.0005% F.S,压力时间漂移:0.021MPa/a。传输能力:12200m 电缆。

6.1.2.2 不关井压力监测技术

不关井测压技术是不必对气井进行关井复压测试、仅利用生产动态资料求取地层压力的一种地层压力评价技术。目前应用比较成熟的主要有流压—累计产气量法和现代产量不稳定分析法两类。

流压—累计产气量法的思路是:对于外边界封闭的均质气藏,当地层中的流体渗流进入拟稳定状态后,地层中各点压降速度相等并等于常数,即认为气井井底流压与地层压力在下降动态趋势上是一致的,气井地层压力与累计产气量关系也服从二项式关系:

$$p_R = aG_p^2 + bG_p + p' \tag{6.1}$$

式中 p_R——地层压力;

G_p——气井累计产气量;

p'——气井 $G_p=0$ 时流动压力与地层压力之差;

a,b——二项式系数。

适用条件是气井生产时间较长、配产较为稳定,并获得了井口压力和累计产气量测试数据等。

6.1.2.3 井口压力折算技术

利用井口压力折算井底压力是一种成熟方法。按照井筒内的能量守恒定律,纯气井静气柱条件下静止气体压力随井深变化关系符合如下方程:

$$\frac{\gamma_g L}{29.28} = \int_{p_{wh}}^{p_{ws}} \frac{TZ}{p} dp \tag{6.2}$$

式中 γ_g——天然气相对密度;
 L——气层中部井深或测压点井深,m;
 p_{ws}——井底流压,MPa;
 p_{wh}——井口静压力,MPa;
 T——温度,K;
 Z——偏差系数。

传统的处理方式是假设 T、Z 都为井筒内的平均值并保持为常数,那么对式(6.2)积分可得到气井静止井底压力的计算公式:

$$p_{ws} = p_{wh} e^{\frac{0.03415\gamma_g L}{T_{avg} Z_{avg}}} \tag{6.3}$$

式中 T_{avg}——井筒内的平均温度,K;
 Z_{avg}——井筒内的平均偏差系数。

为了更加准确地考虑气体偏差系数随井深不断变化的情况,何丽萍等人(2011)提出了分段积分法计算井底压力。实质是考虑井筒温度的分段校正,即从井底往上分成若干段作分段计算,在井口段温度根据实测确定。

将 (p_{ws}, p_{wh}) 段平均分作 n 个压力段 $(p_{i-1}, p_i)\{i=1,2,3,\cdots,n;p_0=p_{wh},p_n=p_{ws}\}$,并使每个压力段的步长足够小,则有:

$$\int_{p_{wh}}^{p_{ws}} \frac{TZ}{p} dp = \int_{p_0}^{p_n} \frac{TZ}{p} dp = \frac{1}{2} \sum_{i=1}^{n} [(p_i - p_{i-1})(I_i + I_{i-1})] \tag{6.4}$$

其中:$I_i = (TZ/p)_i, i=1,2,3,\cdots,n$。

6.1.2.4 动态井底压力监测系统

静态井底压力检测系统工作流程如图6.6所示。
改进后的动态井底压力检测系统工作流程如图6.7所示。

6.1.2.5 永置式井下压力温度监测技术

永置式井下压力温度监测技术主要通过压力温度传感器随完井油管下入产层附近,压力、温度信号通过井下电缆传送至地面,经由地面数字采集仪对信号进行处理,进行实时显示和存储,并通过RS232通信接口与计算机相连,对数据进行处理和分析,得出长期连续的井下压力、温度动态监测曲线。

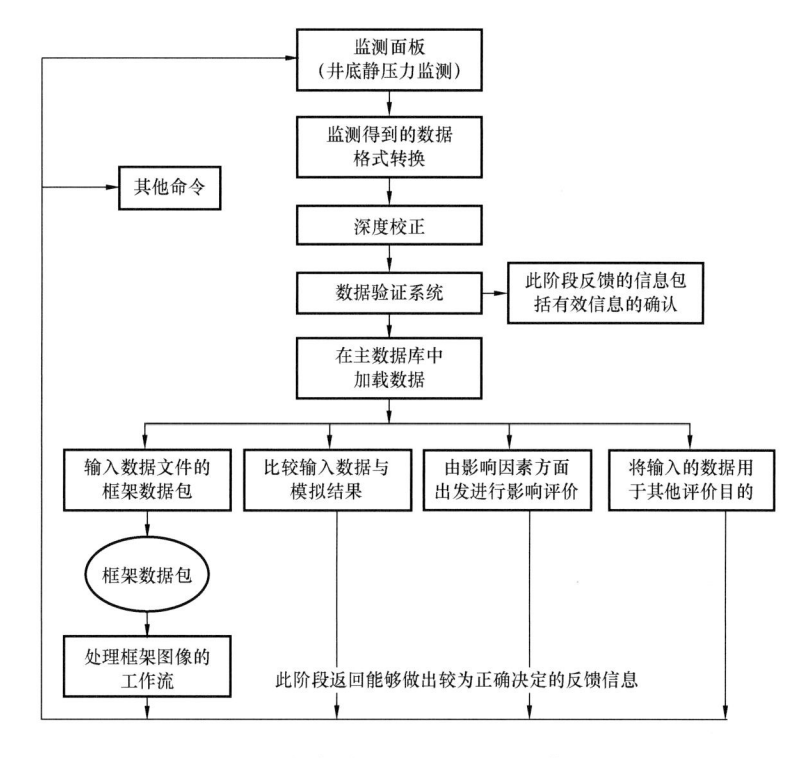

图 6.6 静态井底压力监测系统工作流程

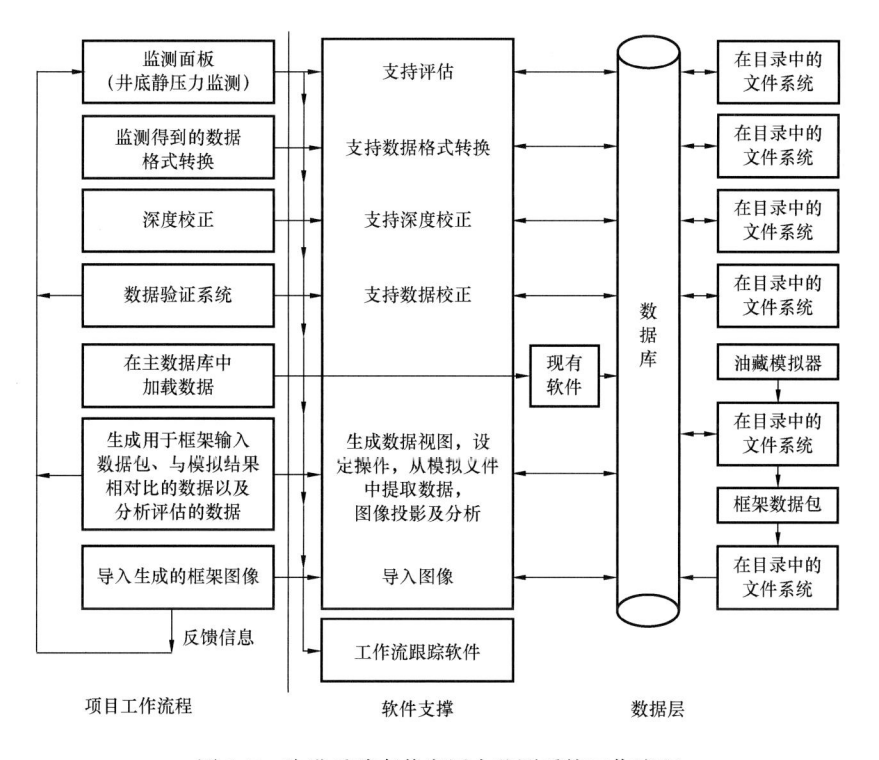

图 6.7 改进后动态井底压力监测系统工作流程

永置式井下压力温度监测系统的核心是井下谐振式电子压力、温度传感器和变送器的统一体。弦的上端与支架固定,而下端与传感器膜片相连接,弦在一定张力下张紧固牢,置于永久性磁场中并与磁力线垂直。当弦受外力作用产生振荡时,切割磁力线运动产生交变电动势,变为频率信号输出,压力就变为频率的函数。系统主要由井下和地面两部分组成,井下部分主要包括高精度井下压力计、压力传感器、温度传感器、压力计托筒、井下电缆、电缆保护器;地面部分包括井口密封器、地面数据采集系统(图6.8)。

压力监测井点首先要有代表性,主要体现在对局部邻域压力的代表性,而压力与该井的产量、油层性质(流动系数)、空间位置等因素密切相关,因此监测压力的井点必须满足以下约束条件:(1)平面代表性(与邻域内各井点距离的方差之和为最小);(2)储层性质的代表性(与邻域内各井点物性差异最小,即与其代表区域的非监测井点流动系数方差之和为最小);(3)产量的代表性(与邻域内各井点产量的方差之和为最小)。

吴洪彪等(2003)把产量方差、地层系数方差应用到压力监测系统的优化部署中,同时考虑井点的空间相对位置,给出了压力监测系统优化部署的方法。当进行压力监测系统优化模拟时,相邻的井不会再同时作为监测井点,任一井点附近都有监测井点与之相邻,可以实现油田动态监测系统的科学布井、经济布井。

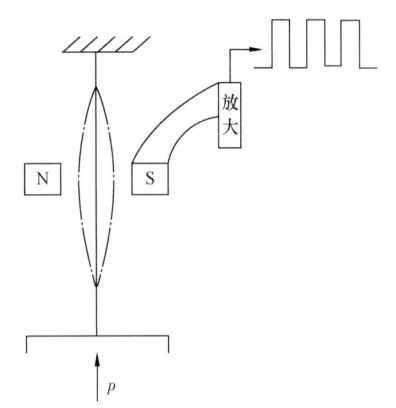

图6.8 工作原理图

6.1.2.6 分层测压技术

分层测压技术实现了作业一次最多可实施4层的分层压力资料录取,解决了传统测压工艺只能单层测压的缺陷,减少了作业工序,作业工期大大缩短,可精确测量油井细分开采层间压力,准确了解该区主力与非主力油层间压力分布状况,可为产能建设方案及动态调配提供更加可靠的依据。

不停抽环空测压技术,既取得了分层压力资料,其他层可继续开采,同时也提高了油井时率。还可以堵塞油井出水层,改变注水井的见效方向,动用注水井与其他油井之间低渗透带的潜能,提高注水井的驱油效率。

注水井分层测压工艺除进行注水井的分层流压监测外,还可实现测试验封的目的。目前验封工艺均不同程度地需要改变分注井平稳的工作制度,无法满足分注井平稳注水的要求。利用分层测压工艺无须改变测试井的工作制度,避免人为增加分注井封隔器失效的概率。

对油藏所提出的这种压力监测技术,目前还没有文献说明其在气藏中的应用。

6.2 高压气井压力系统监测方法

6.2.1 高压气藏有缆测试工艺及开发

有缆测试是通过电缆或钢丝把测井仪器下入井下,进行压力动态监测、产注气剖面测井、油管和套管腐蚀监测、RPM（Reservoir Performance Monitor）剩余油饱和度测试等动态监测项目，能更直接地获取地层及井下技术状况的真实情况。2002年已在牙哈、英买等高压凝析气田成功开展了各类有缆测试工作。但对于异常高压气田，除对压力计本身的耐压、耐温要求比较高以外，对测试电缆或钢丝、井口密封系统、测试工艺技术、解释技术等都提出了新的要求，因此有必要创新适合于异常高压气井的有缆测试工艺技术和资料解释方法，开展有缆测试现场试验，完善异常高压气田动态监测技术。

6.2.1.1 高压气田有缆测试面临的技术挑战

（1）高压高产对动态监测工艺的挑战。

克拉2气田：克拉2单井井口压力52MPa左右，产气量$(90\sim400)\times10^4 m^3/d$，考虑到克拉2气田作为西气东输的主气源地，单井产量、压力高，电缆测试井下作业风险大，作业时井口高压防喷与安全都面临前所未有的挑战。

迪那2气田：DN202井井口压力最高为89MPa，产气量超过$100\times10^4 m^3/d$，2005年11月23日，DN202井采用105MPa井口防喷设施，下电缆与直读压力计录取产能测试资料，测试6mm、8mm、10mm、12mm等4个工作制度，前三个工作制度各1天，12mm测试3天，11月30日关井测压力恢复，12月9日因电缆故障关井切断压力计与电缆，结束测试，成功录取到测试资料。

根据目前在异常高压气田应用的动态监测工艺来看，异常高压气田的电缆（钢丝）测试、井口的动密封、电缆（钢丝）的防腐性能、压力计的耐压、耐温性能等都是气田动态监测工作中面临的挑战，DN202井的测试成功地录取了资料，但从试井工艺而言，电缆受腐蚀落井，不能够算作完全成功，测试工艺仍需进一步完善。

（2）井下管柱对动态监测安全的挑战。

塔里木异常高压气田，通常埋藏深，温度高，目的层段以上通常存在巨厚膏盐岩层，考虑到其特殊性与安全的要求，井下管柱设计均比较复杂。克拉2气井大多数井下有井下安全阀、反循环阀、封隔器、筛管、丢枪接头等工具，部分井下工具内径较小，形状特殊，对井下工具测试安全上带来了风险。迪那2凝析气井井身结构、完井工艺更为复杂，均采用负压射孔带枪生产，井下测试风险大。大北、克深等气藏更是埋藏深、压力高，大多数井采用尾管完井，井身结构复杂，井下有缆测试技术难度大，风险高。

（3）监测方法及资料解释技术需进一步完善。

为保障克拉2、迪那2等异常高压气田合理、高效开发，安全、平稳供气，现有的井口动态监测技术已不能满足气田开发需要，为了能更准确地录取到异常高压气田的井底压力、产出剖面、含气饱和度变化、气水界面推移情况及工程测井等资料，掌握更为翔实、可靠的异常高压气田生产动态信息，有必要进行井下有缆测试工艺技术攻关和现场试验。同时针对异常高压气藏渗流与地质特征，结合动静态分析和气藏工程方法，采用数值试井新技术，对井口动态监测结果进行验证，校正井筒压力—温度耦合计算模型，建立更为完善的异常高压气田动态监测技术体系及资料解释方法。

6.2.1.2 高压气藏有缆测试设备及工艺

塔里木油田通过技术攻关与创新，形成了完善的风险评估体系及应急预案机制，制订了详细的安全保障措施与具体施工方案,对相关测试设备及装置进行了工艺改进,优选了耐温、耐压且抗腐蚀的仪器设备,改进了高压密封装置,同时设计了多支压力计组合测试工艺,保证有缆测试作业所获资料的可靠性,在克拉2异常高压气田开展了现场试验并获得一次性成功。

(1) 设备简介。

根据克拉2气田气井高压(70MPa)超高产($327 \times 10^4 \mathrm{m}^3/\mathrm{d}$)的特点,经过反复研究选定如下设备。

绞车:美国产7500m双滚筒电缆钢丝两用液压试井绞车。

电缆:美国产直径为5.6mm的7500m高防硫单芯电缆。

钢丝:美国产直径为3.2mm的7500m高强度钢丝。

① 井口装置。

液压电缆控制头:用专用高压密封脂动态密封电缆或钢丝,可动态密封150MPa的井口压力。当电缆或钢丝意外断裂落井时能自动密封电缆或钢丝通道,有效防止井喷。

高压注脂系统:高压注脂管,德国产,工作压力140MPa,爆破压力350MPa。

高压注脂泵:德国产,工作压力150MPa,最高工作压力185MPa。

高压密封脂:在压力150MPa,温度80℃下仍然具备良好的密封性及润滑性。

防喷管:美国产,通径65mm,工作压力105MPa,高防硫,3m×5根。

液压放空装置:美国产,工作压力105MPa,高防硫。

防掉器:美国产,通径65mm,工作压力105MPa,高防硫。

封井器:美国产,通径65mm,工作压力105MPa,高防硫,双翼,双半封,手动液压两用。

连接法兰:美国产,通径65mm,工作压力105MPa,高防硫。

防喷管加强架:自制,当吊车臂失去支撑时,防喷管加强架能独立支撑防喷管。

② 仪器。

储存直读电子压力计:加拿大产,量程15~15000psi,精度为0.03%,分辨率为0.03psi,抗冲击6G,耐温177℃,可储存50万个点,最小采样间隔3s,高防硫,数量为3支。

储存直读电子温度计:量程为-20~177℃,精度为0.5%,分辨率0.05℃,抗冲击6G,耐压105MPa,可储存50万个点,最小采样间隔3s,高防硫,数量为3支。

电缆绳帽头:美国产,高防硫,数量为2支。

钨加重杆:国产,质量为200kg。

张力计:量程0~5t,精度0.5,分辨率0.05t。

③ 发电机。

液压发电机:美国产,8kW,数量1台。

柴油发电机:美国产,8kW,数量1台。

空压机:国产,3kW,工作压力1.2MPa,数量2台。

(2) 有缆测试工艺。

① 钢丝的优选。

有缆测试作业是采用单根录井钢丝及电缆吊装测井仪器深入井下采集或测量各项技术参数,井有多深,钢丝及电缆就必须有多长。油气井下除石油和天然气外还含有大量的硫化氢、二氧化碳、氯化物及有机硫化物等强腐蚀介质,吊装测井仪器的钢丝及电缆在井下停留时间过长,极易造成腐蚀断裂。目前,国内主要使用的镀锌碳素录井钢丝及电缆,在井下腐蚀介质含量偏高、使用不当、维护不好、更换不及时都有可能造成录井钢丝及电缆断裂,引发贵重仪器落井、甚至是油气井报废事故。

② 钢丝抗腐蚀性尤为重要。

不锈钢的耐腐蚀性能一般随着铬含量的增加而提高,当钢中含有足够铬时,会在钢的表面形成一层非常薄(1~5μm),但很致密的氧化膜(通常称为钝化膜),保护基体不再被氧化或腐蚀,不锈钢因此具有优良的耐蚀性能。钝化膜不是固定不变的,而是处于动态平衡中:在氧化性环境中,钝化膜一直处于不断破坏又不断回复的过程中,呈稳定状态。在酸性、还原性环境中,钝化膜可能遭受破坏而无法恢复,造成钢的腐蚀。油气井中的环境恰好是酸性、还原性环境,因此并不是所有不锈钢都能承受这种环境,必须对制作录井钢丝的不锈钢牌号作严格的选择。

油气井中的气相腐蚀介质以硫化氢和二氧化碳为主,液相腐蚀介质主要是硫化氢、甲酸、乙酸的水溶液和溶有大量氯化物和有机硫化物的地层水、凝析水。这种环境对入井钢丝造成的破坏主要有三种形式:氢脆断裂、点蚀穿孔和应力腐蚀断裂。

一般说来,油气井中都含有不同量的硫化氢、二氧化碳、甲酸、乙酸、氯化物和硫化物,属于酸性环境。钢丝在酸性溶液中不可避免地要发生置换反应,井愈深,温度愈高,反应愈激烈。反应生成的氢气在高温高压下极易渗入金属基体中,造成钢丝氢脆断裂。综合分析,录井钢丝只能选用奥氏体不锈钢,或合金元素含量更高的耐蚀合金,美国常用不锈录井钢丝牌号见表 6.2,经对比后,选用了防氢脆断裂效果最好的 MP35N 型号不锈录井钢丝。

表 6.2 美国不锈录井钢丝牌号

牌号	化学成分(质量分数,%)									
	C	Si	Mn	P	S	Cr	Ni	Mo	Co	其他元素
302(304)	0.015	1.00	2.00	0.045	0.030	17.00~20.00	8.00~10.00			
316	0.080	1.00	2.00	0.045	0.030	16.00~18.00	10.00~14.000	2.00~3.00		
NS-22 Nitronic50	0.060	1.00	4.00~6.00			20.50~23.50	11.50~13.50	1.50~3.00		N 0.20~0.40 Nb+Ta 0.10~0.30
254SMO UNS S31254	0.020	0.80	1.00	0.030	0.010	19.50~20.50	17.50~18.50	6.00~6.50		Cu 0.50~1.00 N 0.18~0.22
GB31Mo	0.020	0.80	1.00	0.030	0.005	20.00~21.00	24.50~25.50	6.00~6.80		Cu 0.80~1.00 N 0.18~0.20
Incoloy925 UNS No9925	0.030	0.50	1.00	0.030	0.030	19.50~22.50	42.00~46.00	2.50~3.50		Cu 1.50~3.00 Ti 1.90~2.40 Al 0.10~0.50 Nb+Ta 0.50
MP35N UNS R30035	0.025	0.15	0.15			19.00~21.00	33.00~37.00	9.00~10.50		Ti 1.00 Fe 0.10

注:表中未规定范围者均为最大值。

点腐蚀是一种局部的腐蚀,其危害很大,尽管不锈钢耐一般腐蚀能力很强,但点腐蚀可以很快造成钢丝穿孔断裂。产生点腐蚀的先决条件是在表面局部区域存有电解液,电解液中溶有能破坏表面钝化膜的离子:氯离子(Cl^-)、氯酸离子(ClO_3^-)、氟离子(F^-)、溴离子(Br^-)和碘离子(I^-),后三项危害性相对较小。点腐蚀的速度是随着温度升高而加快的,含有4%~10%氯化钠溶液,温度达到90℃时,点腐蚀造成的质量损失最大,对更稀的溶液,最大值出现在较高温度下。因为油气井中的温度是随深井加大而升高的(一般每加深30~40m,温度升高1℃),所以点腐蚀造成的断裂多发生在井的底部。

从表6.3可以看出:各牌号的点蚀指数从左到右逐渐增加,其耐点腐蚀性能确实是越来越强。油气井酸度高,井深大时应尽可能选用右边的牌号。酸度较高、腐蚀环境更强的油气井应选择更右边的牌号。综合考虑各牌号的抗腐蚀性,以及克拉2异常高压气藏井筒流体二氧化碳分压较高的实际情况,优选了抗腐蚀性能较好的MP35N不锈录井钢丝。

表6.3 不锈录井钢丝技术参数

牌号	302	NS-22	316	D659	Inco925	D660	365SMO	GD31Mo	MP35N
合金总量(%)	29.0	41.5	32.5	33.5	71.0	42.0	45.0	53.0	>99.0
密度(g/cm³)	8.00	7.90	8.00	8.00	8.14	8.00	8.00	8.10	8.55
点蚀指数(PRE)	19	25	26	27	32	36	46	47	53
弹性模量(10^4 MPA)	19.3	19.3	19.3	19.3	20.1	20.0	20.0	20.0	23.3
使用范围	用于低酸度,深度不超过3500m的油气井	用于低酸度,深度不超过5000m的油气井	用于含硫化氢、氯化物5000m深油气井,工作温度≤120℃	用于含硫化氢、氯化物5500m深油气井,工作温度≤120℃	用于含硫化氢、氯化物,中等酸度的油气井,工作温度≤167℃	用于硫化氢、氯化物含量较高6500m油气井,工作温度≤167℃	用于硫化氢、卤化物含量高,中等酸度的油气井,工作温度≤150℃	用于硫化氢、卤化物含量高、较高酸度的油气井,工作温度≤150℃	用于任何酸度,或超深油气井,工作温度≤167℃

不锈录井钢丝所承受的应力腐蚀主要来自两个方面:氯化物水溶液的应力腐蚀和硫化氢水溶液的应力腐蚀。氯化物的应力腐蚀和氯化物的点腐蚀很相似,多发生在深井、氯离子含量高处;提高不锈录井钢丝抗氯化物应力腐蚀能力,除提高钢的点蚀指数外,最有效的方法是提高钢中镍含量,要完全避免这种腐蚀,大约需要35%~40%的镍,美国的MP35N就是非常好的抗氯化物的应力腐蚀不锈录井钢丝。

钢丝抗拉强度也是关键参数。因为奥氏体不锈钢丝固溶处理后屈服强度和抗拉强度均比较低,不锈录井钢丝主要依靠冷加工强化。冷加工过程中随着减面率加大,钢丝抗拉强度上升,而塑性和韧性则平稳下降,成品钢丝要保留一定的韧性,冷加工减面率不宜太大,也就是说其抗拉强度也不宜选得太高。一般而言,不锈录井钢丝的抗拉强度要稍低于相同规格的不锈钢弹簧钢丝的抗拉强度,美国不锈录井钢丝的抗拉强度见表6.4。

表6.4 美国不锈录井钢丝的抗拉强度表

钢丝直径		254 SMO(UNS S31254)		Incoloy 925 (UNS No9925)		GB31Mo		MP35N (UNS R30035)	
in	mm	ksi	N/mm^2	ksi	N/mm^2	ksi	N/mm^2	ksi	N/mm^2
0.066	1.68	235.0~265.1	1620~1820	215~245	1480~1680	≥235.0	≥1620	252~281	1730~1930
0.072	1.83	229.0~260.1	1580~1780	215~245	1480~1681	≥235.0	≥1620	250~178	1710~1910
0.082	2.08	225.0~255.1	1550~1750	205~235	1410~1610	≥235.0	≥1620	242~271	1660~1860
0.092	2.34	219.0~250.0	1510~1710	205~235	1410~1610	≥223.1	≥1600	238~268	1630~1840
0.105	2.87	219.0~240.0	1440~1650	200~230	1370~1580	≥223.1	≥1600	232~262	1590~1800
0.108	2.74	210.0~240.0	1440~1650	195~225	1340~1550	≥223.1	≥1600	227~257	1550~1760
0.125	3.18	200.0~230.0	1370~1580	185~215	1270~1480	≥212.0	≥1460	222~253	1520~1740

确定不锈录井钢丝的抗拉强度还有另外一种思路,从减缓应力腐蚀的角度选择录井钢丝的抗拉强度。众所周知,各种材料在应力腐蚀环境中使用,存在着一个临界应力值(δ_c),在实际使用应力小于δ_c的时候,应力腐蚀不明显。材料的δ_c值一般为屈服强度的50%。根据录井钢丝的实际使用应力就可以计算钢丝应有抗拉强度。

从以上分析可以看出:不锈录井钢丝抗拉强度应随规格变化,大规格钢丝的抗拉强度可以适当低点,成品钢丝的抗拉强度范围因选用牌号不同而有较大差异,固溶处理抗拉强度偏高、冷加工强化快的牌号,成品钢丝的抗拉强度要高一些;在保证钢丝留有一定韧性条件下,抗拉强度越高越好,随着井深加大,应选用抗拉强度更高的录井钢丝。

综上所述,针对克拉2气田腐蚀环境(高CO_2),综合考虑钢丝的氢脆断裂、点蚀穿孔和应力腐蚀断裂,从抗腐蚀程度、抗拉强度方面,优选MP35N型钢丝。

扶正器可以有效防止测试仪器串组合挂卡事故的发生,具有耐磨用、抗腐蚀、抗拉性强等功能。

根据克拉2气田气井3种不同的油管尺寸(7in、4½in、3½in),采用先进的生产设备及工艺,选用优质材料,自制了3种不同规格的扶正器,防止测试仪器串入井、起井出现挂卡事故,保障测试取得成功,自制的不同规格扶正器如图6.9所示,压力计工具组合如图6.10所示,测试工具串组合如图6.11所示。

(3)测试工艺的改进。

采用阻流管动密封系统及三闸板封井器事故处理系统,保障测试安全;井口密封、防喷装置均采用105MPa的高压设备,测试前用水进行强度试验,试验压力高达105MPa,并采用氮气进行气密封试验,试压至60MPa。

图 6.9 扶正器示意图

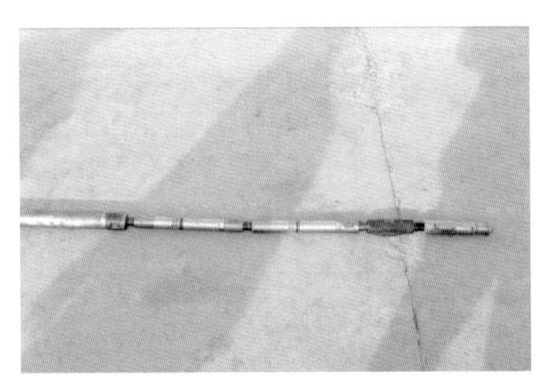

图 6.10 压力计工具组合

图 6.11 测试工具串组合

① 高压密封装置——井口注脂密封装置。

井口注脂密封装置的用途是在有缆测试作业时用于井口密封,其结构如图 6.12 所示。井口注脂密封装置包括两个部分,即图 6.12 中防喷盒部分 25 和阻流管部分 26。防喷盒的作用是利用压紧在电缆或钢丝外边的橡胶密封圈,防止液体自井口上方滑出。由于防喷盒一般是安装在阻流管部分上方,因此在通常情况下,橡胶密封圈的作用是迫使通过上阻流管溢出的密封脂进入回流管线,流入废油桶。有时井口油气也会沿电缆外侧缝隙流出,则防喷盒起到密封井口,使油气不致漏出的第二道防线的作用。橡胶密封圈的压紧靠压紧柱塞来完成。当用手压泵向压紧柱塞上方打入液压油时,推动柱塞下移,压紧密封圈。释放手压泵的压力后,柱塞在弹簧支撑下向上移动,松开密封圈,则密封圈只起到刮油的作用。阻流管的作用是用来平衡大部分的井口压力。阻流管是一种内壁光滑的钢管,其内径与电缆外径相差只有 0.15~0.20mm。从注脂管线注入的密封脂沿电缆或钢丝与阻流管间的间隙挤入时,形成很大压差。阻流管密封示意图如图 6.13 所示。

注脂泵出口压力 p_1,经管线降压后进入阻流管时压力为 p_2,向下流动的油脂流到阻流管出口处剩余压力为 p 井,与井口压力平衡或大于井口压力,从而阻止井口油气外泄。向上流动的油脂,由于上阻流管比下阻流管长一倍,所以出口压力 p_3 已降得很低,加上回流管线的压降,大致与大气压力平衡。

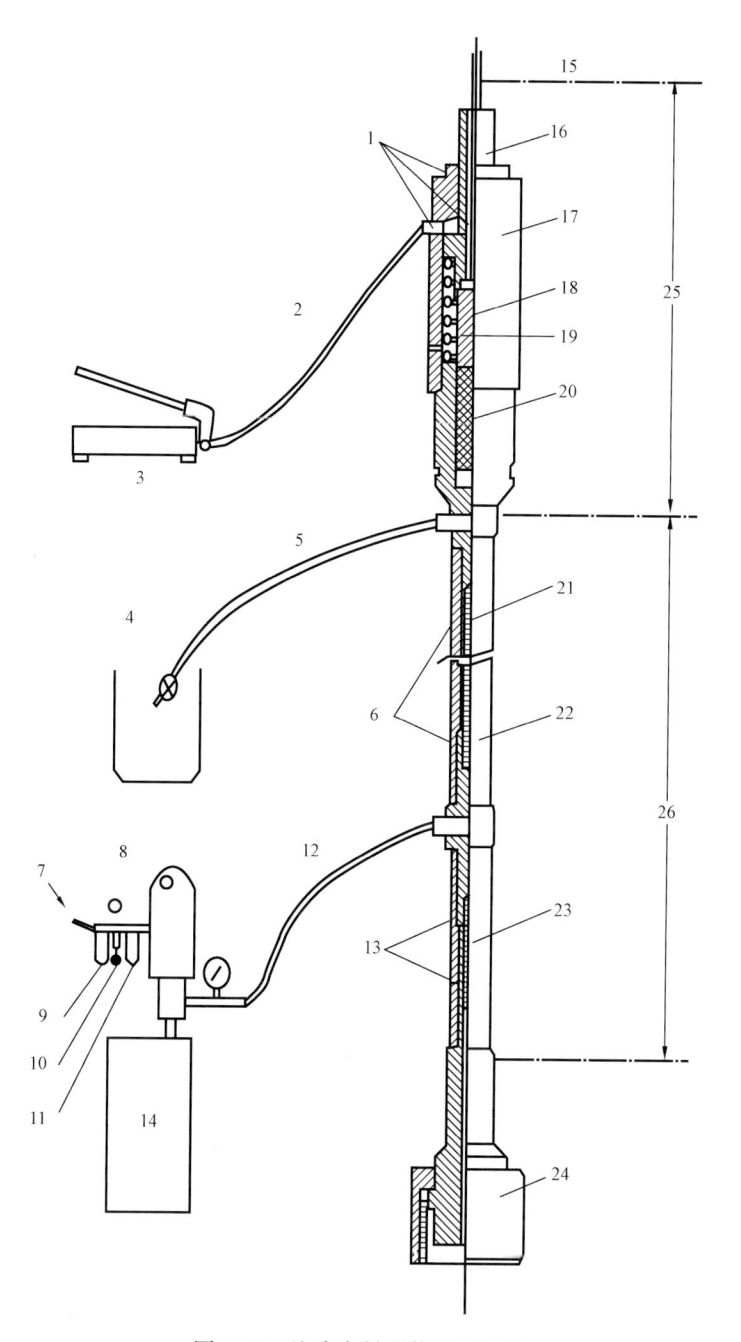

图 6.12 注脂密封器装置结构图

1—"O"形胶圈;2—防喷盒密封管线;3—手压泵;4—回收油桶;5—回流管线;6—"O"形胶圈;
7—输入压缩空气;8—注脂泵;9—滤清器;10—压力调节器;11—润滑油杯;12—注脂管线;13—"O"形胶圈;
14—密封脂筒;15—电缆;16—压紧柱塞;17—防喷盒;18—压紧格兰;19—放松弹簧;20—橡胶密封圈;
21—上阻流管;22—注脂密封段;23—下阻流管;24—连接防喷管活接头;
25—防喷盒部分;26—阻流管部分

井口注脂密封装置的下方与防喷管连接,连接方式为使用带密封圈的由壬(图6.14)。注脂泵密封装置常用的工作压力范围为:34.5MPa(5000psi),69MPa(10000psi),103.5MPa(15000psi),138MPa(20000psi)。同一耐压范围又可分为防硫和不防硫的两种不同规格。

在试井中常用的单芯电缆直径为:4.763mm(3/16″),5.556mm(7/32″),6.35mm(1/4″)。

针对不同直径的电缆,井口密封器也有相应的标称直径。包括防喷盒、防喷盒盘根、格兰和阻流管等部件,均应在相应尺寸上与所使用的电缆对应。

同一标称直径的电缆,因铠装层结构,不同的厂家,使用的新旧程度等诸因素的影响,实际的可通过直径又稍有不同。因而可选用的阻流管在同一公称直径下又形成系列。

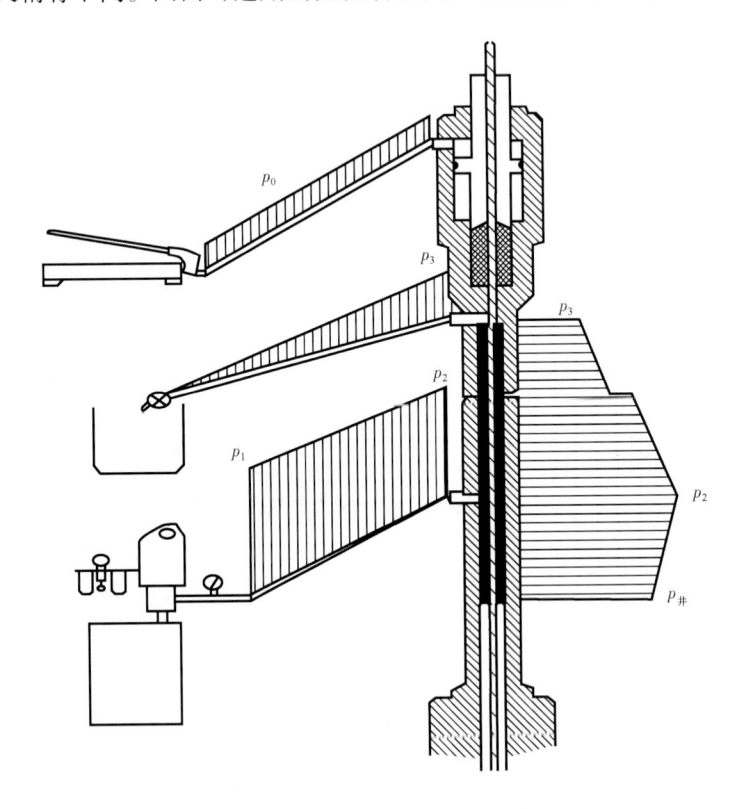

图6.13 阻流管密封示意图

以道达尔(TOT)公司的产品为例,其实物图如图6.14所示,尺寸分布情况如下。

选用时,一般要求阻流管内径比电缆实际外径大0.15~0.20mm,例如对5.56in外径的电缆,可选用5.791mm或5.944mm的阻流管为好。

上捕捉器(图6.15)可以抓住仪器绳帽上的打捞头,使其不致从防喷管中(图6.16)脱落。下捕捉器(图6.17)一般装在防喷管底部,当仪器进入防喷管后,自动关闭瓣片,使仪器不致再落出防喷管。

三闸板封井器又称BOP(图6.18),用来在下入电缆情况下紧急关闭井口,防止发生井喷事故。底法兰(图6.19)用以连接采油树。

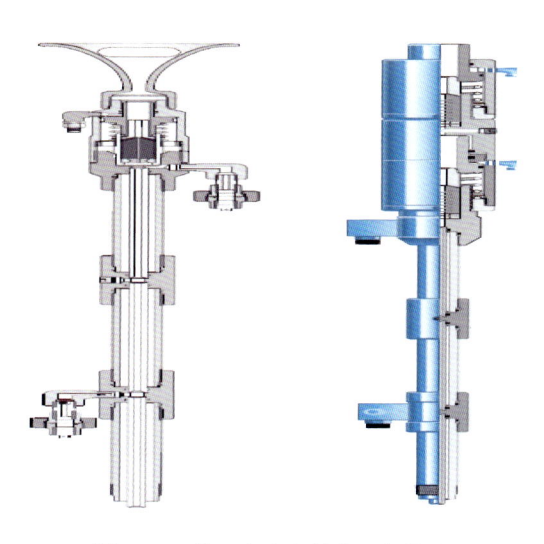

图 6.14　井口注脂密封装置实物图

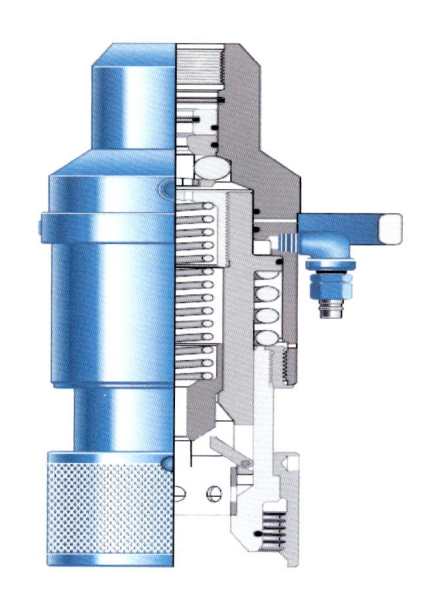

图 6.15　上捕捉器示意图

图 6.16　防喷管示意图

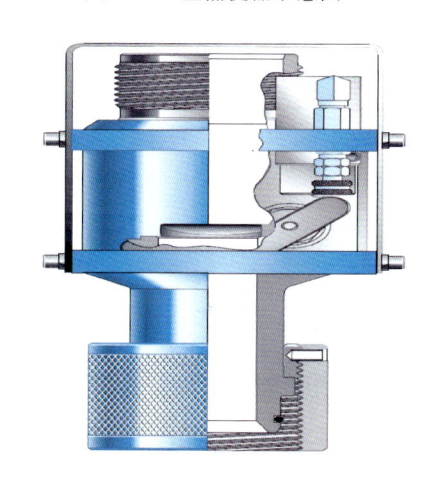

图 6.17　下捕捉器示意图

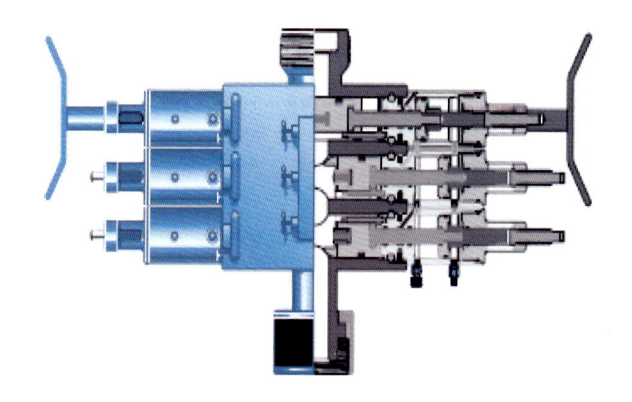

图 6.18　三闸板封井器示意图

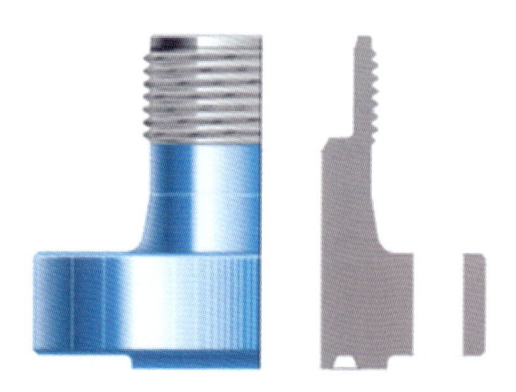

图 6.19　底法兰

密封脂泵(图6.20)是注脂密封装置的配套装置,用来向井口提供高压密封脂。主要由发电机、空压机组(图6.21)、远程液压控制系统(图6.22)等部件组成。

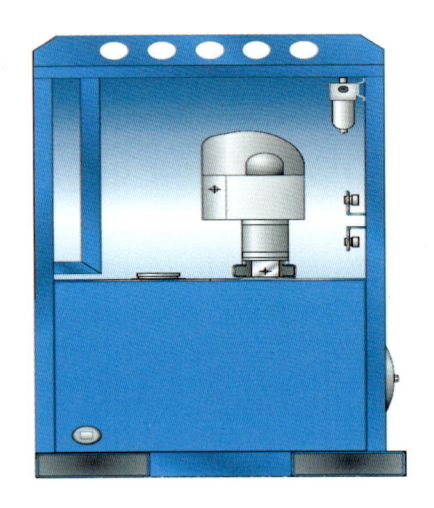

图6.20 密封脂泵示意图

图6.21 发电机、空压机组示意图

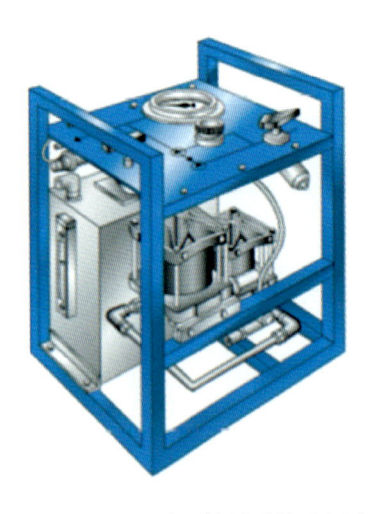

图6.22 远程液压控制系统示意图

② 多支压力计组合测试工艺。

异常高压气井埋藏深、压力高,气井开井、关井瞬间温度变化大,井筒温度分布是随时间、深度变化的非线性关系,井筒温度的剧烈变化会使测试压力出现异常,在出现异常后寄希望于试井理论对其解释在目前难度很大,如果能够从试井工艺上加以改进,尽可能回避这些因素对测压资料的影响,是较好的解决方法。提倡采用高精度电子压力计下到产层中部测压方式进行异常高压气井试井,在未充分掌握异常高压气井动态特征以及压力是否有异常反应时,更应该如此。

同时针对异常高压气井,为了避免因压力计测量误差带来的解释误差,组合了多支压力计,通过误差分析,检验数据可信度,对异常资料进行去伪求真前期处理,保障测试一次性成功及资料真实性。

克拉2气田有缆测试采用了编程间隔为2s的3只电子压力计组合,其目的一是防止压力计出现故障导致测试失败;二是数据采样后,通过对数据分析,优选误差较小的压力计测试资料进行分析,保障测试解释精度。

3支组合压力计误差分析如图6.23所示,从图6.23中可以看出,仪器编号为50075的压力计相对误差比较大,编号5978与编号50323压力计回放曲线基本重合,根据测试点数据精度优选了编号50323压力计测试数据进行资料解释。

通过采用多支存储式压力计组合测试工艺,保障了有缆测试现场试验的一次性成功,也保证了测试结果可靠性,进一步完善了异常高压气井动态监测工艺。

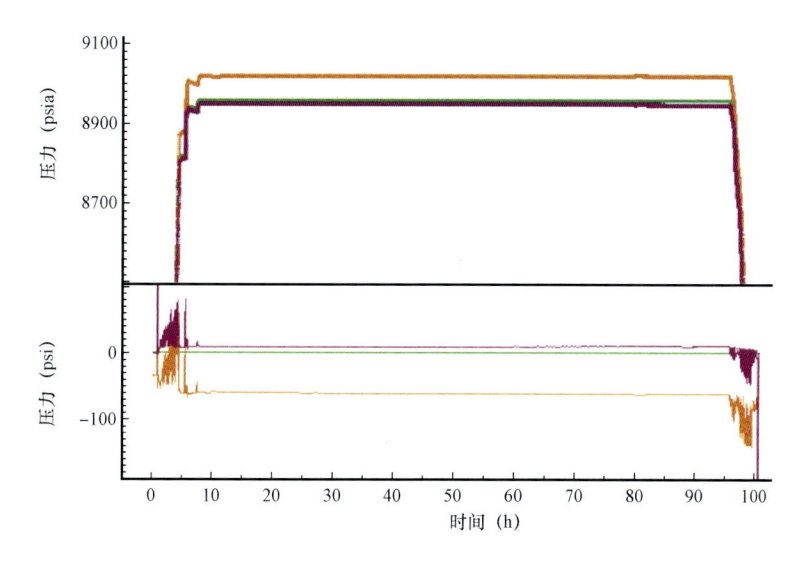

图 6.23　多支组合压力计误差分析示意图

6.2.2　高压气藏井口动态监测技术

克拉 2 气田单井井口压力约为 52MPa 左右,产气量 $(90\sim400)\times10^4\text{m}^3/\text{d}$,考虑到克拉 2 气田单井产量、压力高,电缆测试井下作业风险大,作业时井口高压防喷与安全都面临前所未有的挑战,克拉 2 气田各井底压力监测都是在井口完成,采用高精度井口压力计及永久毛细管压力计监测压力共计 32 井次。不论是压降测试还是压力恢复测试,都表现为压力曲线异常现象,这就要求不断采用新的测试工具及新的测试方法进行动态监测。因此在克拉 2 气田应用了高精度井口电子压力计、毛细管永久压力计等新技术进行动态压力监测。

6.2.2.1　高精度井口电子压力计在克拉 2 气田的应用

自 2005 年 5 月开始,井口电子压力计监测技术在克拉 2 气田已成功应用 11 口井共 40 井次,测试内容包括产能试井、压力恢复测试和验漏测试。

(1)应用背景。

① 克拉 2 气田为异常高压气田,单井产量及井口压力高,常规试井工艺作业风险大,无法满足动态监测条件。

② 井口电子压力计监测方法易于操作,作业安全系数高。

③ 克拉 2 气田地层流体为干气,流体性质稳定,地层无明显产水迹象,井口压力折算至井底易于实现。

④ 根据气体垂直管流特性,目前通常使用的压力折算方法为平均温度和平均偏差系数法,采用该方法可将井口压力数据折算至井底。

⑤ PPS31 系列井口电子压力计具备远程数据实时监测功能,井口监测的数据可实时传输至中央控制室,实现远程实时监控的目的。

(2)存在的问题。

通过对井口压力监测技术在克拉 2 气田应用效果分析,受仪器安装位置、井筒因素变化、井口内漏、温度等条件的影响,关井压力恢复资料出现异常现象,现对存在的问题归纳如下。

① 井口高精度电子压力计设备安装于采气树针阀位置,仪器探头太短,与井筒内流体环境接触较差,导致不能测得井筒流体的温度数据。最后改进测试方法,绑定一个普通的温度计在测试井的采气树上,用以获得关井后的流体温度,由于受外界环境温度影响严重,温度计的温度短时间内(一般几个小时)就降到环境温度,因此无法利用测试的温度数据进行压力数据的折算。

② 目前对造成这一现象的原因未形成明确一致的认识,通过笔者研究认为受井筒内温度场变化影响较大,在高速流动状态下流体与管壁摩擦造成热量异常增高,当关井后井筒内温度需要重新平衡,导致井筒内流体相对密度发生变化,造成井口实测曲线下降。其难点在于如何将井口压力数据折算为井底压力数据,对于折算后的解释技术仍采用目前的常规试井资料解释手段,针对这一折算难点,本文根据气体垂直管流动特性,依据能量守恒原理预测出了关井后井筒的温度分布,由动量守恒和质量守恒将井口压力折算到井底,即建立温度—压力预测模型。通过这一处理方法后,其计算的井底压力,便能采用常规试井解释手段获得各井的储层参数。

③ 克拉2气田为一整装气田,具备地层连通的先决条件,并且单井产能很高,因此在生产过程中压降漏斗扩散较快,有可能对周边井产生干扰信号,这也可能是导致关井压力曲线下降的原因,建议进行干扰测试。

④ 从计量数据看有少量凝析水产出,在关井后相态分离是否能对曲线形态形成明显的影响无法确定。

基于上述问题,可以采取如下措施来保证克拉2气田动态监测资料的准确性。

① 建议再改进井口高精度压力计测试工具,使得压力计的探头能够充分接触到井筒流体或者在关井压力恢复时,绑定一个温度传感器在采气树上,并尽可能密封好传感器,以使得能测试尽可能长一点的温度变化。

② 由于采用生产时的温度来预测关井后的温度降落剖面,为检验其预测的准确程度,建议建立实测温度剖面,以便对比分析,使得能对因井筒内温度场变化影响井口监测数据造成的异常进行更好的校正。

③ 选择具备常规试井条件的生产井进行井底试井作业,并在安全条件许可的情况下尽可能多下几支压力计监测井筒压力,并同时测量流压流温梯度以及静压静温梯度为压力校正建立基准,以便检验校正结果是否准确,同时利用梯度变化数据以及多支压力对比数据判断是否存在相态分离的影响,以及是否存在井底积液的影响。

④ 通过改变生产工作制度的方法进行井间连通性测试,确定不同的产能对周边井的干扰激动量,以便对压力数据进行修正。

⑤ 改善采气树阀门密封条件,减小对压力资料的影响,同时确保井场安全。

6.2.2.2　毛细管永久压力监测技术在克拉2气田的应用

前面已介绍过毛细管压力计的工作原理,下面主要介绍毛细管测压技术存在的问题和资料处理技术。

(1)毛细管测压技术存在的问题。

以KL2-10井为例,自2005年11月14日毛细管永久压力监测系统投入使用后,一直对该井的生产动态进行监测,其实测压力曲线如图6.24所示。

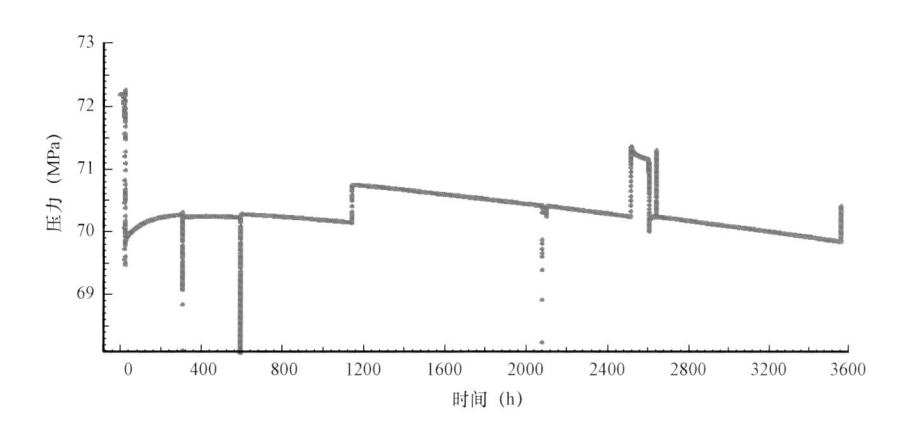

图 6.24　KL2-10 井毛细管实测压力曲线图

从录取的压力资料分析,基本上与实际生产动态吻合,表明该系统总体上达到了生产动态监测的目的,但是毛细管永久压力监测系统录取的压力资料与目前掌握的该气田动态信息在下述两方面存在较大的矛盾。

① 该气田静态地质资料较为详尽,为一巨厚整装砂体,压力系统应属于同一套层系,并且气田处于初步开发阶段,地层压力为 74.36MPa。而 KL2-10 井在投产初期测得最高静压为 72.90MPa,该气田流体性质一致为干气,传压筒位置与产层中深距离为 111.37m,折算产层中深静压偏低了 1.20MPa 左右。

② KL2-10 井在关井期间(井口生产阀和井下安全阀均关闭)后期压力持续下降,关井后压力持续下降 7d 后,为检验是否存在毛细管泄露或井下传压筒工作状态,对本井进行了吹扫作业和应用 chamber check 系统对毛细管系统进行检测,结果显示均为正常。

(2)毛细管压力测压资料处理技术。

毛细管测压系统将压力变送器置于地面,系统所测得和存储的压力是地面一端毛细管内氦气(氮气)压力,在压力数据回放后,需对数据进行处理,按照毛细管测压原理,将回放的井口压力加上氦气(氮气)柱压力转换成井下压力。即通过系统内压缩气体的压力监测到的井底压力 = 井口测试压力 + 气柱压力,但是采用此方法对克拉 2 气藏的 KL2-10 井与 KL2-14 井的测试数据多次回放处理后发现其井底压力与井口压力变化趋势一样,仍然是压力先上升到一个高点然后后期缓慢下降,这就说明该方法失效,本文从影响压力转换的精度因素来分析失效的原因。

① 偏差因子的计算误差。

根据实际气体的状态方程可以看出,在气体摩尔数一定的情况下,气柱的压力是偏差因子和温度的函数。偏差因子的大小与气体的性质、温度和压力有关,而偏差因子的计算常常采用的是经验公式或者图版法,一般采用 DPR 经验公式法,无论哪种方法计算都存在一定的误差。根据误差的传递性,气柱压力计算的精度也会受到影响,因此,必须采用真实气体压力的状态方程减小误差。

本文处理过程中用真实气体的普遍化状态 RK 方程计算氦气的偏差因子,因为真实气体的状态方程中,包含着反映各物质固有特性的常数,下面针对 RK 方程进行探讨,RK 方程中随着计算精度要求的提高,方程中的常数的数目也随之增多,但实际中,往往没有所研究物质足够的实验室数据,也没有状态方程中所特有的常数,因此一般是采用普遍化计算方法,其方法如下。

鉴于接近临界点时,所有气体都显示出相似性质的事实,故临界点反映了各物质的一种共性,人们通常就采用临界压力、临界温度和临界体积作为起点来衡量物质的温度、压力和体积。

设

$$T_r = \frac{T}{T_c}、p_r = \frac{p}{p_c}、V_r = \frac{V}{V_c} = \frac{1}{\rho_r} \tag{6.5}$$

式中　T_r, p_r, V_r, ρ_r——分别为对比温度、对比压力、对比体积、对比密度;
　　　T, p, V——分别为温度、压力、体积;
　　　T_c, p_c, V_c——分别为临界温度、临界压力、临界体积。

对比原理认为在相同的对比状态下所有的物质都变现出相同的性质,应用该原理研究PVT关系,就得到了普遍化的状态方程,一般采用RK方程:

$$\left[p + \frac{a}{T^{0.5}V(V+b)}\right](V-b) = RT \tag{6.6}$$

式(6.6)中 a、b 是两个因物质而异的常数,其值取决于真实气体的临界常数 T_c、p_c,在真实气体 PV 图中,临界等温线的临界点为拐点,则:

$$\left(\frac{\partial p}{\partial V}\right)_{T_c} = 0、\left(\frac{\partial^2 p}{\partial V^2}\right)_{T_c} = 0 \tag{6.7}$$

对RK方程求偏导,并令其为零,在 $p = p_c$、$V = V_c$、$T = T_c$ 条件下得:

$$a = 0.42748\frac{R^2 T_c^{5/2}}{p_c}、b = 0.08664\frac{RT_c}{p_c} \tag{6.8}$$

将 RK 方程乘以 $\frac{V}{RT}$,则 RK 方程可表示为另一种形式:

$$Z = \frac{1}{1-h} - \left(\frac{A}{B}\right)\frac{h}{1+h} \tag{6.9}$$

式(6.9)中 Z 为偏差因子,且:

$$h = \frac{Bp}{Z}, A = \frac{a}{R^2 T^{2/5}} = 0.42748\frac{T_c^{5/2}}{p_c T^{5/2}}, B = \frac{b}{RT} = 0.08664\frac{T_c}{p_c T} \tag{6.10}$$

普遍化后 A、B 分别为:

$$A = 0.42748\frac{T_c^{5/2}}{p_c T^{5/2}} = 0.42748\frac{1}{p_c T^{5/2}} \tag{6.11}$$

$$B = 0.08664\frac{T_c}{p_c T} = 0.08664\frac{1}{p_c T_c} \tag{6.12}$$

$$\frac{A}{B} = 4.934 \frac{1}{T_r^{1.5}} \tag{6.13}$$

则 RK 方程又可写为下面的普遍化 RK 状态方程：

$$Z = \frac{1}{1-h} - \frac{4.934h}{T_c^{1.5}(1+h)} \tag{6.14}$$

式(6.14)中：$h = 0.08664 \dfrac{p_r}{ZT_r}$。

这样当知道任何气体的临界常数时，便可由式(6.14)的普遍化状态方程计算气体的偏差因子，计算采用简单的迭代方法，先假定一个初值 Z_0，计算 h 的值，代入普遍化 RK 状态方程求取 Z，若算出的 $Z \neq Z_0$，取一定的步长计算新的 Z，重复迭代计算，直到算出的 Z 满足精度要求为止。

对于氦气，其特征值为：分子量 4.003，气体密度 0.1786kg/m³(0℃、1atm)，相对密度 0.14(空气为1)，沸点 4.3K(1atm)，熔点 1.0K(26atm)，临界温度 5.3K，临界压力 0.228MPa。用这两种方法计算惰性气体氦的偏差因子如图 6.25 所示。

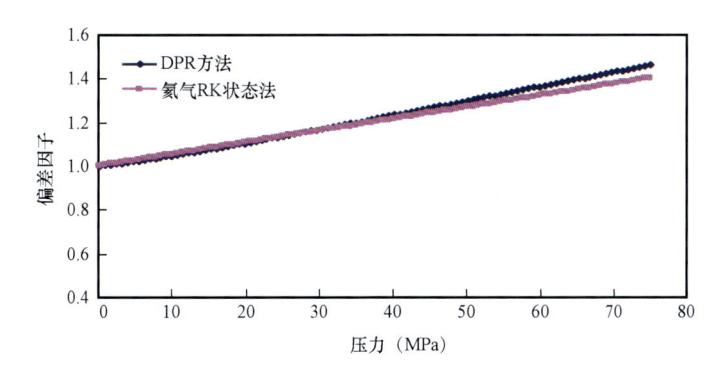

图 6.25 氦气的偏差因子计算对比图

从图 6.25 中可以看出，用 DPR 经验公式和 RK 状态方程计算氦气的偏差因子在高压状态稍有偏差，在低于 40MPa 时几乎无偏差，因此对于异常高压气体的井底压力计算，鉴于氦气的一些特殊性质，建议氦气纯物质最好利用状态方程进行偏差因子计算。

② 温度确定引起的误差。

产层中部温度的确定常常采用仪器测量或通过生产动态数据计算。一方面测量仪器本身有个精度范围，对于像克拉 2 气田这样的高产井要测到温度难度就更大了。一般是借助于邻井资料或者是采用地温梯度往下面折算，但这就会引起较大的误差。因此，必须依据实际的温度剖面来计算，但是另一方面由于毛细管测不到井口温度，其他高精度井口电子压力计也测试不到井口温度，只能通过生产动态数据预测温度剖面，在处理数据时模型的选取加之人为因素影响，这些都将给压力的确定带来误差。尽管如此，采用预测温度剖面方法其计算的精度更大。

③ 吹扫工作引起的误差。

由于未吹扫、吹扫不及时或吹扫不彻底，井内流体通过传压筒进入毛细管，占据毛细管柱一部分体积，根据气体的状态方程就可知道，这肯定会影响压力确定的准确性。

④ 毛细管充填不同介质对压力测试影响分析。

由于氮气与氦气性质不一样,在计算其偏差因子时也存在偏差。对于氮气,其特征值为:分子量 28.0134,气体相对密度 1.2506(空气为 1),沸点 77.35K(1atm),熔点 63.29K,临界温度 126.05K,临界压力 3.38MPa。用 RK 状态方程分别计算氦气与氮气的偏差因子,如图 6.26 所示,在同一温度条件下,偏差因子随压力变化关系曲线,在压力较高的情况下,氮气的偏差因子计算偏高,在低压情况,氮气的偏差因子计算较小。

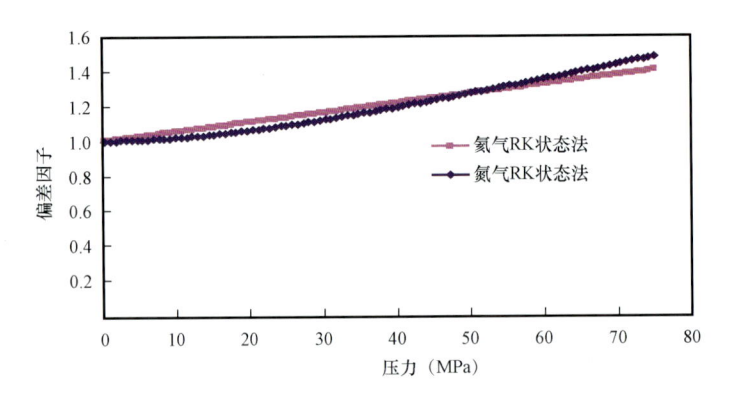

图 6.26 氮气与氦气偏差因子随压力变化对比图

如图 6.27 所示,在同一压力条件下,在压力较高的情况下($p>35\text{MPa}$),氮气和氦气的偏差因子随温度升高而降低,下降幅度差不多,只是氮气的偏差因子略高。如图 6.28 所示,在低压情况($p<35\text{MPa}$),氮气的偏差因子先随温度升高而升高,升高的幅度很小,然后随温度升高而下降,而氦气的偏差因子随温度升高一直保持下降,下降幅度远超过氮气偏差因子的升高幅度。由此看来氮气受压力温度的影响远大于氦气受压力温度的影响。

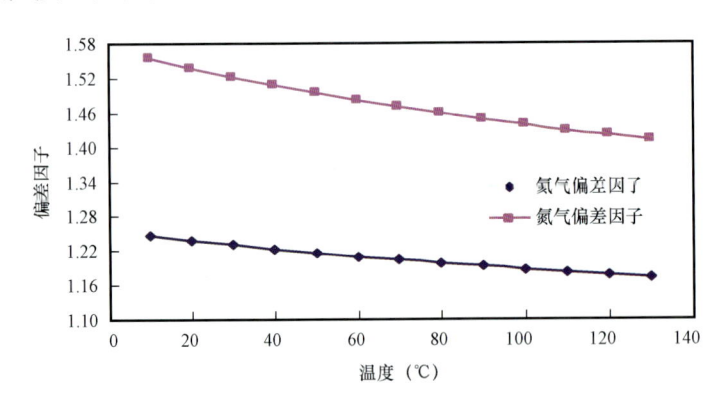

图 6.27 高压情况下氮气与氦气偏差因子随温度变化曲线

毛细管内的惰性气体处于高温高压下,属于非理想气体。气柱重量随温度和压力的变化而变化。氦气的压力随温度呈线性变化,因此系统内要尽可能采用氦气。相对一般毛细管系统所采用的充填气体氮气而言,氮气的重量大约是氦气的 7 倍,其性质远不如氦气稳定,且氮气与地层流体的溶解程度偏高,同时氮气的压力与温度之间的线性关系相对较差。

⑤ 应用对比分析。

依据建立的温度压力耦合模型并采用普遍化状态 RK 方程计算氦气的偏差因子,对 KL2 −

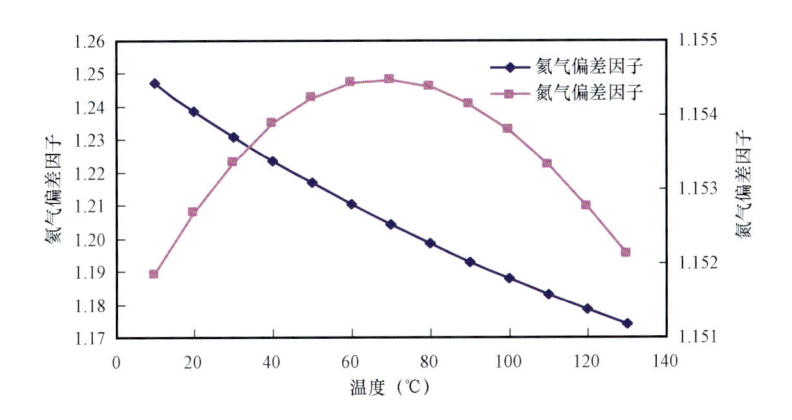

图 6.28 低压情况下氮气与氦气偏差因子随温度变化曲线

10 井与 KL2-14 井两井的 2006 年 5 月份的测试数据进行了处理,校正处理结果如图 6.29 和图 6.30 所示,经过对比分析可知,不经过校正井口测试压力则会出现异常,不能利用其压力资料获得地层参数;经过毛细管测压系统校正后,压力仍然为异常,也不能利用其压力资料获得地层参数,如果采用温度压力耦合校正方法,便可能将压力较好地校正到井底,所获得的压力能够满足试井解释,获得储层参数。

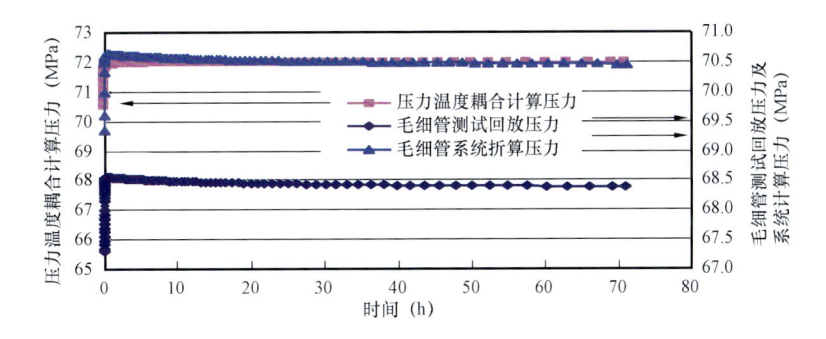

图 6.29 KL2-10 井毛细管回放压力与计算压力对比图

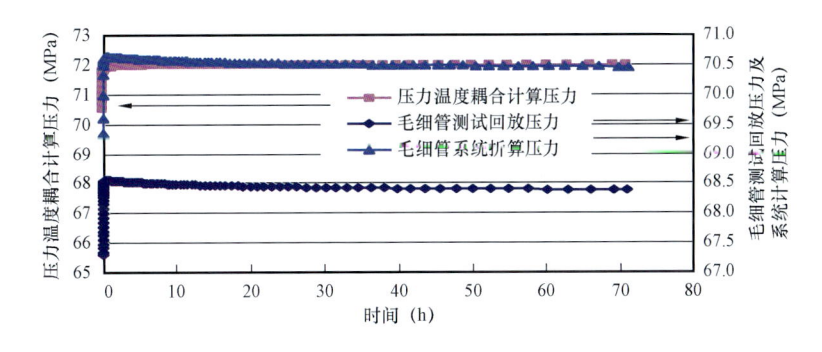

图 6.30 KL2-14 井毛细管回放压力与计算压力对比图

同样依据前面的理论对 KL2-10 井与 KL2-14 井两井的 2007 年 3 月 25 日至 5 月 24 日测试的毛细管压力进行了处理,校正处理结果如图 6.31 和图 6.32 所示,可得到相同的结论。

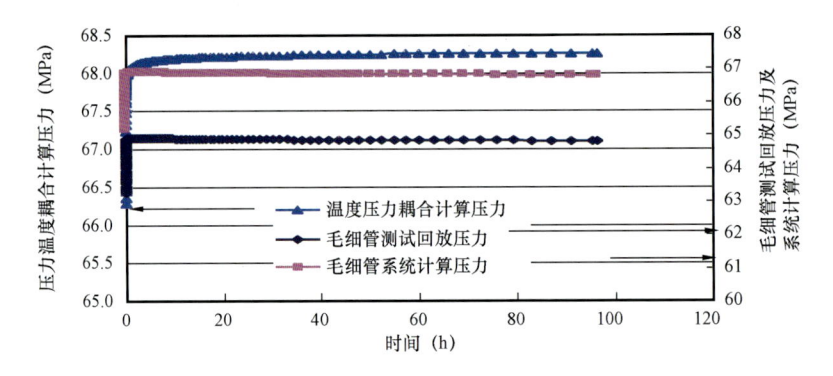

图 6.31 KL2-10 井毛细管回放压力与计算压力对比图

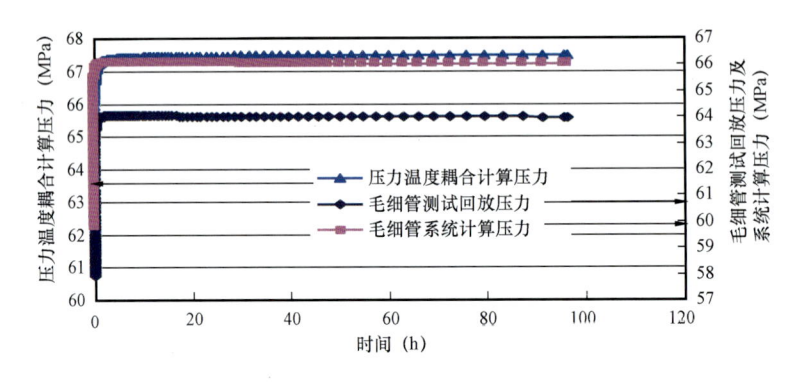

图 6.32 KL2-14 井毛细管回放压力与计算压力对比图

⑥ 不同井口压力测试校正对比分析。

从前文对这两次毛细管测试数据分析可知,毛细管回放压力数据也同样出现异常,与高精度井口电子压力计一样,仍表现为关井后压力很快上升到一个高点,随后持续下降,下降幅度在 0.6MPa 左右,因此所测试的数据采用常规的方法折算到井底仍然为异常,不能进行试井分析。而采用建立的温度压力耦合模型能够较好地将井口测试数据折算到井底,但是两次测试数据相差较大。通过计算的压力与井口电子压力计测试的计算压力比较来看,2006 年 5 月测试的数据质量优于 2007 年的测试数据,如图 6.33 和图 6.34 所示,从图 6.33 和图 6.34 中可以看出两口井的毛细管测试与井口压力计计算的在测点压力的绝对误差大约为 0.2MPa,其相对误差已经非常小,通过这一比较说明选用压力、温度模型计算的井底压力能够满足工程精度。

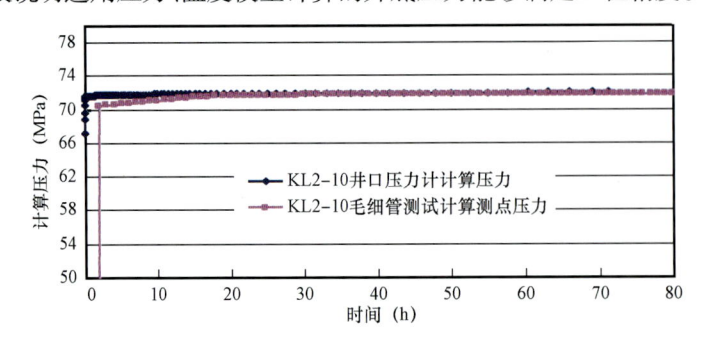

图 6.33 KL2-10 井(2006 年 5 月)毛细管测试与井口压力计计算压力对比图

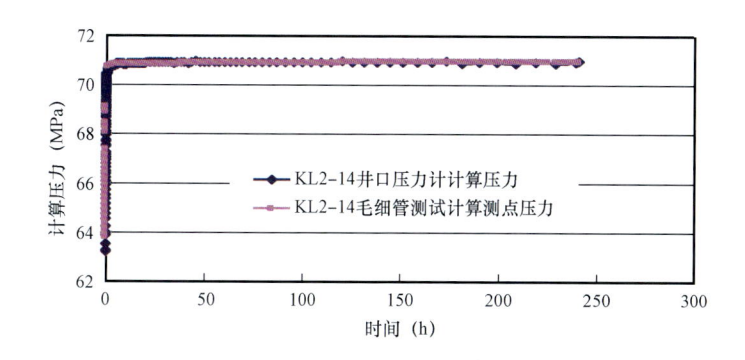

图6.34　KL2－14井(2006年5月)毛细管测试与井口压力计计算压力对比图

6.3 "三高"气井安全风险等级评价

"三高"气井指高压、高产、高含CO_2的气井。

6.3.1 气井分类

6.3.1.1 气井分类定义

(1)隐患井。

在本次研究中,隐患井指存在完整性失效问题的气井。该类气井至少有一个井屏障组件失效或性能退化,至少需要进行治理作业,包括:井屏障组件修复或更换,关井甚至弃井等作业。隐患井是完整性管理首先关注的对象,其一般存在较高的持续环空压力或环空压力变化异常的情况。

(2)常规井。

常规井是与隐患井相对应的气井。此类气井也存在井屏障组件性能退化的情况,但该类气井的完整性失效风险相对较小。应对常规井进行进一步分类评价,根据分类评价结果提出下一步措施。

6.3.1.2 气井分类方法

(1)最大允许井口操作压力。

最大允许井口操作压力是 API RP 90《Annular Casing Pressure Management for Offshore Wells》(海上油井环空压力管理)提出的概念。顾名思义,最大允许井口操作压力就是气井井口所允许的最大压力,是一个经验值;其取所要评估环间外层套管最小抗内压强度的50%、所要评估环间次外层套管最小抗内压强度的80%以及所要评估环间内部套管或油管最小抗挤强度的75%三者最小值为该井的最大允许井口操作压力。通过井现场摸索,增加了套管头的工作压力的60%,取以上4个值中的最小者作为最大允许井口操作压力。表6.5和表6.6分别是迪那2气田和大北气田气井最大允许井口操作压力值。

表6.5 迪那2气田单井环空最大允许井口操作压力值计算表

推荐以下四个压力中的最小值作为7in生产套管最大许可压力的上限(60MPa)			
7in×12.65mm 生产套管最小内压力屈服值的50%	9⅝in×11.99mm 外层套管抗内压值的80%	3½in×6.45mm 油管抗外挤值的75%	105MPa 油管头工作压力的60%
60.09MPa	66.25MPa	69.975MPa	63MPa
推荐以下三个压力中的最小值作为9⅝in技术套管的最大许可压力的上限(41MPa)			
9⅝in技术套管最小内压力屈服值的50%	7in生产套管抗外挤值的75%		105MPa套管头工作压力的60%
41.41MPa	88.22MPa		63MPa
推荐以下三个压力中的最小值作为13⅜in技术套管的最大许可压力的上限(29MPa)			
13⅜in技术套管最小内压力屈服值的50%	9⅝in技术套管抗外挤值的75%		70MPa套管头工作压力的60%
29MPa	40.44MPa		42MPa
推荐以下三个压力中的最小值作为20in表层套管环空最大许可压力的上限(5MPa)			
20in表层套管最小内压力屈服值的30%	13⅜in技术套管抗外挤值的75%		35MPa套管头工作压力的60%
4.79MPa	20.16MPa		21MPa

表6.6 大北气田单井环空最大允许井口操作压力值计算表

推荐以下四个压力中的最小值作为7in生产套管最大许可压力的上限(60MPa)(DB102)			
7in×12.65mm 生产套管最小内压力屈服值的50%	9⅝in×11.99mm 外层套管抗内压力的80%	3½in×6.45mm 油管抗外挤值的75%	105MPa 油管头工作压力的60%
60MPa	66.296MPa	72.24MPa	63MPa
推荐以下四个压力中的最小值作为7in生产套管最大许可压力的上限(51MPa)(DB2、DB101、DB103)			
7in×12.65mm 生产套管最小内压力屈服值的50%	9⅝in×11.99mm 外层套管抗内压力的80%	3½in×6.45mm 油管抗外挤值的75%	105MPa 油管头工作压力的60%
60MPa	50.528MPa	72.24MPa	63MPa
推荐以下四个压力中的最小值作为7in生产套管最大许可压力的上限(40MPa) (DB1、DB3、DB201、DB202)			
7in×12.65mm 生产套管最小内压力屈服值的50%	9⅝in×11.99mm 外层套管抗内压力的80%	3½in×6.45mm 油管抗外挤值的75%	105MPa 油管头工作压力的60%
39.885MPa	50.528MPa	72.24MPa	63MPa
推荐以下三个压力中的最小值作为9⅝in技术套管的最大许可压力的上限(41MPa) (DB3、DB102、DB201)			
9⅝in技术套管最小内压力屈服值的50%	7in生产套管抗外挤值的75%		70MPa套管头工作压力的60%
41.435MPa	80.1MPa		42MPa

续表

推荐以下三个压力中的最小值作为 9⅝in 技术套管的最大许可压力的上限(31MPa) （DB1、DB2、DB101、DN103、DB202）		
9⅝in 技术套管最小内压屈服值的 50%	7in 生产套管抗外挤值的 75%	70MPa 套管头工作压力的 60%
31.58MPa	80.1MPa	42MPa
推荐以下三个压力中的最小值为 13⅜in 技术套管的最大许可压力的上限(29MPa) （DB102、DB201）		
13⅜in 技术套管最小内压力屈服值的 50%	9⅝in 技术套管抗外挤值的 75%	70MPa 套管头工作压力的 60%
29MPa	42MPa	42MPa
推荐以下三个压力中的最小值为 13⅜in 技术套管的最大许可压力的上限(17MPa) （DB1、DB2、DB3、DB101、DN103、DB202）		
13⅜in 技术套管最小内压力屈服值的 50%	9⅝in 技术套管抗外挤值的 75%	70MPa 套管头工作压力的 60%
17MPa	27.375MPa	42MPa
推荐以下三个压力中的最小值作为 20in 表层套管环空最大许可压力的上限(5MPa)		
20in 表层套管最小内压屈服值的 30%	13⅜in 技术套管抗外挤值的 75%	35MPa 套管头工作压力的 60%
4.79MPa	12MPa	21MPa

（2）环空卸压。

API RP 90 规定了环空卸压具体操作方法。根据卸压—压力恢复情况，可以将环空带压分为以下四种类型。

① 卸压后环空压力降为零，关闭环空后压力恢复较为缓慢。

卸压后环空压力降为零，关闭环空 24h 内环空压力恢复较为缓慢，并且处于较低水平。其可能的原因是：(a)井筒温度升高导致环空流体热膨胀，从而使环空带压；(b)环空发生泄漏，但泄漏速度非常缓慢；(c)环空上部有大段的气柱；(d)卸压后环空仍然充满液体，关闭环空后，小的气泡上升至井口导致环空带压。此现象说明环空带压不严重，对油气井安全影响较小，可以正常开采。

② 卸压后环空压力降为零，关闭环空后迅速恢复到卸压前的水平。

采用½in 针形阀以较慢的速度卸压，卸压后压力降为零，关闭环空后在 24h 内恢复到卸压前的水平，这说明环空存在明显的泄漏源，但这个漏失率是可以被接受的，并且井下环空水泥环能够起到保护作用，以后仍需监测环空带压情况。环空压力的增加并不一定表示漏失率在增加，需要定期地进行环空带压评估以确定这个环空套管、水泥环的密封完整性是否遭到破坏。

③ 卸压后环空仍然带压。

采用½in 的针形阀卸压，卸压 24h 后环空仍然带压，这说明环空套管、水泥环的密封完整性部分遭到破坏,其泄漏速度较大,超出可接受的范围。如果这种情况发生在"A"环空,就需要进一步评价以确定漏失的途径和漏失源头,并采取一些修井作业。如果这种情况存在于外部环空,则很难实施补救措施,需要评估其严重程度,并判断是否会导致套管、水泥环的密封完整性全部遭到破坏。

④ 相邻环空的干扰。

某一环空实施卸压和压力恢复测试时,如果邻近环空的压力发生明显波动,说明该环空与邻近环空之间有压力传递,相互连通。如果生产管柱与"A"环空连通,可以采用卸压—压力恢复测试来评估泄漏率。如果"A"环空能够通过$\frac{1}{2}$in 的针形阀完全卸压,则说明生产管柱、套管和水泥环尚具有一定的密封性。如果"A"环空与"B"环空相互连通,此时生产套管不能完全封隔产层,其危害较大。由于"B"环空井口允许最大带压值较小,通过"A"环空窜流至"B"环空的压力可能超过"B"环空井口允许最大带压值,此时油气井的安全风险较大,必须采取有效的修井作业,并重新评估。

(3) 分类方法。

对气井进行分类,首先应检查采气井口,然后进行其余评价。

采气井口检查主要包括井口有无泄漏或损坏,如果发现井口存在泄漏或损坏,则气井归为隐患井,并进行治理;反之,进一步评价气井各个环空压力。如果气井环空压力较高,超过最大允许井口操作压力的80%,则应进行环空卸压,并观察压力恢复情况;如果压力恢复缓慢,并低于卸压前的值,则气井为常规井;如果压力恢复缓慢,并恢复到卸压前的压力值,则气井为隐患井;如果卸压后压力恢复迅速,则气井为隐患井,如图6.35所示。

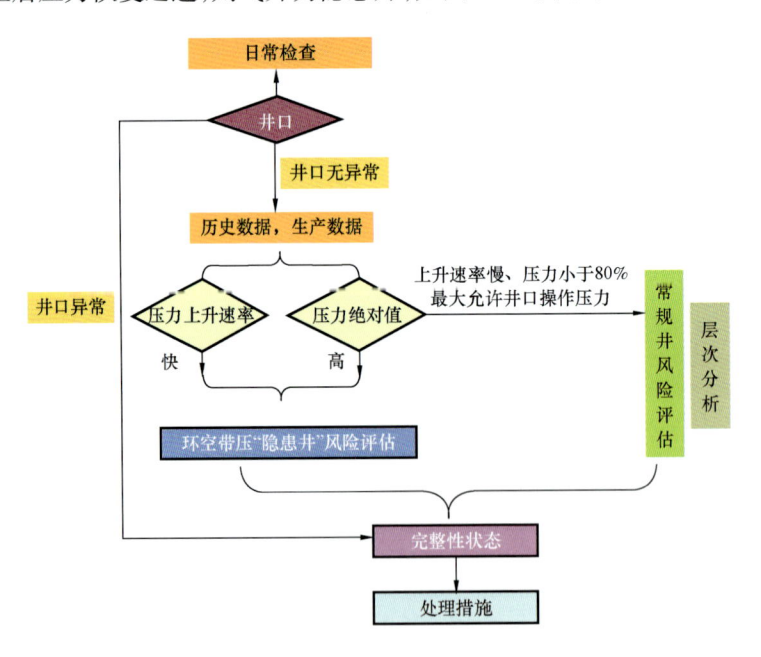

图6.35 气井分类示意图

隐患井应采用隐患井评估方法,判别其完整性及风险等级,并采取相应措施。对于常规井,应采用层次分析法进行进一步的风险评估,根据评价结果制订相对应的措施。

6.3.2 气井风险等级评价模式

6.3.2.1 隐患井评价模式

隐患井的评价相对简单。如果是井口存在问题,采用肉眼观测或仪器测量,判断井口是否泄漏,并判断泄漏量的大小;判断井口的损坏严重程度,并制订相应的措施。

评价完隐患井井口则应重点评价环空压力。环空压力评价的基础是历史数据和生产数据。根据历史数据确定气井的最大允许井口操作压力,把环空压力与最大允许井口操作压力进行对比,判断环空压力的风险。如果环空压力绝对值高,或环空压力变化异常(突然上升)等,则应进行环空卸压。如果恢复后的环空压力值仍然较高(在最大允许井口操作压力附近)或(和)压力恢复速率高,建议再进行一次卸压,如果恢复的环空压力仍然高或(和)压力恢复速率高,则气井完整性失效,应启动应急预案;如果此次卸压后环空压力降低或恢复速率低,则气井划入常规井进行评价。

此外,在进行卸压分析时,应对环空流体组分进行分析,如果卸压后压力恢复值低,且环空无天然气或少量天然气,则气井划入常规井进行评价;如果环空有大量天然气,则气井完整性失效。图 6.36 是隐患井评价模式示意图。

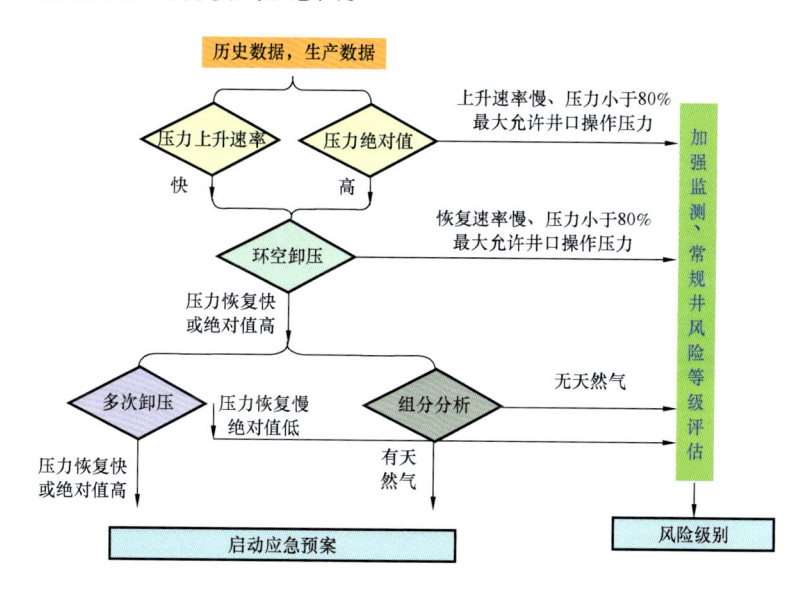

图 6.36 隐患井评价模式示意图

2009 年 1 月 19 日,DN2－4 井的生产套压为 48.95 MPa,因超过其最大允许井口操作压力 60 MPa 的 80%,应进入环空带压"隐患井"评判模式。经过多次卸压后,压力仍然高于 48 MPa,气井完整性明显遭受破坏,该井在 3 月 15 日生产套压为 64.12 MPa,超过最大允许井口操作压力,属于高危井,隐患巨大。

6.3.2.2 常规井评价模式

常规井评价则是对气井井屏障组件进行逐一评价。由图 6.37 可知,常规井的环空压力都低于最大允许井口操作压力。以气井完整性及风险等级评价要素研究为基础,气井可以分为

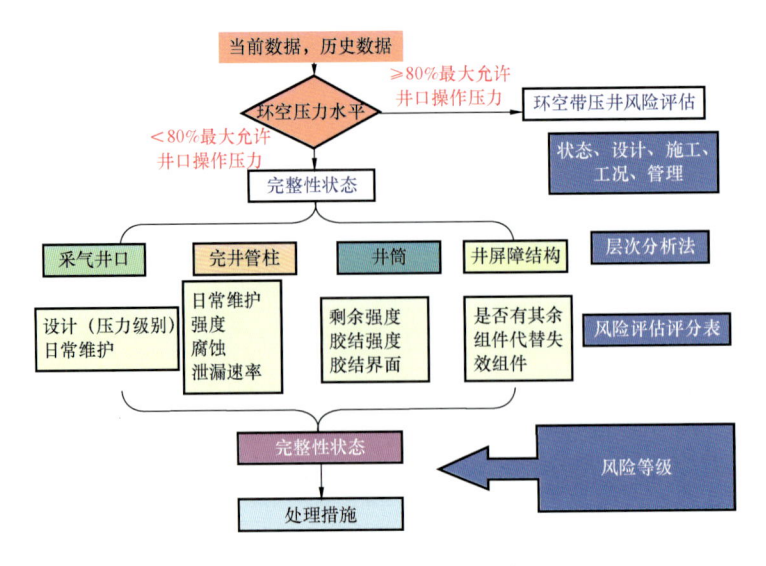

图 6.37 常规井评价模式示意图

采气井口、完井管柱、井筒以及井屏障结构四部分进行评价。

采气井口包括采气树和井口密封。采气树主要评价功能性、密封性与日常维护等，井口密封主要评价其密封性能。

完井管柱包括油管柱、井下安全阀、封隔器以及其他井下工具。油管柱主要评价其强度、密封性以及耐蚀性能等。井下安全阀和封隔器主要评价其功能性。其他井下工具在评价功能性的基础上，应确保其不应是管柱潜在的"弱点"。在评价密封性时，可以采用环空泄漏速率这一参数来评价。

井筒包括套管柱和固井水泥环。套管柱主要评价设计强度、剩余强度以及密封性，评价方法与油管柱相似。固井水泥环主要评价固井质量，可以用胶结强度和胶结界面来评价。在进行风险评估时，可采用层次分析方法，实现评估结果的量化，得出完整性状态，并制订对应的治理措施。

6.3.3 常规井风险等级评价方法

6.3.3.1 层次分析法

(1)层次分析法定义。

层次分析法(The analytic hierarchy process)简称 AHP，在 20 世纪 70 年代中期由美国运筹学家托马斯·塞蒂(T. L. Saaty)正式提出。它是一种定性和定量相结合的、系统化、层次化的分析方法。由于它在处理复杂决策问题上的实用性和有效性，很快在世界范围得到重视。应用范围已遍及经济计划和管理、能源政策和分配、行为科学、军事指挥、运输、农业、教育、人才、医疗和环境等领域。

层次分析法是指将一个复杂的多目标决策问题作为一个系统，将目标分解为多个目标或准则，进而分解为多指标(或准则、约束)的若干层次，通过定性指标模糊量化方法算出层次单排序(权数)和总排序，以作为目标(多指标)、多方案优化决策的系统方法。

层次分析法是将决策问题按总目标、各层子目标、评价准则直至具体的备择方案的顺序分解为不同的层次结构,然后用求解判断矩阵特征向量的办法,求得每一层次的各元素对上一层次某元素的优先权重,最后再用加权求和的方法递阶归并各备择方案对总目标的最终权重,此最终权重最大者即为最优方案。这里所谓"优先权重"是一种相对的量度,它表明各备择方案在某一特点的评价准则或子目标,标下优越程度的相对量度,以及各子目标对上一层目标而言重要程度的相对量度。层次分析法比较适合于具有分层交错评价指标的目标系统,而且目标值又难于定量描述的决策问题。其用法是构造判断矩阵,求出其最大特征值,及其所对应的特征向量 W,归一化后,即为某一层次指标对于上一层次某相关指标的相对重要性权值。

(2)层次分析法优缺点。

层次分析法有以下三个优点。

第一是其系统性。层次分析法把研究对象作为一个系统,按照分解、比较判断、综合的思维方式进行决策,成为继机理分析、统计分析之后发展起来的系统分析的重要工具。系统的思想在于不割断各个因素对结果的影响,而层次分析法中每一层的权重设置最后都会直接或间接影响到结果,而且在每个层次中的每个因素对结果的影响程度都是量化的,非常清晰、明确。这种方法尤其可用于对无结构特性的系统评价以及多目标、多准则、多时期等的系统评价。

第二是其简洁实用。层次分析法既不单纯追求高深数学,又不片面地注重行为、逻辑、推理,而是把定性方法与定量方法有机地结合起来,使复杂的系统分解,能将人们的思维过程数学化、系统化,便于人们接受,且能把多目标、多准则又难以全部量化处理的决策问题化为多层次单目标问题,通过两两比较确定同一层次元素相对上一层次元素的数量关系后,最后进行简单的数学运算。即使是具有中等文化程度的人也可了解层次分析的基本原理和掌握它的基本步骤,计算也通常简便,并且所得结果简单明确,容易为决策者了解和掌握。

第三是其所需定量数据信息较少。层次分析法主要是从评价者对评价问题的本质、要素的理解出发,比一般的定量方法更讲求定性的分析和判断。由于层次分析法是一种模拟人们决策过程的思维方式的一种方法,层次分析法把判断各要素的相对重要性的步骤留给了大脑,只保留人脑对要素的印象,化为简单的权重进行计算。这种思想能处理许多用传统的最优化技术无法着手的实际问题。

层次分析法有以下四个不足。

第一是不能为决策提供新方案。层次分析法的作用是从备选方案中选择较优者。这个作用正好说明了层次分析法只能从原有方案中进行选取,而不能为决策者提供解决问题的新方案。这样,在应用层次分析法的时候,可能就会有这样一个情况,就是自身的创造能力不够,造成了尽管在想出来的众多方案里选了一个最好的出来,但其效果仍然不够好。而对于大部分决策者来说,如果一种分析工具能分析出在已知的方案里的最优者,然后指出已知方案的不足,又或者甚至再提出改进方案的话,这种分析工具才是比较完美的。但显然,层次分析法还没能做到这点。

第二是定量数据较少,定性成分多,不易令人信服。如今对科学方法的评价中,一般都认为一门科学需要比较严格的数学论证和完善的定量方法。但现实世界的问题和人脑考虑问题的过程很多时候并不能简单地用数字来说明一切。层次分析法是一种带有模拟人脑的决策方式的方法,因此必然带有较多的定性色彩。

第三是指标过多时数据统计量大,且权重难以确定。当分析者希望能解决较普遍的问题时,指标的选取数量很可能也就随之增加。指标的增加就意味着要构造层次更深、数量更多、规模更庞大的判断矩阵。由于一般情况下对层次分析法的两两比较是用 1~9 来说明其相对重要性,如果有越来越多的指标,对每两个指标之间的重要程度的判断可能就出现困难了,甚至会对层次单排序和总排序的一致性产生影响,使一致性检验不能通过,通过所构造的判断矩阵求出的特征向量(权值)不一定是合理的。

第四是特征值和特征向量的精确求法比较复杂。在求判断矩阵的特征值和特征向量时,所用的方法和多元统计所用的方法是一样的。在二阶、三阶的时候,还比较容易处理,但随着指标的增加,阶数也随之增加,在计算上也变得越来越困难。

(3)层次分析法步骤。

层次分析法的基本步骤如下。

① 建立层次结构模型。

在深入分析实际问题的基础上,将有关的各个因素按照不同属性自上而下地分解成若干层次,同一层的诸因素从属于上一层的因素或对上层因素有影响,同时又支配下一层的因素或受到下层因素的作用。最上层为目标层,通常只有一个因素,最下层通常为方案或对象层,中间可以有一个或几个层次,通常为准则或指标层。当准则过多时(譬如多于 9 个),应进一步分解出子准则层。

② 构造判断矩阵。

层次分析法的一个重要特点就是用两两重要性程度之比的形式表示出两个方案的相应重要性程度等级。如对某一准则,对其下的各方案进行两两对比,并按其重要性程度评定等级。记为第 i 因素和第 j 因素的重要性之比,按两两比较结果构成的矩阵,称作判断矩阵。

③ 计算权重向量。

为了从判断矩阵中提炼出有用信息,达到对事物的规律性的认识,为决策提供科学依据,就需要计算判断矩阵的权重向量。

一致性矩阵 A 具有下列简单性质:存在唯一的非零特征值,其对应的特征向量归一化后叫作权重向量;i 的列向量之和经规范化后的向量,就是权重向量;矩阵 A 的任一列向量经规范化后的向量,就是权重向量;矩阵 A 的全部列向量求每一分量的几何平均,再规范化后的向量,就是权重向量。

因此,对于构造出的判断矩阵,就可以求出最大特征值所对应的特征向量,然后归一化后作为权值。

④ 一致性检验。

当判断矩阵的阶数时,通常难于构造出满足一致性的矩阵来。但判断矩阵偏离一致性条件又应有一个度,为此,必须对判断矩阵是否可接受进行鉴别,这就是一致性检验的内涵。参数 C_I 越小,说明一致性越大。考虑到一致性的偏离可能是由于随机原因造成的,因此在检验判断矩阵是否具有满意的一致性时,还需将 C_I 和平均随机一致性指标 R_I 进行比较,得出检验系数 C_R,如果 $C_R < 0.1$,则认为该判断矩阵通过一致性检验,否则就不具有令人满意的一致性。

6.3.3.2 气井完整性评价数据准备

气井完整性评价应做好日常资料收集与整理工作。

（1）静态数据。

气井的静态资料主要包括以下三类。

① 基本状态数据。

气井的井名、井别（开发井、评价井）、状态（开井、关井、废弃）、井型（直井、水平井），建井时间与投产时间等资料。这些资料是气井最基础的资料，应记录在案，随时可查。

② 井身结构图。

井身结构图是非常重要的静态数据。井身结构图应包含各个井屏障组件的详细资料。

采气井口的温度、压力、材料级别以及生产行家等信息应全面收集，为采气井口的性能评价提供必要的数据支持。

油套管的钢级、材质、内外径、壁厚，额定强度（抗内压、抗外挤、抗拉以及抗压等）以及螺纹类型等数据应全面收集，作为评价油套管腐蚀速率、强度以及密封性的基础。

井下安全阀的类型、内外径、额定强度（抗内压、抗外挤、抗拉以及抗压等）等数据应全面收集，作为评价井下安全阀的基础。

封隔器的类型等数据应全面收集，作为评价封隔器的基础。

其他井下工具的内外径、壁厚，额定强度（抗内压、抗外挤、抗拉以及抗压等，若有连接，应包含连接螺纹的扣型与强度）等数据应全面收集，作为评价井下工具的基础。

全井段的测井资料（包括声波测井、温度测井、成像测井等多种测井）等数据应全面收集，作为评价固井水泥环的基础。

最后，通过井身结构图可以确定气井是否具备完善的两级井屏障。

③ 交接井文档。

应全面收集气井交接井文档等资料，以便找出气井在钻井、完井、投产采用的具体工艺技术以及出现的问题或隐患，作为完整性评价的数据资料基础。

（2）动态数据。

气井动态资料主要包括以下三类。

① 基础动态资料。

气井基础动态资料包括：原始地层压力、温度；酸气气体含量；产量（产气量、产液量）、温度、油压、各个环空套压，是否出砂，生产曲线图，pH值、气体密度或气体物性资料。

对照气井原始地层压力、温度、酸气气体含量以及pH值等参数，可以确定采气井口、油套管、井下安全阀、封隔器以及其他井下工具的温度、压力以及材料级别设计是否满足要求。

通过气井的油压、产气量、产液量以及油管尺寸可以判断气井是否积液；通过气井的产量、油管尺寸和出砂情况，可以判断气井是否发生冲蚀等。通过以上的数据判断气井是否存在损坏隐患。

通过对比各个环空压力、生产曲线图可以判断气井的环空压力是否异常。

② 卸压资料。

气井的卸压资料是非常重要的动态资料，包括：气井放压时间、放出气体（液体）体积、环空流体组分、压力变化趋势，若进行环空补液，应有补液体积等现场资料。

通过卸压数据可以判断气井环空压力是否是由温度导致环空内流体膨胀引起的。由于温度效应引起的环空压力的危害很小，可以忽略。如果卸压后，环空压力恢复很快或恢复后压力到达或接近卸压前的压力，则证明环空发生泄漏，完整性遭到破坏。

应收集环空卸压的时间、卸压放出的气体体积,以便进行环空泄漏速率计算,判断气井完整性失效风险大小。

如果卸压时放出环空保护液,应收集环空保护液进行组分分析,判断环空保护液是否含地层流体;收集环空添加保护液的体积,以便后期计算环空泄漏速率使用。

③ 现场施工作业资料。

现场施工作业资料包括气井从钻完井到生产的现场作业的设计与施工总结报告(包括防腐措施、气密封检测、上扣扭矩等)。这些资料可以为气井完整性评价提供必要的数据支持。

气井完整性评价的数据收集应该是一个常态化过程,应建立专门的规章制度来规范气井完整性数据收集整理,做到"有章可循""有据可查",以便更好地进行完整性评价与管理工作。

6.3.3.3 气井完整性风险等级评价

(1)层次结构构建。

层次分析法的核心是将与决策有关的元素分解成目标、准则、方案等层次,在此基础上进行定性和定量分析的决策方法。经过对评价单元中影响气井完整性的评价要素进一步细化,得出16项影响因素,建立如图6.38所示的气井完整性风险评估层次结构。最高层次为目标层,即完整性风险;中间层次为准则层,即影响气井完整性的评价单元;最底层次为方案层,即具体的影响因素。

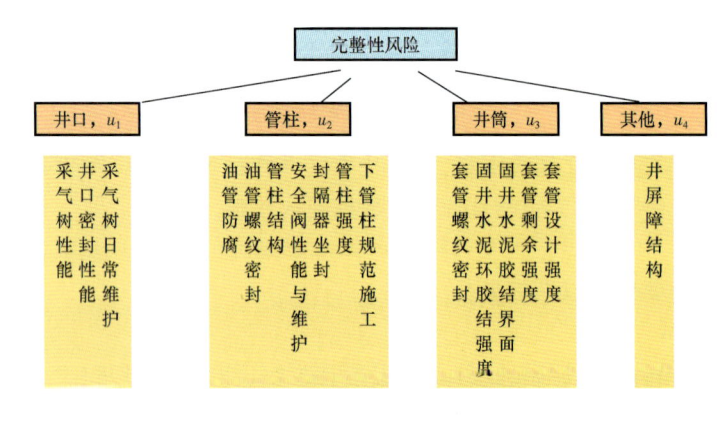

图6.38 完整性风险评价层次结构

如图6.38所示,气井完整性评价层次分析结构的目标层是完整性风险,准则层为采气井口、完井管柱、井筒和其他(井屏障结构);方案层为16项因素,包括:采气树性能、井口密封性能、采气树日常维护、油管防腐、油管螺纹密封、管柱结构、安全阀性能与维护、封隔器坐封、管柱强度、下管柱规范施工、套管螺纹密封、固井水泥环胶结强度、固井水泥胶结界面、套管剩余强度、套管设计强度以及井屏障结构。

(2)判断矩阵构建。

根据建立的层次结构,可以确定层次模型,进而可以确定每个层次之间的相互隶属关系,得出各个评价单元的权重以及各个因素的权重。

通过比较评价单元 u_1、u_2、u_3 以及 u_4 的相对于完整性风险的重要程度,并按照 1~7 的标度值赋值,得到标度值及其意义(表6.7)。

表 6.7　完整性评价层次结构各标度含义

重要性等级	标度值
i 和 j 两个元素相比,具有同样的重要性	1
i 和 j 两个元素相比,前者比后者稍重要	3
i 和 j 两个元素相比,前者比后者明显重要	5
i 和 j 两个元素相比,前者比后者极端重要	7
若元素 i 与 j 的重要性之比为 a_{ij},那么元素 j 与 i 的重要性之比为 a_{ji}, $a_{ji} = 1/a_{ij}$	1/3,1/5,1/7
表示上述相邻判断的中间值	2,4,6

根据表 6.7 标度的含义,并对比完井管柱、井筒、采气井口和其他(井屏障结构)对完整性影响大小,进一步得出准则层指标重要性判断矩阵 A,见式(6.15)。

$$A = (a_{ij})_{4\times4} = \begin{pmatrix} 1 & a_{12} & a_{13} & a_{14} \\ 1/a_{12} & 1 & a_{23} & a_{24} \\ 1/a_{13} & 1/a_{23} & 1 & a_{34} \\ 1/a_{14} & 1/a_{24} & 1/a_{34} & 1 \end{pmatrix} = \begin{pmatrix} 1 & 3 & 5 & 7 \\ 1/3 & 1 & 3 & 5 \\ 1/5 & 1/3 & 1 & 3 \\ 1/7 & 1/5 & 1/3 & 1 \end{pmatrix} \quad (6.15)$$

对于高温、高压、含酸气气井,完井管柱出现完整性问题的比例最高,其次是井筒,主要是套管柱失效问题居多;虽然高温、高压、含酸气气井的部分井口出现问题,但采气井口隐患的治理相对简单,其相对于完井管柱和井筒对完整性的影响较小;最后是井屏障结构,其主要指泄漏通道上是否有另一个功能完善的井屏障组件代替失效的井屏障组件,这种情况在笔者所遇到的高温、高压、含酸气气井中比较少见。因此,对气井完整性影响的准则因素由大到小依次为完井管柱,井筒、采气井口以及井屏障结构。

(3)权重计算。

① 整体权重计算。

判断矩阵 A 的特征向量的每个向量值就是评价单元 u_1、u_2、u_3 以及 u_4 对于目标层的相对权重。必须通过一致性检验来判断评价层次的有效性,判断原则为 $C_R < 0.1$。

$$C_R = \frac{C_I}{R_I} \quad (6.16)$$

$$C_I = \frac{\lambda - n}{n - 1} \quad (6.17)$$

式中　C_R——检验系数;

　　　R_I——比例系数,与矩阵阶数 n 有关;

　　　C_I——一致性判断指标;

　　　λ——判断矩阵的最大特征根;

　　　n——判断矩阵阶数。

判断矩阵 A 的最大特征根 $\lambda = 4.1170$,查表可知对于阶数为 4 的矩阵 $R_I = 0.90$,则 $C_I = 0.043 < 0.1$,满足一致性要求最大特征根对应的特征向量为:

$$W_{\max} = (0.8880 \quad 0.4121 \quad 0.1847 \quad 0.0869)^{\mathrm{T}} \quad (6.18)$$

归一化权重为:

$$W_{\max} = (0.4746 \quad 0.3086 \quad 0.1615 \quad 0.0553)^{\mathrm{T}} \quad (6.19)$$

也就是说完井管柱、井筒、采气井口以及井屏障结构对气井完整性影响的权重分别为 47.46%、30.86%、16.15% 和 5.53%。

② 具体权重计算。

这样只得到准则层对目标层的权重,可以进一步细化,以采气井口、完井管柱、井筒以及井屏障结构为目标层,分别以采气树性能、井口密封性能、采气树日常维护、油管防腐、油管螺纹密封、管柱结构、安全阀性能与维护、封隔器坐封、管柱强度、下管柱规范施工、套管螺纹密封、固井水泥环胶结强度、固井水泥胶结界面、套管剩余强度、套管设计强度以及井屏障结构为准则层建立判断矩阵,见式(6.20)至式(6.22):

$$\boldsymbol{B} = (a_{ij})_{3\times 3} = \begin{pmatrix} a_{11} & a_{12} & a_{13} \\ a_{21} & a_{22} & a_{23} \\ a_{31} & a_{32} & a_{33} \end{pmatrix} = \begin{pmatrix} 1 & 3 & 5 \\ 1/3 & 1 & 3 \\ 1/5 & 1/5 & 1 \end{pmatrix} \quad (6.20)$$

$$\boldsymbol{C} = (a_{ij})_{3\times 3} = \begin{pmatrix} 1 & 1 & 3 & 5 & 7 & 7 & 9 \\ 1 & 1 & 3 & 5 & 7 & 7 & 9 \\ 1/3 & 1/3 & 1 & 3 & 5 & 7 & 7 \\ 1/5 & 1/5 & 1/3 & 1 & 3 & 5 & 7 \\ 1/7 & 1/7 & 1/5 & 1/3 & 1 & 3 & 5 \\ 1/7 & 1/7 & 1/5 & 1/5 & 1/3 & 1 & 1 \\ 1/9 & 1/9 & 1/7 & 1/7 & 1/5 & 1/3 & 1 \end{pmatrix} \quad (6.21)$$

$$\boldsymbol{D} = (a_{ij})_{5\times 5} = \begin{pmatrix} 1 & 3 & 3 & 5 & 7 \\ 1/5 & 1 & 3 & 3 & 5 \\ 1/3 & 1 & 1 & 3 & 5 \\ 1/5 & 1/3 & 1/3 & 1 & 3 \\ 1/7 & 1/5 & 1/5 & 1/3 & 1 \end{pmatrix} \quad (6.22)$$

分别求判断矩阵 $\boldsymbol{B}$、矩阵 $\boldsymbol{C}$ 以及矩阵 $\boldsymbol{D}$ 最大特征根,进行一致性判断。判断矩阵 $\boldsymbol{B}$、矩阵 $\boldsymbol{C}$ 以及矩阵 $\boldsymbol{D}$ 的 $C_{\mathrm{R}} < 0.1$,满足一致性要求。采气井口的归一化权重为:$W_{\max} = (0.5362 \quad 0.3384 \quad 0.1154)^{\mathrm{T}}$;完井管柱的归一化权重为:$W_{\max} = (0.2581 \quad 0.2581 \quad 0.1645 \quad 0.1097 \quad 0.1097 \quad 0.0653 \quad 0.0346)^{\mathrm{T}}$,井筒的归一化权重为:$W_{\max} = (0.3194 \quad 0.2315 \quad 0.2315 \quad 0.1573 \quad 0.0603)^{\mathrm{T}}$;井屏障结构只有一个因素,所以不需单独进行层次分析。即与井口相关的因素(采

气树性能、井口密封性能、采气树日常维护)归一化权重为:$W_{max} = (0.5362\ \ 0.3384\ \ 0.1154)^T$;与管柱相关的因素(下管柱规范施工、管柱强度、封隔器坐封、安全阀性能与维护、管柱结构、螺纹密封、油管防腐)归一化权重为:$W_{max} = (0.2581\ \ 0.2581\ \ 0.1645\ \ 0.1097\ \ 0.1097\ \ 0.0653\ \ 0.0346)^T$;与井筒相关的因素(套管设计强度、套管剩余强度、固井水泥胶结界面、固井水泥环胶结强度、螺纹密封)归一化权重为:$W_{max} = (0.3194\ \ 0.2315\ \ 0.2315\ \ 0.1573\ \ 0.0603)^T$。

将评价单元的权重分别与各具体影响因素的权重相乘,即可得到每个影响因素的权重,见表6.8。

表6.8 气井风险等级风险评价权重表

序号	科目	要素	所占权重(%)
1	井口	采气树性能	9
2	井口	井口密封	5
3	井口	采气树日常维护	2
4	管柱	油管防腐	12
5	管柱	管柱螺纹密封	12
6	管柱	油管管柱结构	8
7	管柱	安全阀性能与维护	5
8	管柱	封隔器坐封	5
9	管柱	油管强度校核	3
10	管柱	下管柱规范施工	2
11	井筒	套管柱螺纹密封	10
12	井筒	固井水泥胶结强度	7
13	井筒	固井水泥界面情况	7
14	井筒	套管剩余强度	5
15	井筒	套管设计强度	2
16	其他	井屏障结构	6

(4)风险等级划分。

以上研究仅仅是得出各评价要素对完整性的影响权重。对于一口气井,仅仅依靠以上研究并不能实现完整性评价。可将每个要素按照各自特性进行等级划分,并进行量化。

对于采气井口,评价要素有3个,采气树性能、井口密封以及采气树日常维护,其对于完整性的影响权重分别为9%、5%和2%。假设气井整体完整性的总分值为100,则采气树性能、井口密封以及采气树日常维护所占分值分别为9、5和2。分别以性能良好,经过现场试验;符合设计标准;未完全符合标准,将采气树性能分为9、5和2三个等级。分别以性能良好,经过现场试验;符合设计标准;未完全符合标准,将井口密封分为5、3和1三个等级。分别以每三个月维护一次;超过三个月维护一次,将采气树日常维护分为2和1两个等级。这样就完成了采气井口的等级分类评分表的制订。

按照同样的方法,将完井管柱、井筒以及其他包含的评价要素进行分类等级评分。

最后,根据每一种评价要素的影响大小,将其分为Ⅰ类、Ⅱ类和Ⅲ类(表6.9)。

表6.9 气井完整性风险等级分类评分表

序号	科目	评价要素	对比标准	评分分值	所占分值	Ⅰ	Ⅱ	Ⅲ
1	采气井口	采气树性能	性能良好,经过现场试验	9	9	9	5	2
			符合设计标准	5				
			未完全符合标准	2				
2		井口密封	性能良好,经过现场试验	5	5	5	3	1
			符合设计标准	3				
			未完全符合标准	1				
3		采气树日常维护	每三月维护一次	2	2	2	2	1
			超过三月维护一次	1				
4	完井管柱	油管防腐	经过现场验证的高效防腐方案或均匀腐蚀速率小于0.076mm/a且不发生硫化物应力开裂	12	12	12	9	3
			均匀腐蚀速率小于0.076mm/a且不发生硫化物应力开裂	9				
			均匀腐蚀速率不小于0.076mm/a或发生硫化物应力开裂	3				
5		管柱螺纹密封	泄漏速率小于0.42m³/min,全井段开展气密封性检测	12	12	12	9	3
			泄漏速率小于0.42m³/min,未全井段开展气密封性检测	9				
			泄漏速率不小于0.42m³/min	3				
6		油管管柱结构	管柱无明显"弱点",且未发生过大变形	8	8	8	5	3
			管柱无明显"弱点",变形较大	5				
			管柱有明显"弱点"或变形过大、发生螺旋弯曲	3				
7		安全阀性能与维护	性能良好,每三月维护一次,泄漏速率小于0.42m³/min	5	5	5	3	1
			性能良好,每六月维护一次,泄漏速率小于0.42m³/min	3				
			泄漏速率不小于0.42m³/min	1				
8		封隔器坐封	坐封良好,各工况下受力远小于设计要求	5	5	5	5	3
			各工况下受力满足设计要求	3				
9		油管强度校核	强度满足规定值上限	3	3	3	2	1
			强度满足规定值下限	2				
			强度未能满足规定值下限	1				
10		下管柱规范施工	严格按照规范运输、储存及下放管柱	2	2	2	2	1
			未严格按照规范运输、储存及下放管柱	1				

续表

序号	科目	评价要素	对比标准	评分分值	所占分值	I	II	III
11	井筒	套管柱螺纹密封	泄漏速率小于 0.42m³/min，全井段开展气密封性检测	10	10	10	7	3
			泄漏速率小于 0.42m³/min，未全井段开展气密封性检测	7				
			泄漏速率不小于 0.42m³/min	3				
12		固井水泥胶结强度	声幅比率小于 30	7	7	7	5	3
			声幅比率介于 31~45 之间	5				
			声幅比率不小于 45	3				
13		固井水泥界面情况	全井段界面胶结良好	7	7	7	5	3
			产层附近及套管回接附近胶结良好	5				
			全井段界面胶结较差	3				
14		套管剩余强度	剩余厚度比不小于 80	5	5	5	3	2
			剩余厚度比介于 60~80 之间	3				
			剩余厚度比小于 60	2				
15		套管设计强度	强度满足 AQ2012-2007 规定值	2	2	2	2	1
			强度未满足 AQ2012-2007 规定值下限	1				
16	其他	井屏障结构	有性能良好井屏障代替	6	6	6	3	1
			有性能退化井屏障代替	3				
			无有效井屏障代替	1				

更进一步，对每个影响因素进行分级，并确定对应的分值范围，把常规气井的风险分为 3 类。

Ⅰ类井，评分大于 70 分：管柱完整性未受破坏的低隐患井，定期监测，正常录取环空压力等资料，观察其变化范围，并可采取放压措施。

Ⅱ类井，评分介于 33~70 之间：管柱完整性稍受破坏的隐患井，建议连续监测各环空压力变化，并视情况开展动态分析，确定应对措施，并做好应急预案。

Ⅲ类井，评分不大于 33 分：管柱完整性已严重受破坏的高风险井，建议采取修井措施或弃井（表 6.10）。

表 6.10 完整性风险分类表

风险分类	风险权重范围	完整性状态
Ⅰ	>70	良好
Ⅱ	33~70	一般
Ⅲ	≤33	较差

（5）实例。

本次研究以塔里木油田迪那 2 气田 DN2-2 井为例。

根据现场实际数据分析与计算,参照评分权重表,DN2-2井总评分为78分,高于70分,属于低风险的Ⅰ类井,气井运行风险低(表6.11)。目前DN2-2井的生产套压23.3 MPa,满足现场建议的环空保护套压保持在30 MPa左右的要求。

表6.11 DN2-2井完整性等级评价表

序号	科目	评价要素	对比标准	得分
1	井口	采气树性能	性能良好,经过现场试验	9
			符合设计标准	
			未完全符合标准	
2		井口密封	性能良好,经过现场试验	5
			符合设计标准	
			未完全符合标准	
3		采气树日常维护	每三月维护一次	2
			超过三月维护一次	
4	管柱	油管防腐	经过现场验证的高效防腐方案或均匀腐蚀速率小于0.076mm/a且不发生硫化物应力开裂	9
			均匀腐蚀速率小于0.076mm/a且不发生硫化物应力开裂	
			均匀腐蚀速率不小于0.076mm/a或发生硫化物应力开裂	
5		管柱螺纹密封	泄漏速率小于0.42m³/min,全井段开展气密封性检测	9
			泄漏速率小于0.42m³/min,未全井段开展气密封性检测	
			泄漏速率不小于0.42m³/min	
6		油管管柱结构	管柱无明显"弱点",且未发生过大变形	5
			管柱无明显"弱点",变形较大	
			管柱有明显"弱点"或变形过大、发生螺旋弯曲	
7		安全阀性能与维护	性能良好,每三月维护一次,泄漏速率小于0.42m³/min	5
			性能良好,每六月维护一次,泄漏速率小于0.42m³/min	
			泄漏速率不小于0.42m³/min	
8		封隔器坐封	坐封良好,各工况下受力远小于设计要求	5
			各工况下受力满足设计要求	
9		油管强度校核	强度满足规定值上限	2
			强度满足规定值下限	
			强度未能满足规定值下限	
10		下管柱规范施工	严格按照规范运输、储存及下放管柱	2
			未严格按照规范运输、储存及下放管柱	

续表

序号	科目	评价要素	对比标准	得分
11	井筒	套管柱螺纹密封	泄漏速率小于 0.42m³/min,全井段开展气密封性检测	7
			泄漏速率小于 0.42m³/min,未全井段开展气密封性检测	
			泄漏速率不小于 0.42m³/min	
12		固井水泥胶结强度	声幅比率小于 30	5
			声幅比率介于 31~45 之间	
			声幅比率不小于 45	
13		固井水泥界面情况	全井段界面胶结良好	5
			产层附近及套管回接附近胶结良好	
			全井段界面胶结较差	
14		套管剩余强度	剩余厚度比不小于 80	5
			剩余厚度比介于 60~80 之间	
			剩余厚度比小于 60	
15		套管设计强度	强度满足 AQ2012-2007 规定值	2
			强度未满足 AQ2012-2007 规定值下限	
16	其他	井屏障结构	有性能良好井屏障代替	1
			有性能退化井屏障代替	
			无有效井屏障代替	

参 考 文 献

阿普斯(美),等. 生产动态分析理论与实践[M]. 雷群,等译. 北京:石油工业出版社[M],2008.
常志强,肖香姣,唐明龙,等. 迪那2气田压力监测、试井解释及产能评价技术[J]. 油气井测试,2009,18(1):25 – 26.
陈林,余忠仁. 气井非稳态流井筒温度压力模型的建立和应用[J]. 天然气工业,2017,37(3):70 – 76.
陈元千,李璵. 现代油藏工程[M]. 北京:石油工业出版社,2004.
邓远忠,王家宏,郭尚平,等. 异常高压气藏开发特征的解析研究[J]. 石油学报,2002,23(2):53 – 57.
丁显峰,张锦良,刘志斌. 油气田产量预测的新模型[J]. 石油勘探与开发,2004,31(3):104 – 106.
丁显峰,刘志斌,潘大志. 异常高压气藏地质储量和累积有效压缩系数计算新方法[J]. 石油学报,2010,31(4):626 – 632.
高旺来. 迪那2高压气藏岩石压缩系数应力敏感评价[J]. 石油地质与工程,2007,21(1):75 – 76.
郭晶晶,张烈辉,涂中. 异常高压气藏应力敏感性及其对产能的影响[J]. 特征油气藏,2010,17(2):79 – 81.
郭平,邓垒,刘启国,等. 低渗气藏多次应力敏感测试及应用[J]. 西南石油大学学报(自然科学版),2008,30(2):78 – 82.
胡永乐,罗凯,刘合年,等. 复杂气藏开发基础理论及应用[M]. 北京:石油工业出版社,2006.
黄炳光,李晓平,等. 气藏工程分析方法[M]. 北京:石油工业出版社,2004.
蒋艳芳,张烈辉,刘启国,等. 应力敏感影响下低渗透气藏水平井产能分析[J]. 天然气工业,2011,31(10):54 – 56.
李保柱,朱玉新,宋文杰,等. 克拉2气田产能预测方程的建立[J]. 石油勘探与开发,2004,31(2):107 – 109.
李保柱,朱忠谦,夏静,等. 克拉2煤成大气田开发模式与开发关键技术[J]. 石油勘探与开发,2009,36(3):392 – 397.
李传亮,涂兴万. 储层岩石的2种应力敏感机制——应力敏感有利于驱油[J]. 岩性油气藏,2008,20(1):111 – 113.
李传亮. 修正Dupuit临界产量公式[J]. 石油勘探与开发,1993,20(4):91 – 95.
李凤颖,伊向艺,卢渊,等. 异常高压有水气藏水侵特征[J]. 特种油气藏,2011,18(5):89 – 92.
李闽,郭平,张茂林,等. 气井连续携液模型比较研究[J]. 天然气工业,2002,9(6):39 – 41.
廖新维,刘立明. 对气井井筒压力温度分析的新认识[J]. 天然气工业,2003:11(6),86 – 87.
刘道杰,刘志斌,田中敬. 改进的异常高压有水气藏物质平衡方程[J]. 石油学报,2011,3:474 – 478.
刘道杰,李世成,田中敬,等. 确定气藏地质储量新方法[J]. 断块油气田,2011,18(6):750 – 753.
刘道杰,刘志斌,田中敬. 改进的异常高压有水气藏物质平衡方程[J]. 石油学报,2011,32(3):474 – 478.
刘能强. 实用现代试井解释方法[M]. 北京:石油工业出版社,2008.
罗银富,黄炳光,王怒涛,等. 异常高压气藏气井三项式产能方程[J]. 天然气工业,2008,28(12),81 – 82.
秦积舜,张新红. 变应力条件下低渗透储层近井地带渗流模型[J]. 石油钻采工艺,2001,23(5):41 – 44.
史密斯 C R,特雷西 G W,法勒 R L. 实用油藏工程[M]. 北京:石油工业出版社,1995.
宋文杰,王振彪,李汝勇,等. 大型整装异常高压气田开采技术研究[J]. 天然气地球科学,2004,15(4):331 – 336.
宋文杰,王振彪,李汝勇,等. 大型整装异常高压气田开采技术研究——以克拉2气田为例[J]. 天然气地球科学,2004,15(4):331 – 336.
苏花卫,张茂林,梅海燕,等. 应力敏感对低渗透气藏产能的影响[J]. 河北理工大学学报,2011,33(1):7 – 11.
唐兴建,杜建芬,郭平,等. 应力敏感对低渗油藏影响研究[J]. 钻采工艺,2008,31(5):49 – 50.

王建光,廖新维,杨永智. 超高压应力敏感性气藏产能评价方法[J]. 新疆石油地质,2007,28(2):216–218.

向祖平,陈中华,邱蜀峰. 裂缝应力敏感性对异常高压低渗透气藏气井产能的影响[J]. 油气地质与采收率,2010,17(2):95–97.

向祖平,谢峰,张箭,等. 异常高压低渗透气藏储层应力敏感对气井产能的影响[J]. 天然气工业,2009,29(6):83–85.

向祖平,张烈辉,李闵,等. 储层应力敏感性对异常高压低渗气藏气井产能影响研究[J]. 石油地质与工程,2009,31(2):145–148.

谢兴礼,朱玉新,李保柱,等. 克拉2气田储层岩石的应力敏感性及对生产动态的影响[J]. 大庆石油地质与开发,2005,24(1):46–48.

杨胜来,王小强,汪德刚,等. 异常高压气藏岩石应力敏感性实验与模型研究[J]. 天然气工业,2005,25(2):107–109.

杨胜来,肖香姣,王小强,等. 异常高压气藏岩石应力敏感性及其对产能的影响[J]. 天然气工业,2005,25(5):94–95.

杨胜来,王小强,冯积累,等. 克拉-2异常高压气藏岩石应力敏感性测定及其对产能的影响[J]. 石油科学,2004,(4):66–67。

张凤波,王怒涛,黄炳光,等. 计算气井储量新方法[J]. 西南石油大学学报(自然科学版),2008,30(6):138–140.

朱玉新,谢兴礼,罗凯,等. 克拉2异常高压气田开采特征影响因素分析[J]. 石油勘探与开发,2001,28:60–63.

朱忠谦,王振彪,李汝勇,等. 异常高压气藏岩石变形特征及其对开发的影响[J]. 天然气地球科学,2003,14(1):60–64.

Ambastha, A K. Evaluation of Material Balance Analysis for Volumetric, Abnormally Pressured Gas Reservoir[J]. Journal of Canadian Petroleum Technology, 1993. 32(8), 19–24.

Billy P R, Amerada H C, Fred F. Farshad, University of Southwestern Louisiana. P/Z Abnormally Pressured Gas Reservoirs[C]. SPE 10125,1981.

Duggan, Jack O. The Anderson "L" – An Abnormally Pressured Gas Reservoir in South Texas[J]. SPE2938, 1971.

Fetkovich M J, Reese D E, Whitson C H. Application of a General Material Balance for High–Pressure Gas Reservoirs[J]. SPE Journal (March 1998) 3–13.

Gan R G, Blasingame T A. A Semi–Analytical p/z Technique for the Analysis of Reservoir Performance from Abnormally Pressured Gas Reservoirs[C]. SPE 71514, 2001.

Gonzales F E, Blasingame T A. A quadratic cumulative production model for the material balance of an abnormally pressured gas reservoir[C]. SPE 114044, 2008.

John P, Davies, Stephen A H. Stress Dependent Permeability in Low Permeability Gas Reservoir[C]. SPE 39917,1998.

Mattar L, Anderson D M. A Systematic and Comprehensive Methodology for Advanced Analysis of Production Data[C]. SPE84472, 2003.

Mattar L, McNeil R. The 'Flowing' Gas Material Balance[J], JCPT, 1998, 37(2):52–55.

Moran O, Samaniego F. A Production Mechanism Diagnosis Approach to the Gas Material Balance[C]. SPE 71522, 2001.

Pletcher J L. Improvements to reservoir material–balance methods[C]. SPE 75354, 2002.

Prasad R K, Rogers L A. Superpressured Gas Reservoirs: Case Studies and a Generalized Tank model[C]. SPE 16861, 1987.

Poston S W, Chen H Y. Case History Studies: Abnormal Pressured Gas Reservoirs[C]. SPE 18857, 1989.

Bernard W J. Gulf Coast Geopressured Gas Reservoirs: Drive Mechanism and Performance Prediction[C]. SPE 14362, 1985.

Yale D P, Nabor G W, Russell J A, et al. Application of Variable Formation Compressibility for Improved Reservoir Analysis[C]. SPE 26647, 1993.